Lebenszyklusorientierte Leistungssysteme im Werkzeugbau

Lifecycle-oriented Product-Service Systems in the Tooling Industry

Von der Fakultät für Maschinenwesen
der Rheinisch-Westfälischen Technischen Hochschule Aachen
zur Erlangung des akademischen Grades eines
Doktors der Ingenieurwissenschaften
genehmigte Dissertation

vorgelegt von

Thomas Alexander Kühn

Berichter:

Univ.-Prof. Dr.-Ing. Dipl.-Wirt. Ing. Günther Schuh
Univ.-Prof. Dr.-Ing. Dr.-Ing. E. h. Dr. h. c. Dr. h. c. Fritz Klocke

Tag der mündlichen Prüfung: 25. Februar 2016

ERGEBNISSE AUS DER PRODUKTIONSTECHNIK

Thomas Alexander Kühn

Lebenszyklusorientierte Leistungssysteme im Werkzeugbau

Herausgeber:
Prof. Dr.-Ing. Dr.-Ing. E. h. Dr. h. c. Dr. h. c. F. Klocke
Prof. Dr.-Ing. Dipl.-Wirt. Ing. G. Schuh
Prof. Dr.-Ing. C. Brecher
Prof. Dr.-Ing. R. H. Schmitt

Band 15/2016

WZL | RWTH AACHEN UNIVERSITY

Fraunhofer IPT

Bibliografische Information der Deutschen Nationalbibliothek
Die Deutsche Nationalbibliothek verzeichnet diese Publikation in der Deutschen Nationalbibliografie; detaillierte bibliografische Daten sind im Internet über http://dnb.ddb.de abrufbar.

Thomas Alexander Kühn:

Lebenszyklusorientierte Leistungssysteme im Werkzeugbau

1. Auflage, 2016

Gedruckt auf holz- und säurefreiem Papier, 100% chlorfrei gebleicht.

Apprimus Verlag, Aachen, 2016
Wissenschaftsverlag des Instituts für Industriekommunikation und Fachmedien an der RWTH Aachen
Steinbachstr. 25, 52074 Aachen
Internet: www.apprimus-verlag.de, E-Mail: info@apprimus-verlag.de

Druck: KN Digital Printforce GmbH, Stuttgart

ISBN 978-3-86359-425-1

D 82 (Diss. RWTH Aachen University, 2016)

Vorwort

Die vorliegende Dissertation entstand während meiner Tätigkeit als wissenschaftlicher Mitarbeiter am Lehrstuhl für Produktionssystematik des Werkzeugmaschinenlabors WZL der Rheinisch-Westfälischen Technischen Hochschule (RWTH) Aachen.

Mein besonderer Dank gilt dem Inhaber des Lehrstuhls für Produktionssystematik, Herrn Professor Günther Schuh, für das in mich und meine Arbeit gesetzte Vertrauen und dafür, dass er mir die Promotion ermöglicht hat. Das von ihm geschaffene herausfordernde und praxisnahe Umfeld war die wesentliche Grundlage zum Gelingen dieser Arbeit.

Mein weiterer Dank gilt Herrn Professor Fritz Klocke für die Übernahme des Korreferats. Ebenso bedanke ich mich bei Herrn Professor Peter Jeschke für die Übernahme des Vorsitzes der Prüfungskommission sowie Herrn Professor Bernd Markert für die Übernahme des Beisitzes.

Die Zusammenarbeit, die das WZL und das Fraunhofer-Institut für Produktionstechnologie IPT über die WBA Aachener Werkzeugbau Akademie GmbH mit der Branche Werkzeugbau pflegen, war eine Voraussetzung für den erfolgreichen Abschluss meiner Dissertation. Die vorliegende Arbeit konnte nur gelingen, da ich meine Überlegungen in Werkzeugbauunternehmen teilen, diskutieren und verifizieren konnte. Besonders möchte ich hier Markus Menchen von der Opus Formenbau GmbH sowie Mario und Rene Haidlmair von der Haidlmair GmbH Werkzeugbau danken.

Ein ganz besonderer Dank gilt meinen ehemaligen Kollegen und Freunden aus der Abteilung Unternehmensentwicklung am WZL. Für die exzellente Zusammenarbeit und die Unterstützung in zahlreichen Diskussionen möchte ich insbesondere Dr. Martin Pitsch, Christoph Kelzenberg, Jan-Hendrik Wiese, Michael Salmen, Tobias Hensen, Dr. Nicolas Komorek, Karin Kopp, Dr. Kristian Kuhlmann und Dr. Wolfgang Boos danken. Weiter möchte ich meinen studentischen Mitarbeitern René Wagemann, Dominik Winterhalder und Nils Braun danken, die mich bei meiner Arbeit immer tatkräftig unterstützt haben. Dr. Dominik Heeschen und Lars Johannsen vom IPT möchte ich für den Austausch auf zahlreichen gemeinsamen Dienstreisen danken.

Zuletzt gilt der wichtigste Dank meiner Familie, insbesondere meinen Eltern und meiner lieben Frau Jenny. Sie haben mich jederzeit liebevoll und vorbehaltlos in allen Belangen unterstützt, auf viel gemeinsame Zeit verzichtet und somit maßgeblich zur Erstellung der vorliegenden Dissertation beigetragen.

Aachen, im März 2016 | Thomas Alexander Kühn

Kurzzusammenfassung

Die Branche Werkzeugbau sieht sich einem aggressiven globalen Wettbewerb ausgesetzt. Stellte die Differenzierung durch qualitativ überlegene Werkzeuge lange Zeit eine erfolgreiche Wettbewerbsstrategie dar, gelten heute international vergleichbare Qualitätsstandards. Eine Differenzierung über den Preis ist für die Werkzeugbaubetriebe aufgrund ihrer nachteiligen Kostenstrukturen ohnehin nicht umsetzbar.

Lebenszyklusorientierte Leistungssysteme sind die Antwort auf den globalen Wettbewerb im Werkzeugbau. So wird in lebenszyklusorientierten Leistungssystemen das Werkzeug mit weiteren kundenindividuellen industriellen Sach- und Dienstleistungen entlang seines gesamten Lebenszyklus verknüpft, um dem Kunden individuelle Problemlösungen anzubieten und sich damit vom Wettbewerb zu differenzieren.

Lebenszyklusorientierte Leistungssysteme sind basierend auf den vorhandenen Kompetenzen und ausgerichtet auf die individuellen Kundenbedürfnisse aktiv und systematisch zu gestalten. Tatsächlich werden Leistungen im Werkzeugbau heute aber zumeist in Reaktion auf konkrete Kundenanfragen angeboten, was zu einem unstrukturierten, ausufernden und nicht begeisternden Leistungsangebot führt. Die zusätzlich zum Werkzeug erbrachten Leistungen nimmt der Kunde dadurch als selbstverständlichen Wohlfühlfaktor wahr, für den er nicht zu zahlen bereit ist.

Eine systematische Unterstützung zur aktiven Gestaltung von lebenszyklusorientierten Leistungssystemen im Werkzeugbau wird durch die im Rahmen dieser Dissertation erarbeitete Methodik geboten. Nach einer angeleiteten Analyse des Wettbewerbsumfelds und der Unternehmenskompetenzen des anwendenden Werkzeugbaubetriebs erfolgt eine systematische Definition der zukünftigen strategischen Ausrichtung. Diese ermöglicht eine Typisierung des Werkzeugbaus hinsichtlich des vom ihm adressierten Kundennutzens im betrachteten Geschäftsfeld. Je nach Typ wird ein spezifischer Leistungsbaukasten bereitgestellt, aus dem ein lebenszyklusorientiertes Leistungssystem konfiguriert und schließlich zu einem kundenindividuellen Leistungssystemprozess ausgestaltet wird.

Mit der entwickelten Methodik steht dem Werkzeugbau ein Lösungsansatz zur Verfügung, die Potenziale von lebenszyklusorientierten Leistungssystemen zu nutzen als kundenindividueller Problemlöser aufzutreten und sich damit vom globalen Wettbewerb zu differenzieren.

Abstract

The tooling industry faces an aggressive global competition. While the differentiation through superior quality tools was long time a successful competitive strategy, today internationally comparable quality standards apply. Due to the adverse cost structures of the toolmaking companies a differentiation through the price is not realizable anyway.

Lifecycle-oriented product-service systems are the answer to the global competition in tooling. In lifecycle-oriented product-service systems the tool is linked with other customer-specific industrial goods and services throughout its entire lifecycle. Therefore toolmaking companies provide their customers with individual solutions and succeed in differentiating from the competition.

Lifecycle-oriented product-service systems have to be developed actively and systematically based on the existing competencies and aligned to the needs of the customer. Actually today services in tooling are offered mostly in response to specific requests, resulting in an unstructured, sprawling and not inspiring range of services. The customer experiences the services provided in addition to the tool as a feel-good factor, which he is not willing to pay for.

The methodology elaborated within this dissertation offers a systematic support to the active development of lifecycle-oriented product-service systems in the tooling industry. A guided analysis of the competitive environment and the company's competencies is followed by a systematic definition of the toolmaking company's future strategic orientation. That enables a typing of the toolmaking company regarding its addressed customer value in the considered business field. Depending on the type, a specific product-service toolkit is provided, out of which a lifecycle-oriented product-service system is configured and designed finally to a customer-individual product-service system process.

The developed methodology offers an approach to the tooling industry to exploit the potential of lifecycle-oriented product-service systems to act as a customer-individual problem solver and to differentiate from the global competition.

I Inhaltsübersicht

II Inhaltsverzeichnis

III Abbildungsverzeichnis

IV Abkürzungsverzeichnis

A*n*	Anforderung n
AG	Aktiengesellschaft
Aufl.	Auflage
AV	Arbeitsvorbereitung
BIP	Bruttoinlandsprodukt
bzw.	beziehungsweise
ca.	circa
CAD	Computer-Aided Design
CAM	Computer-Aided Manufacturing
CAx	Computer-Aided x
CEO	Chief Executive Officer
DIHK	Deutsche Industrie- und Handelskammer
DIN	Deutsches Institut für Normung
DL	Dienstleistung
dt.	deutsch
EiP	Excellence-in-Production
engl.	englisch
et al.	et alii (lateinisch: und weitere)
EU	Europäische Union
f.	folgende Seite
ff.	folgende Seiten
F&E	Forschung & Entwicklung
GB	Geschäftsbereich
Gebr.	Gebrüder
ggf.	gegebenenfalls
GmbH	Gesellschaft mit beschränkter Haftung
HLB	Hybrides Leistungsbündel
Hrsg.	Herausgeber
i.A.a.	in Anlehnung an
IPT	Fraunhofer-Institut für Produktionstechnologie
ital.	italienisch
IT	Informationstechnik
IWF	Internationaler Währungsfonds
Jg.	Jahrgang
K	Kennzahl
KF	Kompetenzfeld
kg	Kilogramm
K*n*	Kernprodukt n
kN	Kilonewton
kmU	Kleine und mittlere Unternehmen

LKW	Lastkraftwagen
M*n*	Modul n
MA	Mitarbeiter
Mio.	Millionen
mm	Millimeter
MOTION	Model for Transforming, Identifying and Optimizing Core Processes
Mrd.	Milliarden
NC	Numerical Control
Nr.	Nummer
o.V.	ohne Verfasser
P*n*	Hauptprozess n
RWTH	Rheinisch-Westfälische Technische Hochschule
R&D	Research & Development
S.	Seite
s.	siehe
SEP	Strategische Erfolgsposition
SL	Sachleistung
TEC	Total Efficiency Control
u.a.	unter anderem
u.U.	unter Umständen
usw.	und so weiter
VDA	Verband der Automobilindustrie
VDI	Verein Deutscher Ingenieure
VDMA	Verband Deutscher Maschinen- und Anlagenbauer
vgl.	vergleiche
WS-Partner	Wertschöpfungspartner
WZ	Werkzeug
WZL	Werkzeugmaschinenlabor WZL der RWTH Aachen

1 Einleitung

Die Wirtschaftskraft Deutschlands ist hinter den USA, China und Japan die viertgrößte der Welt.[1] Sie basiert auf einer starken produzierenden Industrie mit ihrem Gütesiegel „made in Germany". So trägt Deutschland allein 6,3% zur weltweiten industriellen Wertschöpfung bei.[2] Das Geschäftsmodell der deutschen Industrie hat sich demnach als überaus erfolgreich erwiesen. Qualität, Verlässlichkeit, Flexibilität, Schnelligkeit und ein gutes Preis-Leistungs-Verhältnis der produzierten Güter stehen für die weltweit geschätzten Werte der deutschen Industrie (s. Abbildung 1). Darauf aufbauend gelang es deutschen Unternehmen, sich durch technologische Überlegenheit oder kundenindividuelle Lösungen vom globalen Wettbewerb zu differenzieren.[3]

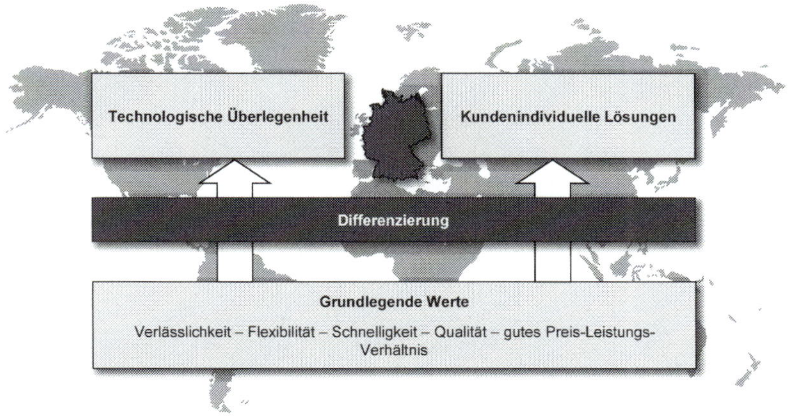

Abbildung 1: Grundlegende Werte und Differenzierungsmerkmale der deutschen Industrie[4]

Durch die Globalisierung der Absatz- und Beschaffungsmärkte produzierender Unternehmen steht der Erfolg des Geschäftsmodells der deutschen Industrie aber auf dem Spiel. Die grundlegenden Werte der deutschen Industrie sind längst keine Alleinstellungsmerkmale mehr. So bieten neue Marktteilnehmer aus osteuropäischen und asiatischen Niedriglohnländern bei zunehmend guter Qualität und niedrigen Kosten ebenfalls gute Preis-Leistungs-Verhältnisse. Die Versorgung der Wachstumsmärkte durch ihre lokalen Standorte birgt ohnehin Vorteile in Bezug auf Flexibilität und Schnelligkeit. Darüber hinaus drohen auch die zentralen Differenzierungsmerkmale an Bedeutung zu verlieren. So verfügen die neuen Marktteilnehmer heute vielfach über fast unbegrenzten Zugang zu finanziellem Kapital, um dadurch innovative Technologien und Know-how vom Hochlohnstandort einzukaufen. Letztendlich bleibt weiterhin die Differenzierung über kundenindividuelle Lösungen als Erfolg versprechende Strategie für deutsche produzierende Unternehmen.

---

1 Vgl. o.V. (Ranking Wirtschaftskraft), 2015; Wirtschaftskraft gemessen am BIP
2 Vgl. o.V. (Werkstatt der Welt), 2015
3 Vgl. Lichtblau & Neligan (Zukunftspanel), 2009
4 I.A.a. Lichtblau & Neligan (Zukunftspanel), 2009

Möglichkeiten zur kundenindividuellen Problemlösung ergeben sich insbesondere durch Dienstleistungen. So sehen 80% der Top Manager deutscher produzierender Unternehmen Wachstumschancen im Dienstleistungsgeschäft.[5] Darüber hinaus erweist sich der durch Dienstleistungen generierte Umsatz im Vergleich zu Sachleistungen als weniger volatil im Hinblick auf konjunkturelle Schwankungen. Schließlich ist die durch industrielle Dienstleistungen zu erwirtschaftende Marge viermal höher im Vergleich zu neuen Anlagen.[6] Die von der produzierenden Industrie angebotenen Dienstleistungen werden die industriellen Sachleistungen allerdings nicht ersetzen können. Im Rahmen der vierten industriellen Revolution, kurz Industrie 4.0, die für die Informatisierung der Fertigungstechnik steht,[7] werden Sachleistungen vielmehr zum Befähiger für das Angebot von Dienstleistungen. So positionieren sich erfolgreiche Unternehmen der produzierenden Industrie zunehmend durch das Angebot individueller Dienstleistungen in Kombination mit überlegenen Produkten am Markt und werden damit vom Produzenten zum produzierenden Dienstleister.[8] Dabei werden die Dienstleistungen um Sachleistungen herum entwickelt und zu sogenannten Leistungssystemen integriert.

Das Angebot überlegener Sachleitungen gehört längst zum Selbstverständnis der Branche Werkzeugbau, welcher die Betriebsmittel für eine industrielle Produktion erstellt. Die durch kleine und mittlere Unternehmen geprägte Branche ist heute allerdings besonders vom Auftreten neuer Marktteilnehmer und damit der verschärften Wettbewerbssituation betroffen. So steht insbesondere der Werkzeugbau vor der zentralen Herausforderung, sich durch attraktive Leistungsangebote in Form von Leistungssystemen vom Wettbewerb zu differenzieren. Dabei ergeben sich für die Werkzeugbaubetriebe aufgrund ihrer zentralen Position in der industriellen Wertschöpfungskette zwischen Produktentwicklung und Serienfertigung zahlreiche Möglichkeiten, die ohnehin kundenindividuellen Werkzeuge mit weiteren individuellen Leistungen entlang des Werkzeuglebenszyklus zu verknüpfen.

Mit dieser Arbeit soll ein Lösungsansatz entwickelt werden, der den Werkzeugbau bei der Gestaltung von lebenszyklusorientierten Leistungssystemen unterstützen kann, um diese Möglichkeiten zu nutzen und damit dem internationalen Wettbewerb zu begegnen.

1.1 Problemstellung

Der deutsche Werkzeugbau ist als Bindeglied zwischen Produktentwicklung und Serienfertigung zentraler Befähiger einer leistungsfähigen produzierenden Industrie und trägt damit signifikant zur wirtschaftlichen Leistungsfähigkeit Deutschlands bei.[9] Heute sieht sich der deutsche Werkzeugbau einem zunehmend aggressiven globalen

5 Vgl. Schmiedeberg et al. (Wachstumsmotor Service), 2010, S. 4
6 Vgl. Schmiedeberg et al. (Wachstumsmotor Service), 2010, S. 3f.
7 Vgl. o.V. (Zukunftsprojekt Industrie 4.0), 2014
8 Vgl. Kortmann (Hybride Leistungsbündel), 2007; Piller & Reichwald (Interaktive Wertschöpfung), 2006
9 Vgl. Schuh et al. (Customer Integration), 2015, S. 275

Wettbewerbsumfeld ausgesetzt. So drängen Wettbewerber aus asiatischen und osteuropäischen Niedriglohnländern mit deutlich niedrigeren Faktorkosten und wachsender technologischer Leistungsfähigkeit auf den Markt.[10] Differenzierte sich der deutsche Werkzeugbau lange Zeit durch überlegene Produkte, gelten heute international vergleichbare Qualitätsstandards, was zu einer deutlichen Angleichung des Werkzeugangebots geführt hat.[11] Dem zunehmenden Kostendruck ist durch eine Reduzierung der Einstandspreise für die hochqualitativen Werkzeuge allerdings nicht zu begegnen. Eine Strategie der Differenzierung über den Preis ist für die Werkzeugbaubetriebe somit nicht umsetzbar.[12] Vielmehr bergen Leistungssysteme das Potenzial, am Markt als Löser von kundenindividuellen Problemen aufzutreten. So bietet sich für den Werkzeugbau die Möglichkeit, den Kunden entlang des gesamten Lebenszyklus des Werkzeugs durch maßgeschneiderte Leistungen zu begleiten – von der Produkt- bzw. Werkzeugentwicklung über die Werkzeugnutzung bis hin zur Werkzeugausmusterung. Da sich die Kunden zunehmend auf ihre Kernkompetenzen fokussieren und ihre Wertschöpfungstiefe reduzieren, überlassen sie dieses Feld ohnehin ihren Zulieferern.

Die Werkzeugbaubetriebe nutzen diese Chance heute allerdings vielfach nicht. Sie konzentrieren sich mit ihren Leistungen auf die Sicherstellung der Funktionsfähigkeit des Werkzeugs, wodurch Leistungssysteme aus wettbewerbsstrategischer Sicht kaum eine Rolle spielen. Ein aktives Gestalten von Leistungssystemen, basierend auf den eigenen Kompetenzen und der eigenen strategischen Ausrichtung abgestimmt mit den Bedürfnissen der Kunden findet nicht statt. Vielmehr werden die Dienstleistungen in Reaktion auf konkrete Kundenanfragen angeboten, was zu einem ausufernden Leistungsangebot führt und für den Kunden im „Dienstleistungsdschungel“ mündet.[13] Der Kunde nimmt die zusätzlich zum Werkzeug erbrachten Leistungen als selbstverständlichen Wohlfühlfaktor wahr, für die er nicht zu zahlen bereit ist. Die Werkzeugbaubetriebe sehen diese Zusatzleistungen daher als Kostentreiber und vernachlässigen damit den eigentlichen Kundennutzen.[14]

Zur erfolgreichen Differenzierung im Wettbewerb stehen die Werkzeugbaubetriebe folgerichtig vor der Herausforderung, Leistungssysteme aktiv zu gestalten, um durch die Kundenbegleitung entlang des gesamten Werkzeuglebenszyklus Kundenprobleme zu lösen und Kundennutzen zu stiften.

1.2 Zielsetzung der Arbeit

Die **übergeordnete Zielsetzung** dieser Dissertation ist es, einen Beitrag zur Umsetzung einer erfolgreichen Differenzierungsstrategie für Werkzeugbaubetriebe zu leisten, um die Wettbewerbsfähigkeit der Branche Werkzeugbau nachhaltig zu steigern.

---

[10] Vgl. Boos et al. (Tooling in China), 2015, S. 2
[11] Vgl. Henriques (New business models), 2008, S. 105
[12] Vgl. Schuh et al. ("Low-cost" tools), 2014, S. 526
[13] Vgl. Schuh et al. (Industrie als Dienstleister), 2004, S. 20ff.; Gebauer (Produzierender Dienstleister), 2004, S. 7f.
[14] Vgl. Schuh (Werkzeugbau als Smart Service), 2014

Die Kombination des Werkzeugs mit weiteren Sach- und Dienstleistungen entlang des Werkzeuglebenszyklus erlaubt es Werkzeugbaubetrieben, Leistungssysteme als hoch integrierte und umfassende Problemlösungen anzubieten. Dabei erfolgt eine Differenzierung gegenüber dem internationalen Wettbewerb nicht etwa über den Preis, sondern durch überlegenen Kundennutzen. Trotz der unbestrittenen Potenziale von Leistungssystemen für Werkzeugbaubetriebe sind diese im Werkzeugbau allerdings bisher nicht etabliert. Die Praxis zeigt, dass Leistungen im Werkzeugbau heute zumeist reaktiv angeboten werden und nicht mit der strategischen Ausrichtung der Unternehmen abgestimmt sind. Die Folge ist ein unstrukturiertes, nicht standardisiertes Leistungsangebot, welches für den Kunden im viel zitierten „Dienstleistungsdschungel" mündet.[15] Es bedarf daher eines Ansatzes, mittels dessen Werkzeugbaubetriebe lebenszyklusorientierte Leistungssysteme gestalten können. Bisherige Ansätze zur Gestaltung von Leistungssystemen adressieren die Lebenszyklusorientierung und die Strukturierung der Leistungen nur unzureichend. Zudem werden die strategische Ausrichtung der Betriebe und die spezifischen Rahmenbedingungen der Branche Werkzeugbau nicht hinreichend berücksichtigt.

Folglich ist die **konkrete Zielsetzung** dieser Dissertation die Entwicklung einer Methodik zur Gestaltung von lebenszyklusorientierten Leistungssystemen im Werkzeugbau. Diese Leistungssysteme bestehen aus einem Werkzeug als Kernprodukt kombiniert mit industriellen Sach- und Dienstleistungen entlang des Werkzeuglebenszyklus.

Zur Eingrenzung des Betrachtungsbereichs der vorliegenden Arbeit und zur Richtungsweisung des Forschungsprozesses sollten nach KUBICEK grundlegende Forschungsfragen formuliert werden.[16] Die **handlungsleitende Forschungsfrage** dieser Dissertation lautet:

Wie sind lebenszyklusorientierte Leistungssysteme im Werkzeugbau zu gestalten?

Eine Konkretisierung der übergeordneten Forschungsfrage durch weitere grundlegende Forschungsfragen erfolgt in Kapitel 3.6.

1.3 Wissenstheoretische Einordnung der Arbeit

Die wissenschaftliche Forschung gleicht einem Prozess, während dessen neue Erkenntnisse durch die Entwicklung neuer Lösungsansätze entdeckt und anschließend einer „scientific community" zur Verfügung gestellt werden.[17] Den Anfang dieses Forschungsprozesses bildet die grundlegende Erkenntnisperspektive und die methodologische Vorgehensweise, die eine systematische Aufbereitung des Erkenntnisprozesses ermöglicht.

[15] Vgl. Belz et al. (Erfolgreiche Leistungssysteme), 1997, S. 28
[16] Vgl. Kubicek (Heuristischer Bezugsrahmen), 1977, S. 24ff.
[17] Vgl. Binder & Kantowsky (Technologiepotenziale), 1996, S. 3f.; Karger et al. (Product Service Systems

GUBA & LINCOLN beschreiben die grundlegende Erkenntnisperspektive als ein nicht weiter begründbares „belief system", welches nicht weiter nachgewiesen werden kann und als grundlegende Überlegung des Forschers zu akzeptieren ist.[18] Um die grundlegende Erkenntnisperspektive ausführlicher zu erläutern, erfolgt eine Einordnung der vorliegenden wissenschaftlichen Arbeit in das Spektrum der Wissenschaften. Hierbei wird dem Ansatz von ULRICH & HILL gefolgt, nach welchem die Wissenschaften in Formal- und Realwissenschaften unterteilt werden (s. Abbildung 2).

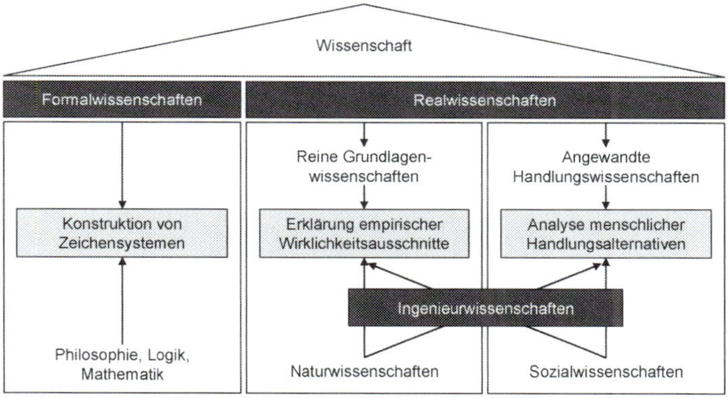

Abbildung 2: Wissenschaftssystematik[19]

Ziel der **Formalwissenschaften** ist die Konstruktion von Zeichensystemen sowie der Entwurf vor Regeln zu deren Verwendung. Disziplinen der Formalwissenschaften sind unter anderem die Philosophie, Logik und Mathematik.[20] Die Aussagen der Formalwissenschaften sind analytisch und somit rein theoretischer Natur und können in der Praxis weder beobachtet noch widerlegt werden. Aus diesem Grund kann die Prüfung der Richtigkeit der Erkenntnisse nur durch Suchen nach logischen bzw. theoretischen Widersprüchen erfolgen.[21] Realwissenschaften hingegen haben nach ULRICH & HILL die empirische Beschreibung, Erklärung und Gestaltung von sinnlich wahrnehmbaren Wirklichkeitsausschnitten zum Ziel.[22] Die Aussagen der Realwissenschaften sind synthetisch und erfordern zwecks Überprüfung eine Faktenanalyse.[23] Die Realwissenschaften können in die reinen Grundlagenwissenschaften und die angewandten Handlungswissenschaften unterteilt werden. Die reinen Grundlagenwissenschaften beschäftigen sich mit der Erklärung der Diskrepanz zwischen Theorie und Beobachtung. Vertreter dieser Disziplin sind die Naturwissenschaften, wie die Physik, Chemie und Biologie.

[18] Vgl. Guba & Lincoln (Qualitative Research), 1994, S. 107
[19] I.A.a. Ulrich & Hill (Wissenschaftstheoretische Grundlagen), 1976, S. 305
[20] Vgl. Ulrich & Hill (Wissenschaftstheoretische Grundlagen), 1976, S. 305
[21] Vgl. Schanz et al. (Grundfragen der Führungsforschung), 1987, S. 1039
[22] Vgl. Ulrich & Hill (Wissenschaftstheoretische Grundlagen), 1976, S. 305
[23] Vgl. Schanz et al. (Grundfragen der Führungsforschung), 1987, S. 1040

Die angewandten Handlungswissenschaften hingegen untersuchen das Verhalten und Handeln von einzelnen Menschen, Gruppen und ganzen Gesellschaften.[24] Dazu gehören die Sozialwissenschaften, wie Soziologie und Ökonomie und somit auch die Betriebswirtschaftslehre.[25] Die Ingenieurwissenschaften werden den Realwissenschaften zugeordnet, obwohl sie weder eindeutig zu den reinen Grundlagenwissenschaften noch zu den angewandten Handlungswissenschaften zählen.[26] Die vorliegende Arbeit kann jedoch aufgrund des hohen Praxisbezugs und der methodischen Bearbeitung eines Problems des menschlichen Handelns den Handlungswissenschaften zugeordnet werden.

Nach der wissenschaftlichen Zuordnung der Arbeit zu den **angewandten Handlungswissenschaften** ist es nötig, die Überzeugungen des Forschers offenzulegen, damit die grundlegende Erkenntnisperspektive vollständig erläutert werden kann. Diese Überzeugungen bestehen aus vorwissenschaftlichen und wertgebundenen Annahmen, die sich nicht beweisen lassen und einer empirischen Untersuchung unzugänglich sind. Durch diese Offenlegung wird das sogenannte Subjektivitätskriterium wissenschaftlicher Arbeiten außer Kraft gesetzt.[27] In der Wissenschaftstheorie wird dieses allgemeine Grundverständnis im Sinne einer Leitidee als Paradigma[28], Forschungs-[29] oder Erkenntnisprogramm[30] bezeichnet. Dieses kann in der Betriebswirtschaftslehre durch drei Ansätze beschrieben werden: Den faktortheoretischen Ansatz von GUTENBERG, den Systemansatz von ULRICH sowie den entscheidungstheoretischen Ansatz von HEINEN[31]. Die vorliegende Arbeit verwendet den Systemansatz von ULRICH, da dieser praxisnah, offen und integrativ ist und somit einen großen Bezug zu den Ingenieurwissenschaften aufweist.[32]

Neben der grundlegenden Erkenntnisperspektive ist die **Forschungsmethodologie** ein weiterer wichtiger Bestandteil des Forschungsprozesses. Dieser beschreibt die Vorgehensweise zur Gewinnung von Erkenntnissen. Nach POPPER beginnt dieser Erkenntnisgewinn „nicht mit Wahrnehmungen oder Beobachtungen oder der Sammlung von Daten oder von Tatsachen, sondern mit Problemen".[33] Dabei gibt es einen signifikanten Unterschied zwischen den Grundlagen- und den Handlungswissenschaften bei der Auswahl der Probleme.

Die Grundlagenwissenschaften versuchen, die Diskrepanz zwischen Theorie und Beobachtung zu erklären und dabei das Streben nach Erkenntnissen um des Erkennens willen in den Vordergrund zu rücken.[34] Die angewandten Handlungswissenschaften hingegen verfolgen eine pragmatische Zielsetzung, welche sich auf Prob-

---

[24] Vgl. Schanz et al. (Grundfragen der Führungsforschung), 1987
[25] Vgl. Ulrich & Hill (Wissenschaftstheoretische Grundlagen), 1976, S. 305
[26] Vgl. Ulrich (Systemorientierter Ansatz), 1971, S. 47
[27] Vgl. Ulrich & Hill (Wissenschaftstheoretische Grundlagen), 1976, S. 306
[28] Vgl. Kuhn (Wissenschaftliche Revolution), 1988, S. 25
[29] Vgl. Lakatos (Wissenschaftliche Forschungsprogramme), 1974, S. 89ff.
[30] Vgl. Albert (Marktsoziologie und Entscheidungslogik), 1998, S. 8ff.
[31] Vgl. Ulrich & Hill (Wissenschaftstheoretische Grundlagen), 1976, S. 307f.
[32] Vgl. Ulrich & Hill (Wissenschaftstheoretische Grundlagen), 1976, S. 308f.
[33] Vgl. Popper (Logik der Sozialwissenschaften), 1976, S. 104
[34] Vgl. Schanz et al. (Grundfragen der Führungsforschung), 1987, S. 2041

leme des praktisch handelnden Menschen beziehen, für die es keine Lösungen gibt bzw. kein ausreichendes Wissen vorhanden ist.[35] Nach SCHANZ orientieren sich die pragmatischen Wissenschaftsziele in den Handlungswissenschaften „weniger am Zuwachs in der Erkenntnissicherung als vielmehr am Zuwachs im Verständnis und der dadurch u. U. möglichen Beherrschung der Realität".[36] KUBICEK stellt fest, dass „die Prüfstrategie empirischer Forschung von ihrer grundsätzlichen formalverfahrenstechnischen Orientierung wenig förderlich und in ihrer Anwendung in der Forschungspraxis sogar hinderlich" ist.[37] Daraus hat sich in den Handlungswissenschaften die explorative Forschung als eigene Forschungsmethodologie entwickelt. Diese erlaubt nicht nur die Überprüfung von theoriegeleiteten Hypothesen durch Empirie, sondern auch die Entwicklung von theoretischen Aussagen auf der Grundlage von systematischem Erfahrungswissen.[38]

Aufgrund ihrer Zuordnung zu den angewandten Handlungswissenschaften und der Wahl des Systemansatzes von ULRICH orientiert sich die vorliegende Arbeit an der Forschungsmethodologie der explorativen Forschung. Die Grundlage liefert der Forschungszyklus nach TOMCZAK (s. Abbildung 3).

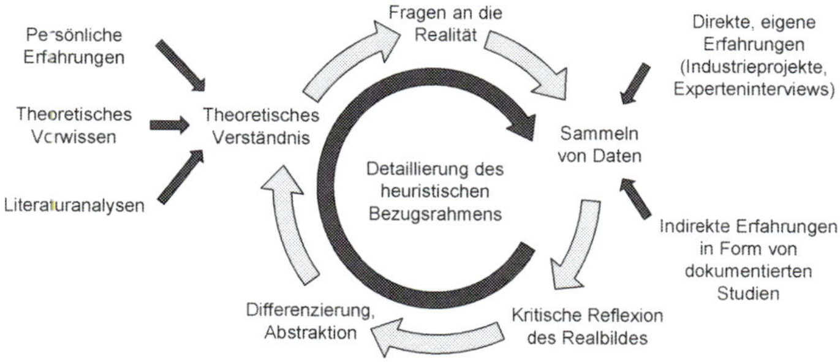

Abbildung 3: Forschungsmethodisches Vorgehen[39]

Die Entwicklung wissenschaftlicher Aussagen erfolgt bei der explorativen Forschung durch einen „geleiteten und auf systematischem Erfahrungswissen basierenden Lernprozess, der sowohl die Gewinnung von Erfahrungswissen als auch seine kreative Umsetzung in theoretische Aussagen problematisiert".[40] Zielsetzung ist hierbei, durch das Stellen von Fragen an die Realität und das Verarbeiten der gewonnenen Erkenntnisse in der Theorie zu neuen Fragen und schließlich zu neuen Erkenntnissen der Realität vorzustoßen.[41]

---

35 Vgl. Ulrich (Management), 1984, S. 172
36 Vgl. Schanz et al. (Grundfragen der Führungsforschung), 1987, S. 2041
37 Vgl. Kubicek (Heuristischer Bezugsrahmen), 1977, S. 7
38 Vgl. Kubicek (Heuristischer Bezugsrahmen), 1977, S. 13
39 Vgl. Kubicek (Heuristischer Bezugsrahmen), 1977, S. 14; Tomczak (Forschungsmethoden in der Marketingwissenschaft), 1992, S. 84
40 Vgl. Kubicek (Heuristischer Bezugsrahmen), 1977, S. 13
41 Vgl. Kubicek (Heuristischer Bezugsrahmen), 1977, S. 14

Der **heuristische Bezugsrahmen** bildet innerhalb der explorativen Forschung den Mittelpunkt des Forschungsprozesses. Dieser zeigt das Vorverständnis des Autors, lenkt den Forschungsprozess und gibt eine Richtung für die Lösung praxisrelevanter Probleme vor.[42] Nach TOMCZAK ist „ein theoretisches Problem bzw. ein generelles Phänomen, das nicht genügend verstanden bzw. unzureichend beherrscht wird", eine Voraussetzung für die Entwicklung eines heuristischen Bezugsrahmens.[43] Die Problemstellung der vorliegenden Arbeit wurde bereits in Kapitel 1.1 erläutert, sodass der heuristische Bezugsrahmen entwickelt werden kann.

Das Basiselement des heuristischen Bezugsrahmens bildet die Branche Werkzeugbau. Werkzeugbaubetriebe stiften Kundennutzen über Leistungssysteme (vgl. Kapitel 2.1). Zur Wahrung der Wettbewerbsfähigkeit gegenüber Anbietern aus Niedriglohnländern müssen Werkzeugbaubetriebe in Hochlohnländern die Effizienz ihrer Wertschöpfung durch Kollaboration mit Wertschöpfungspartnern erhöhen (vgl. Kapitel 2.3.5). Kollaborative Wertschöpfung findet entlang des Lebenszyklus der Werkzeuge statt und führt daher zu werkzeugbezogener Lebenszyklusorientierung (vgl. Kapitel 2.2). Die Kombination aus Lebenszyklusorientierung und Leistungssystemen führt zur Gestaltung von lebenszyklusorientierten Leistungssystemen im Werkzeugbau. Abbildung 4 zeigt den heuristischen Bezugsrahmen der vorliegenden Arbeit.

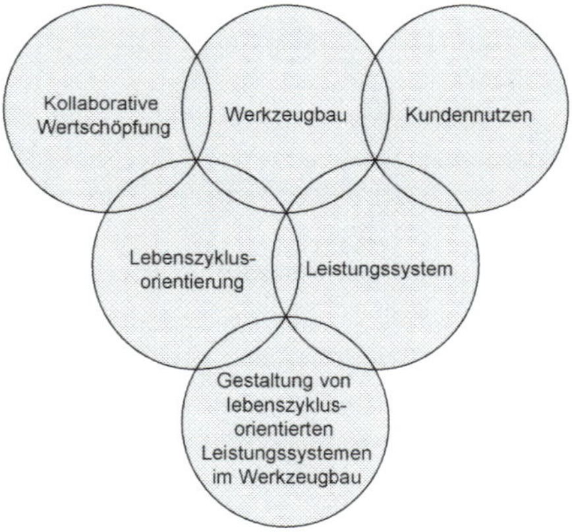

Abbildung 4: Heuristischer Bezugsrahmen

Als Basis für die vorliegende Arbeit dient das praktische Erfahrungswissen des Autors. Dieses konnte während der Tätigkeit als wissenschaftlicher Mitarbeiter am Lehrstuhl für Produktionssystematik des Werkzeugmaschinenlabors WZL der RWTH Aachen im Rahmen von Forschungs- und Industrieprojekten sowie Lehr- und Weiterbildungsveranstaltungen erworben werden. Die Leitung von zahlreichen nationalen und internationalen Industrieprojekten zur strategischen Ausrichtung, Leistungsbewertung, Prozessoptimierung und Industrialisierung von Werkzeugbaubetrieben

[42] Vgl. Tomczak (Forschungsmethoden in der Marketingwissenschaft), 1992, S. 84
[43] Vgl. Tomczak (Forschungsmethoden in der Marketingwissenschaft), 1992, S. 84

erlaubte einen tiefen Einblick in die Strukturen des Werkzeugbaus. Als Projektleiter des internationalen Forschungsprojektes „TEC – Total Efficiency Control" konnte detailliertes Wissen über werkzeugbezogene Leistungen und Kosten entlang des Werkzeuglebenszyklus und darüber hinaus lebenszyklusorientierte Geschäftsmodelle im Werkzeugbau generiert werden. Durch zahlreiche Vorträge auf Kolloquien, in Seminaren und Arbeitskreisen konnten Fragestellungen in Bezug auf Leistungsangebot und Leistungssysteme von Werkzeugbaubetrieben vorgestellt und diskutiert werden. Darüber hinaus wurde durch detaillierte Recherche und intensives Studium der forschungsrelevanten Literatur in den Themengebieten Werkzeugbau, Lebenszyklusorientierung und Leistungssysteme der Bezugsrahmen kritisch reflektiert und gezielt weiterentwickelt.

1.4 Aufbau der Arbeit

Entsprechend der Zuordnung der vorliegenden Arbeit zur explorativen Forschung orientiert sich der Aufbau der Arbeit am Forschungsprozess für angewandte Forschung nach ULRICH.[44] ULRICH stellt den Praxisbezug in den Vordergrund und leitet daraus analytisch induktiv entsprechende Regeln und Modelle ab, die in der Praxis wiederum zu validieren sind. Abbildung 5 stellt die angewandte Wissenschaft im Theorie- und Praxisbezug nach ULRICH dem Aufbau der vorliegenden Arbeit gegenüber.

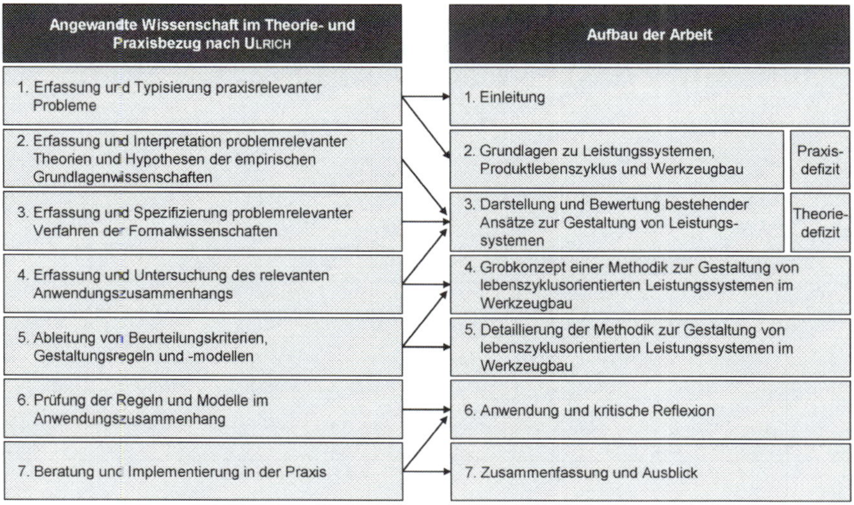

Abbildung 5: Aufbau der Arbeit[45]

Die vorliegende Arbeit ist in sieben Hauptkapitel untergliedert. Im **ersten Kapitel** wird die Problemstellung als Ausgangssituation beschrieben. Darauf aufbauend wird die

[44] Vgl. Ulrich & Hill (Wissenschaftstheoretische Grundlagen), 1976, S. 305ff.
[45] Vgl. Ulrich (Management), 1984, S. 193

Zielsetzung der Arbeit mit ihrer handlungsleitenden Forschungsfrage definiert. Es folgen die wissenstheoretische Einordnung sowie der Aufbau der Arbeit.

Das **zweite Kapitel** führt die für die Arbeit maßgeblichen Grundlagen ein. Dazu werden zunächst die relevanten Begrifflichkeiten in Bezug auf Leistungssysteme und den Produktlebenszyklus erörtert. Anschließend wird der Werkzeugbau als Betrachtungs- und Gestaltungsbereich der Arbeit vorgestellt. Dabei wird auf die Branchenstruktur, das Leistungsspektrum, die Wertschöpfung bzw. Wertschöpfungsgestaltung sowie Trends und Herausforderungen der Branche eingegangen. Das Kapitel endet mit der Ableitung des Handlungsbedarfs aus der Praxis.

Im **dritten Kapitel** werden zunächst Prinzipien zur Gestaltung von lebenszyklusorientierten Leistungssystemen im Werkzeugbau definiert. Es folgt eine Vorstellung der nach ULRICH problemrelevanten Theorien und deren Analyse im Hinblick auf den Betrachtungsfokus der Arbeit. Aus einer Bewertung der grundlegenden Ansätze zur Gestaltung von Leistungssystemen wird schließlich der Handlungsbedarf aus der Theorie abgeleitet und darauf aufbauend die handlungsleitende Forschungsfrage konkretisiert.

Die Handlungsbedarfe aus Theorie und Praxis führen zur Konzeption einer Methodik zur Gestaltung von lebenszyklusorientierten Leistungssystemen im Werkzeugbau im **vierten Kapitel**. Als Grundlage für die Methodikentwicklung werden zunächst Systemtechnik und Modelltheorie vorgestellt, um aufbauend auf einem Ordnungsrahmen das Grobkonzept der Methodik in Form von Methodikbausteinen zu entwickeln. Das Kapitel endet mit dem Abgleich der im dritten Kapitel definierten Anforderungen mit dem Grobkonzept der Methodik.

Im **fünften Kapitel** wird das Grobkonzept der Methodik durch die Konkretisierung der im vierten Kapitel eingeführten Methodikschritte detailliert. Dazu werden zunächst die Methodikschritte zur strategieorientierten Typisierung eines Werkzeugbaubetriebs und aufbauend darauf die Bausteine zur Ausgestaltung des lebenszyklusorientierten Leistungssystems erläutert. Durch die anschließende Integration der Methodikschritte findet eine Zusammenfassung deren Integration zu einer im Sinne der Forschungsfrage zielführenden Methodik statt.

Das **sechste Kapitel** beinhaltet die Validierung der Methodik im Anwendungszusammenhang von zwei Fallbeispielen. Nach Vorstellung der jeweiligen Ausgangssituation der Unternehmen folgt die Beschreibung der unternehmensspezifischen Anwendung der Methodik. Das Kapitel endet mit einer kritischen Reflexion, in der die Ergebnisse der Fallbeispiele vor dem Hintergrund der Erfüllung der gestellten Anforderungen analysiert und abschließend bewertet werden.

Im **siebten Kapitel** werden die Ergebnisse und Erkenntnisse der Arbeit zusammengefasst. Die Arbeit schließt mit einem Ausblick auf den weiteren Forschungsbedarf im Anwendungskontext.

2 Grundlagen des Gestaltungs- und Betrachtungsbereichs

Im zweiten Kapitel werden die Grundlagen des Gestaltungs- und Betrachtungsbereichs eingeführt. Entsprechend dem forschungsmethodischen Vorgehen nach ULRICH werden damit Probleme aus der Praxis erfasst und typisiert sowie problemrelevante Theorien aus der Wissenschaft interpretiert (vgl. Kapitel 1.4). Zunächst werden dazu Leistungssysteme sowie Produktlebenszyklen als Gestaltungsbereich dieser Arbeit eingeführt. Es folgt eine detaillierte Vorstellung des Betrachtungsbereichs Werkzeugbau in Bezug auf die problemrelevanten Aspekte für die vorliegende Arbeit. Daraus wird schließlich der Handlungsbedarf aus der Praxis abgeleitet.

2.1 Leistungssysteme

Im Folgenden werden die relevanten Grundlagen des Gestaltungsbereichs Leistungssysteme vorgestellt. Dazu werden zunächst die relevanten Begrifflichkeiten erläutert. Nach einer theoretischen Einführung des Inhalts von Leistungssystemen in Form von industriellen Sach- und Dienstleistungen werden Aufbau und Konstruktionsprinzipien von Leistungssystemen erörtert. Schließlich werden die Potenziale von Leistungssystemen für deren Anbieter aufgezeigt.

2.1.1 Relevante Begrifflichkeiten

Im Hinblick auf den allgemeinen Sprachgebrauch sind die Begriffe Leistung und Leistungssystem nicht eindeutig definiert. Aus diesem Grund werden die Begriffe im Folgenden einzeln erläutert und für das Verständnis der vorliegenden Arbeit eindeutig definiert.

2.1.1.1 Leistung

Der Begriff Leistung wird je nach wissenschaftlicher Betrachtungsweise unterschiedlich definiert. Nach SCHETTGEN wird eine Leistung durch die Mitglieder einer Bezugsgruppe unter Berücksichtigung ihrer Maßstäbe und Kriterien definiert.[46] So hat nahezu jede Natur- und Geisteswissenschaft ihre eigene Definition hervorgebracht. LÜCK ET AL. definiert Leistung sehr allgemein als ein durch Energieaufwand geschaffener Wert, der durch den Einsatz von zielgerichteten menschlichen Fähigkeiten zustande kommt.[47] In der Betriebswirtschaftslehre wird Leistung gemeinhin als Ergebnis eines betrieblichen Produktionsprozesses innerhalb eines bestimmten Zeitraums in Form von Produkten dargestellt.[48] Produkte sind in der wirtschaftswissenschaftlichen Literatur jedoch nicht einheitlich definiert.[49] In der vorliegenden Arbeit werden von einem Unternehmen am Markt angebotene materielle und immaterielle Produkte als Leis-

[46] Vgl. Schettgen (Sozioökonomische Perspektive), 1996, S. 180
[47] Vgl. Lück et al. (Geschichte der Psychologie), 1984
[48] Vgl. o.V. (Wissensbegriff Leistung), 2012
[49] Vgl. Hermsen (Produktnahe Dienstleistungen), 2000; Scheer (Geschäftsprozesse), 2002

tungen aufgefasst.[50] Industrielle Leistungen werden nach SCHUH und GARBE dabei von produzierenden Unternehmen angeboten und von Organisationen oder Unternehmen nachgefragt.[51]

2.1.1.2 Leistungssystem

Leistungssysteme werden in der Literatur umfangreich beschrieben.[52] In der vorliegenden Arbeit wird der Definition von BELZ ET AL. gefolgt, die den Begriff Leistungssystem hervorgebracht und nachhaltig geprägt hat. Demnach handelt es sich bei Leistungssystemen um Systeme, welche die Beziehungen zwischen Leistungen herstellen oder fördern mit dem Ziel, Vorteile beim Kunden und beim Unternehmen zu schaffen.[53] Dabei werden stets materielle Leistungen mit anderen, immateriellen Leistungen verknüpft.[54] Zudem sind Leistungssysteme dadurch charakterisiert, dass sie einen einzigartigen Mehrwert in abgegrenzten Kundengruppen durch individuelle Problemlösungen generieren und somit zur Unternehmensprofilierung gegenüber Konkurrenten beitragen.[55] Damit wirken sich Leistungssysteme positiv auf die Geschäftsbeziehung zu Abnehmern aus.[56] Demgegenüber werden Zusammenstellungen von Leistungen, die sich destruktiv auf eine Geschäftsbeziehung auswirken, als Leistungskonglomerate bezeichnet.[57]

Der Definition von BELZ ET AL. folgend sind Leistungssysteme die Antwort auf die zunehmende Auswechselbarkeit von Produkten, auf die zunehmenden Ansprüche von Kunden und auf die intensive Konkurrenz mit einseitigem Preiswettbewerb auf zahlreichen Märkten.[58] Dabei systematisieren sie das Angebot von Leistungen am Markt.[59]

Die Begriffe Leistungssystem, hybrides Produkt, hybrides Leistungsbündel, Produkt-Service System und Leistungsangebotsmodell werden im Sprachgebrauch häufig synonym verwendet.[60] Per Definition ist der Begriff Leistungssystem jedoch von den alternativ verwendeten Begriffen abgegrenzt. So grenzt das stets vorhandene physische Produkt das Leistungssystem definitorisch vom hybriden Produkt, hybriden Leistungsbündel oder Produkt-Service System ab. Hier stehen materielle und immaterielle Leistungen zwar in direkter Wechselwirkung zueinander, sind aber flexibel

---

[50] Vgl. Kern et al. (Produktionswirtschaft), 1996.

[51] Vgl. Schuh et al. (Industrie als Dienstleister), 2004, S. 8; Garbe (Dienstleistungen), 1998, S. 23

[52] Vgl. Belz (Erfolgreiche Leistungssysteme), 1991; Willée (Integrierte Leistungssysteme), 1990; Böcker (Marketing für Leistungssysteme), 1995, S. 27f.

[53] Vgl. Belz (Erfolgreiche Leistungssysteme), 1991, S. 1ff.

[54] Vgl. dazu Meier (Zukunftsorientierte Dienstleistungsgestaltung), 2004, S. 4; Bullinger (Dienstleistungen), 1997, S. 29

[55] Vgl. Belz (Erfolgreiche Leistungssysteme), 1991, S. 1ff.

[56] Vgl. Köhne (Strategisches Unternehmensnetzwerk), 2006, S. 171

[57] Vgl. Tomczak (Forschungsmethoden in der Marketingwissenschaft), 1992, S. 323ff.

[58] Vgl. Belz et al. (Erfolgreiche Leistungssysteme), 1997, S. 28

[59] Vgl. Willée (Integrierte Leistungssysteme), 1990, S. 34ff.

[60] Vgl. Spath & Demuß (Entwicklung hybrider Produkte), 2006; Bonnemeier et al. (Hybride Produkte), 2007; Burr & Stephan (Dienstleistungsmanagement), 2006; Reiß & Präuer (Solution Providing), 2001; Belz (Erfolgreiche Leistungssysteme), 1991; Engelhardt et al. (Leistungsbündel), 1993; Zahn (Strategisches Technologiemanagement), 2004; Bijma und Siem, 2003; Steinbach (Systematische Gestaltung), 2005, S. 15; Abramovici & Schulte (Lifecycle Management), 2006, S. 468

austauschbar. So können hybride Produkte, hybride Leistungsbündel oder Produkt-Service Systeme je nach Konfiguration ausschließlich aus materiellen oder immateriellen Leistungen bestehen.[61] Die Kundenindividualität des Angebotes grenzt das Leistungssystem hingegen vom nicht ausschließlich kundenindividuellen, hybriden Leistungsangebot im Leistungsangebotsmodell nach MÜLLER-STEWENS & LECHNER [62] ab.

2.1.2 Inhalt von Leistungssystemen

In einem Leistungssystem sind stets materielle mit immateriellen Leistungen verknüpft. ENGELHARDT typologisiert Leistungen ebenfalls über die Materialität und weiterhin über die Integrativität (s. Abbildung 6).[63]

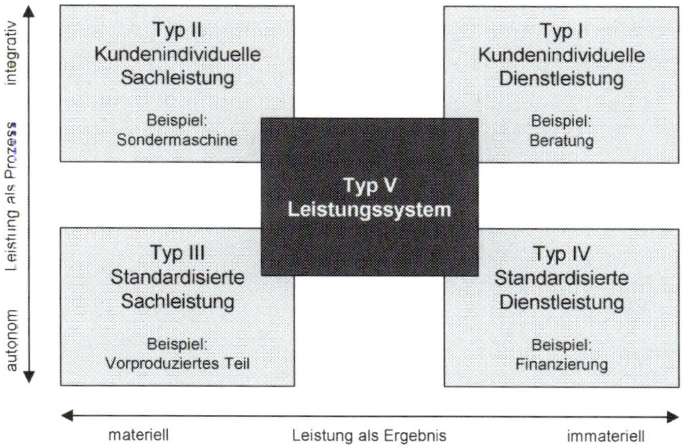

Abbildung 6: Typologie von Leistungen[64]

Durch die entsprechende Typologie lassen sich Leistungen in jeweils kundenindividuelle und standardisierte Sach- und Dienstleistungen typisieren. Leistungssysteme bestehen damit aus standardisierten und bzw. oder kundenindividuellen Sachleistungen verknüpft mit standardisierten und bzw. oder kundenindividuellen Dienstleistungen. Zur eingehenden Erläuterung des Inhalts von Leistungssystemen werden daher im Folgenden industrielle Sach- und Dienstleistungen als Bestandteile der Leistungssysteme von produzierenden Unternehmen beschrieben (vgl. Kapitel 2.1.1.1).[65]

2.1.2.1 Industrielle Sachleistungen

Sachleistungen lassen sich als materielle, künstlich hergestellte Objekte benennen, welche in Rohstoffe, Produktionsmittel, Betriebsmittel und Verbrauchsgüter eingeteilt

[61] Vgl. Abramovici & Schulte (Lifecycle Management), 2006, S. 468
[62] Vgl. Müller-Stewens & Lechner (Strategisches Management), 2011
[63] Vgl. Engelhardt et al. (Dienstleistungen), 1992, S. 35
[64] I.A.a. Engelhardt et al. (Dienstleistungen), 1992, S. 35
[65] Vgl. Schuh et al. (Industrie als Dienstleister), 2004, S. 8; Garbe (Dienstleistungen), 1998, S. 23

werden und einen bestimmten Zweck bzw. eine Funktion erfüllen.[66] Sie können auf Vorrat produziert sowie gelagert werden und sind in der Lage, die Bedürfnisse eines Nutzers zu erfüllen.[67]

Industrielle Sachleistungen haben auf dem weltweiten Industriegütermarkt eine hohe Bedeutung.[68] Es handelt sich dabei um Leistungen, die von Organisationen, d.h. Nicht-Konsumenten, beschafft werden, um mit ihrem Einsatz durch Gebrauch oder Verbrauch weitere Güter für die Fremdbedarfsdeckung zu erstellen oder sie unverändert an andere Organisationen weiter zu veräußern, die diese Leistungserstellung vornehmen.[69] Industrielle Sachleistungen lassen sich aufgrund von Verwendungsdauer und -häufigkeit in Gebrauchsgüter und Verbrauchsgüter einteilen. Verbrauchsgüter bieten einmaligen Nutzen, wohingegen Gebrauchsgüter vielfachen Nutzen stiften können. Industrielle Sachleistungen in Form von Gebrauchsgütern bilden stets den Kern eines Leistungssystems. In der Literatur ist aus diesem Grunde oftmals vom Kernprodukt die Rede.[70]

In den Ingenieurwissenschaften sind die Begrifflichkeiten Sachleistung, Sachgut, Investitionsgut, Produkt, materielles Produkt und technisches System weitestgehend eindeutig definiert und können synonym verwendet werden.[71]

2.1.2.2 Industrielle Dienstleistungen

Aufgrund unterschiedlicher Betrachtungsperspektiven und der großen Heterogenität von **Dienstleistungen**[72] besteht bisher keine eindeutige Definition des Dienstleistungsbegriffs, die alle Facetten und Eigenarten von Dienstleistungen zur Genüge beschreibt.[73] Die unterschiedlichen Definitionsansätze lassen sich in vier Abgrenzungskategorien von Dienstleistungen gliedern:[74]

- Enumerative Abgrenzung
- Institutionelle Abgrenzung
- Negative Abgrenzung
- Konstitutive Abgrenzung

---

66 Vgl. Wöhe (Betriebswirtschaftslehre), 2002; Hubka & Eder (Design Science), 1996; Ehrlenspiel (Integrierte Produktentwicklung), 1995

67 Vgl. Maleri (Grundlagen der Dienstleistungsproduktion), 1997, S. 2ff.; Steinbach (Systematische Gestaltung), 2005, S. 7

68 Vgl. Belz et al. (Erfolgreiche Leistungssysteme), 1997, S. 28

69 Vgl. Engelhardt & Günter (Investitionsgütermarketing), 1981, S. 24

70 Vgl. Belz (Industrie als Dienstleister), 1997, S. 28

71 Vgl. Rösner (Service), 1998, S. 13; Steinbach (Systematische Gestaltung), 2005, S. 7; Seewöster (Life-cycle-cost-Verträge), 2006, S. 1ff.

72 Vgl. Meyer & Meyer (Marketing-Systeme), 1990, S. 176

73 Vgl. Rück (Dienstleistungen), 1995, S. 1ff.; Haller (Dienstleistungsmanagement), 2001, S. 13; Gerhardt (Dienstleistungsproduktion), 1987, S. 48ff.; Hilke (Dienstleistungmarketing), 1989, S. 10ff.; Maleri (Grundlagen der Dienstleistungsproduktion), 1994, S. 2ff.; Engelhardt et al. (Leistungsbündel), 1993, S. 404; Schönung (Kundenwertorientierte Preissetzung), 2008, S. 28; Meyer & Meyer (Marketing-Systeme), 1990, S. 176

74 Vgl. Corsten (Dienstleistungsunternehmen), 1990, S. 17; Fandel & Blaga (Dienstleistungsproduktion), 2004, S. 5f.; Meffert & Bruhn (Dienstleistungsmarketing), 2006, S. 29

Enumerative Ansätze grenzen den Dienstleistungsbegriff durch Aufzählung aller zuordenbaren Erscheinungsformen von Dienstleistungen ab.[75] Bei der Aufzählung werden jedoch keine spezifischen Kriterien hergeleitet, sodass dieser Ansatz keine wissenschaftliche Begriffsbestimmung darstellt.[76]

Den institutionellen Ansätzen liegt die Annahme zugrunde, dass Dienstleistungen ausschließlich im tertiären Sektor einer Volkswirtschaft erbracht werden.[77] Problematisch ist jedoch, dass faktisch auch im primären und sekundären Sektor Dienstleistungen erbracht werden.[78]

Bei Ansätzen im Sinne einer Negativabgrenzung werden durch eine Gegenüberstellung alle Leistungen als Dienstleistungen bezeichnet, die nicht den Sachleistungen zugeordnet werden können.[79] Dieser Ansatz schafft jedoch auch keine klare Abgrenzung und wird als wissenschaftliche Verlegenheitslösung bezeichnet.[80]

Konstitutive Ansätze zur Abgrenzung des Dienstleistungsbegriffs stützen sich auf definierte Abgrenzungskriterien. Diese beschreiben den Wesenskern einer Dienstleistung und ermöglichen eine präzise Abgrenzung.[81]

Zu den konstitutiven Ansätzen zählt die Definition des Dienstleistungsbegriffs nach LUCZAK. Demnach sind Dienstleistungen angebotene immaterielle Leistungen, die an Kunden mit dem Ziel erbracht werden, an ihnen gewollte Wirkungen zu erreichen.[82] Ähnlich lassen sie sich nach SCHUH und LIESTMANN anhand zweier wesentlicher Merkmale beschreiben:[83]

- Immaterialität der Dienstleistung
- Integration des Kunden bei der Dienstleistungserstellung (externer Faktor)

Das Merkmal Immaterialität bezieht sich dabei auf den physischen Zustand einer Dienstleistung. Sie ist als solche nicht darstellbar. Einhergehend mit dieser immateriellen Komponente sind die fehlende Lagerfähigkeit sowie die diffizile Beschreibbarkeit.[84] Eine Leistungs- oder Qualitätsmessung ist ebenfalls schwer möglich.[85]

Die Integration des externen Faktors bezieht sich auf die Notwendigkeit, die Erstellung der Dienstleistung in unmittelbarer Gegenwart des Kunden bzw. eines Gegenstandes aus dessen Besitz durchzuführen. Da durch eine Dienstleistung die Veränderung des Zustandes von Menschen oder Objekten beabsichtigt wird, bedarf sie zu

75 Vgl. Günther (Industrielle Dienstleistungen), 2001, S. 11
76 Vgl. Scheer et al. (Modellbasiertes Dienstleistungsmanagement), 2003, S. 24; Günther (Industrielle Dienstleistungen), 2001, S. 11
77 Vgl. Nüttgens (Service Engineering Rahmenkonzept), 1998, S. 15
78 Vgl. Maleri (Grundlagen der Dienstleistungsproduktion), 1994
79 Vgl. Meffert & Bruhn (Dienstleistungsmarketing), 2006, S. 27ff.
80 Vgl. Corsten (Dienstleistungsmanagement), 2001
81 Vgl. Nüttgens (Service Engineering Rahmenkonzept), 1998, S. 15
82 Vgl. Luczak & Sontow (Innovatives Dienstleistungsangebot), 1997, S. 176
83 Vgl. Schuh et al. (Industrie als Dienstleister), 2004, S. 7ff.
84 Vgl. Garbe (Dienstleistungen), 1998, S. 11
85 Vgl. Liestmann (Dienstleistungsentwicklung), 2002, S. 20

ihrer Durchführung der aktiven Mitwirkung oder zumindest der passiven Anwesenheit des Kunden oder dessen Objekte.[86]

Über die konstitutiven Merkmale hinaus sind Dienstleistungen durch die Gestaltungsdimensionen Potenzial, Prozess und Ergebnis charakterisiert (s. Abbildung 7).[87] Im Gegensatz dazu zeichnen sich Sachleistungen lediglich durch die Ergebnisdimension aus.

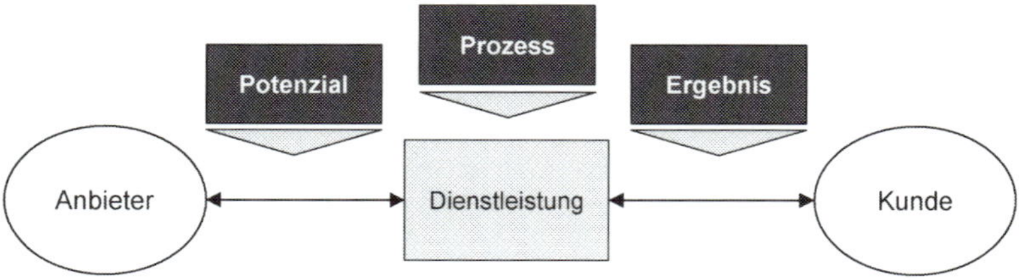

Abbildung 7: Gestaltungsdimensionen von Dienstleistungen[88]

Aus Sicht der **Potenzialdimension** sind Dienstleistungen vor deren Erbringung reine auf der Leistungsfähigkeit und Leistungsbereitschaft des Anbieters aufbauende Versprechen.[89] Das Potenzial von Dienstleistungen hängt von den Ressourcen, Informationssystemen, etc. des Anbieters und den Informationen des Kunden ab. Aus Sicht der **Prozessdimension** ist die Dienstleistung ein Prozess, in den der Kunde als externer Faktor eingebunden ist. Die Qualität dieses Prozesses wird vom Kunden beeinflusst und beurteilt.[90] Aus Sicht der **Ergebnisdimension** ist das Ziel einer Dienstleistung, jeweils ein vordefiniertes Ergebnis zu erreichen.[91] Da die Dienstleistung ein Prozess ist, kann auch deren Ergebnis nicht als zeitpunktbezogenes Resultat definiert werden. Die Dienstleistung entspricht somit allen vom Kunden wahrgenommenen Ergebnissen, zu denen die Prozesswahrnehmung wie auch das Prozessergebnis zählten.[92]

Werden Dienstleistungen von Unternehmen oder Organisationen zur Unterstützung der eigenen Wertschöpfungsprozesse nachgefragt, so spricht man von investiven Dienstleistungen (s. Abbildung 8).[93] Konsumtive Dienstleistungen werden hingegen von Endkonsumenten nachgefragt.[94] Weiter können investive Dienstleistungen nach dem Kriterium des Dienstleistungsanbieters unterteilt werden. Dabei ist der Begriff

---

86 Vgl. Corsten (Dienstleistungsmanagement), 2001, S. 27ff.; Hoeck (Industrielle Dienstleistungen), 2005, S. 8f.

87 Vgl. Schuh et al. (Industrie als Dienstleister), 2004, S. 9f.; Mengen (Konzeptgestaltung von Dienstleistungsprodukten), 1993, S. 9; Steinbach (Systematische Gestaltung), 2005; Hermsen (Produktnahe Dienstleistungen), 2000

88 Vgl. Bullinger et al. (Gestaltung innovativer Dienstleistungen), 2006, S. 58

89 Vgl. Schönung (Kundenwertorientierte Preissetzung), 2008, S. 28

90 Vgl. Corsten (Dienstleistungen), 1988, S. 81ff.; Edvardsson & Olsson (New Service Development), 1996, S. 144

91 Vgl. Hilke (Dienstleistungmarketing), 1989, S. 15; Meyer (Dienstleistungsmarketing), 1991, S. 197

92 Vgl. Donabedian (Quality Assessment), 1980, S. 1ff.

93 Vgl. Garbe (Dienstleistungen), 1998, S. 27ff.

94 Vgl. Garbe (Dienstleistungen), 1998, S. 271

der **industriellen Dienstleistung** geläufig für Dienstleistungen, die von produzierenden Unternehmen angeboten werden.[95] Rein investive Dienstleistungen werden hingegen von spezialisierten Dienstleistungsunternehmen angeboten.[96]

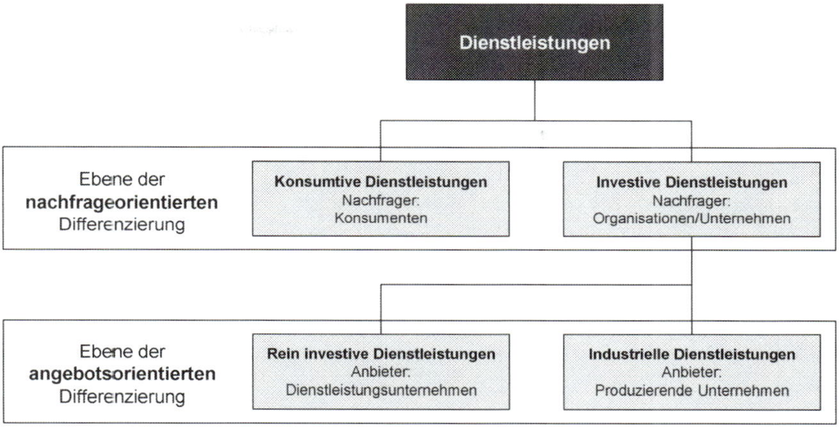

Abbildung 8: Abgrenzung industrieller Dienstleistungen[97]

Subsumierend lassen sich industrielle Dienstleistungen als immaterielle Leistungen definieren, die ein produzierendes Unternehmen seinen industriellen Kunden zur Förderung des Absatzes seiner Sachgüter anbietet. Damit leisten sie einen eigenständigen sowie bewertbaren Problemlösungsbeitrag.[98]

Nach SCHUH untergliedern sich industrielle Dienstleistungen in folgende drei Arten, die auch als Entwicklungsstufen des Dienstleistungsgeschäfts verstanden werden können (s. Abbildung 9):[99]

- produktunterstützende Dienstleistungen
- prozessunterstützende Dienstleistungen
- kundenunterstützende Dienstleistungen

Prozessunterstützende Dienstleistungen unterstützen den Betrieb oder die Anwendung der industriellen Sachleistung und verbessern damit seine Effizienz. Ein sinnvoller Umfang von prozessunterstützenden Dienstleistungen steigt mit zunehmender Nutzungsdauer und -intensität der Sachleistung.[100]

95 Vgl. Kleinaltenkamp et al. (Markt und Produktmanagement), 2006, S. 220
96 Vgl. Kleinaltenkamp et al. (Markt und Produktmanagement), 2006, S. 223
97 I.A.a. Homburg (Industrielle Dienstleistungen), 1996, S. 259
98 Vgl. Garbe (Dienstleistungen), 1998, S. 11f. Sanche (Industrieller Service), 2002, S. 28
99 Vgl. Schuh et al. (Industrie als Dienstleister), 2004, S. 57
100 Vgl. Schuh et al. (Industrie als Dienstleister), 2004, S. 57ff.

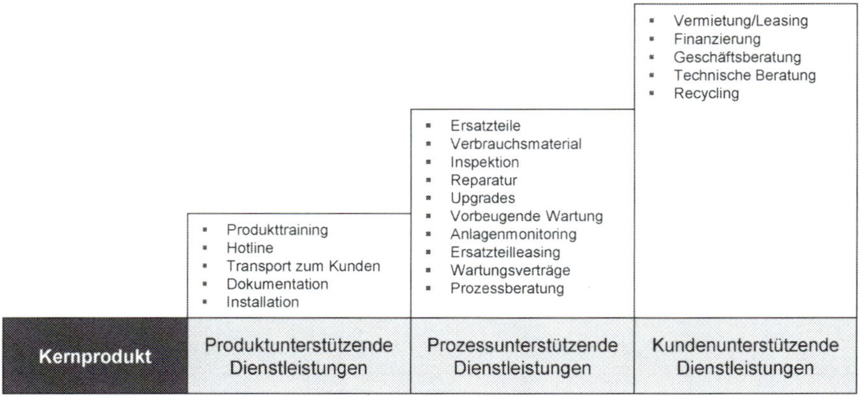

Abbildung 9: Arten industrieller Dienstleistungen[101]

Produktunterstützende Dienstleistungen sind als produktbegleitende Dienstleistungen zu verstehen. Zudem sind sie durch eine geringe Integration des Kunden und einen geringen Grad an Immaterialität gekennzeichnet. Aus diesem Grund spielen die Potenzial- und Prozessqualität nur eine untergeordnete Rolle. Der Umfang der anzubietenden produktunterstützenden Dienstleistungen steigt mit zunehmender Komplexität der Sachleistung.[102]

Kundenunterstützende Dienstleistungen haben einen direkten Bezug zum Geschäft des Kunden und zeichnen sich durch einen hohen Integrationsgrad des Kunden in die Leistungserstellung sowie einen hohen Immaterialitätsgrad aus. Daher spielen die Potenzial- und Prozessqualität eine entscheidende Rolle. Der Umfang der anzubietenden kundenunterstützenden Dienstleistungen ist abhängig vom Know-how des Kunden. Weisen Kunden ein geringes Technologie- oder Anwendungs-Know-how auf, so besteht Potenzial zum umfänglichen Angebot kundenunterstützender Dienstleistungen.[103]

2.1.3 Aufbau von Leistungssystemen

Leistungssysteme strukturieren die Gesamtleistung über die Kernleistung und dazugehörige weitere Leistungen in Schalen. Das Grundmodell dazu wurde von LEVITT entwickelt, der schrittweise den Kundennutzen in seinem Produktkonzept mittels Schalen erweitert:[104]

- Der **Kernnutzen** bildet als Grundleistung die Basis der Kundenentscheidung.
- Das **generische Produkt** entsteht aus dem Kundennutzen und beschreibt die konkrete Einheit eines Leistungsbündels.

---

[101] I.A.a. Schuh et al. (Industrie als Dienstleister), 2004, S. 58
[102] Vgl. Schuh et al. (Industrie als Dienstleister), 2004, S. 57ff.
[103] Vgl. Schuh et al. (Industrie als Dienstleister), 2004, S. 57ff.
[104] Levitt (Marketing Success), 1980, S. 1ff.

- Das **erwartete Produkt** erweitert das generische Produkt durch zusätzliche Eigenschaften, die der Kunde als selbstverständlich betrachtet.
- Im Rahmen des **augmentierten Produkts** werden aufbauend auf dem erwarteten Produkt weitere Leistungen geboten, die der Steigerung des Kundennutzens dienen.
- Das **potenzielle Produkt** stellt das umfangreichste Leistungsspektrum dar. Es erweitert die Leistungen um noch nicht implementierte Erwartungen, Anforderungen und Wünsche der Kunden.

Der Ansatz der Leistungssysteme geht jedoch über die bloße Einteilung von Produkten hinaus. So fokussieren Leistungssysteme durch eine grundlegend neue Art der integrierten Entwicklung auf Kundenanforderungen und Kundennutzen.[105] Diesem Anspruch werden BELZ ET AL. gerecht, die die Strukturierung durch Schalen übernehmen und dabei auf industrielle Sach- und Dienstleistungen eingehen, die dem Kunden zusammen mit dem Kernprodukt ein ganzheitliches Problemlösungspaket bieten.[106] Eine Übersicht über das Schalenmodell gibt Abbildung 10.

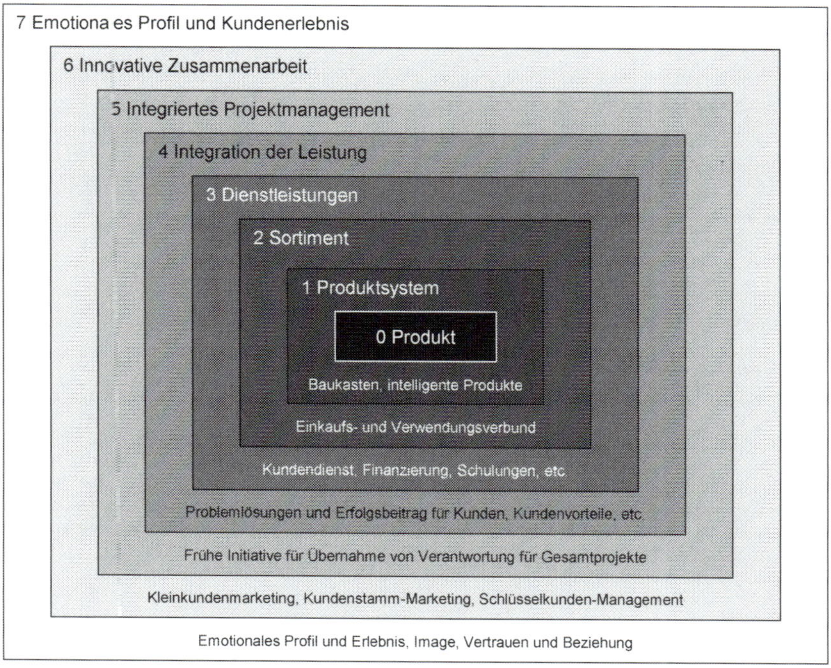

Abbildung 10: Grundstruktur von Leistungssystemen[107]

[105] Vgl. Kortmann (Hybride Leistungsbündel), 2007, S. 17
[106] Vgl. Belz et al. (Erfolgreiche Leistungssysteme), 1997, S. 28
[107] Vgl. Belz (Erfolgreiche Leistungssysteme), 1991, S. 12; Belz et al. (Erfolgreiche Leistungssysteme), 1997, S. 29

Je weiter die Schale vom Kernprodukt entfernt ist, desto spezifischer ist die Leistung auf den einzelnen Kunden zugeschnitten.[108] Folglich erhöht sich der Individualisierungsgrad der Leistung mit zunehmender Entfernung vom physischen Kernprodukt. Mit dem Individualisierungsgrad erhöht sich auch der Integrationsgrad des Leistungserstellers in die Wertschöpfungsprozesse des Leistungsempfängers. Insgesamt wird das Kernprodukt selbst durch sieben Schalen erweitert:

- Das **Produktsystem** hat den geringsten Abstand zum Kernprodukt und beinhaltet u.a. Leistungen wie Baukästen, intelligente Produkte oder integrierte Elektronik.
- Unter dem **Sortiment** wird ein Einkaufs- und Verwendungsverbund verstanden, d.h. zusätzliche Leistungen, die sich klar vom Kernprodukt unterscheiden und trennen lassen.
- Flankierende **Dienstleistungen** sind immaterielle Leistungen wie beispielsweise Kundendienst und -hotlines, Finanzierungsmöglichkeiten sowie Schulungen.
- Die **Integration der Leistung** umfasst Leistungen, welche in die Kundenabläufe integriert werden. Als Beispiele seien die Kundenbegleitung im Produktleben sowie die Zusammenarbeit in den Bereichen Forschung, Entwicklung und Logistik angeführt.
- Durch **Integriertes Projektmanagement** erfolgt eine Gesamtentlastung des Kunden, beispielsweise durch die Übernahme von Gesamtprojekten und Verantwortung, Koalitionsmanagement oder einen frühen Einstieg in Kundenprojekte.
- **Innovative Zusammenarbeit** ist durch die gemeinschaftliche Erarbeitung von innovativen Problemlösungen mit dem Kunden charakterisiert.
- Das **Emotionale Profil und Kundenerlebnis** beinhaltet Elemente wie Image, Vertrauen, Sicherheit und Beziehungsmanagement.[109] Im Gegensatz zu den anderen Schalen handelt es sich beim emotionalen Profil um einen übergreifenden Aspekt, der sämtliche Stufen beeinflusst. Als Beispiele seien der Service vor Ort beim Kunden genannt, dessen Qualität durch die persönliche Begegnung von Mitarbeiter und Kunde geprägt ist oder der Einfluss von Emotionalität in der Designphase des Produktes.[110]

Durch die flexible Struktur des Leistungssystems wird es Unternehmen ermöglicht, standardisierte und individuelle Leistungen zu verknüpfen und dem Kunden somit ganzheitliche Problemlösungen anzubieten.[111] Grundvoraussetzung und damit Muss-

[108] Vgl. Belz et al. (Erfolgreiche Leistungssysteme), 1997, S. 28; Kampker (Kompetenzbasierte Geschäftsausweitung), 2004, S. 48
[109] Vgl. Belz (Erfolgreiche Leistungssysteme), 1991, S. 12; Belz (Industrie als Dienstleister), 1997, S. 29f.
[110] Vgl. Belz & Bieger (Customer-Value), 2006, S. 33
[111] Vgl. Belz et al. (Erfolgreiche Leistungssysteme), 1997, S. 28

leistung innerhalb des Leistungssystems bleibt das physische Kernprodukt, damit sich der Fokus des Kunden nicht auf die produktumgebenden Leistungen verschiebt. Das Kernprodukt ist zudem Voraussetzung für eine langfristige und erfolgreiche Anbieter-Kunden-Beziehung. Wohingegen durch eine Fokussierung auf die produktumgebenden Leistungen der Anbieter die Kundenbedürfnisse im Kernprodukt nicht befriedigen kann, in dessen Folge der Kunde keine Leistungen mehr in Anspruch nimmt und zu konkurrierenden Unternehmen abwandert.[112]

Mit Hilfe der Strukturierung des Leistungsangebots in Leistungssystemen gelingt es Unternehmen zudem, ihre Leistungen sowie deren Qualität effektiv zu gestalten und dadurch einen nachhaltigen Wettbewerbsvorteil gegenüber der Konkurrenz zu schaffen.[113] Durch die Einteilung in Schalen wird zudem ein unüberschaubarer „Dschungel" an Nebenleistungen vermieden.[114] Es wird ein Bewusstsein beim Kunden für die vom Unternehmen erbrachten Leistungen geschaffen, welches sich positiv auf die Verrechenbarkeit auswirkt. Leistungen, die vom Kunden als selbstverständlich angesehen werden, können dadurch leichter verrechnet werden.[115]

2.1.4 Konstruktionsprinzipien von Leistungssystemen

Bereits in Kapitel 2.1.3 wurde herausgestellt, dass das Kernprodukt eine Grundvoraussetzung zur erfolgreichen Gestaltung von Leistungssystemen darstellt. Um einen nachhaltigen Kundennutzen zu generieren, müssen die einzelnen Schalen des Leistungssystems mit Inhalt ausgestaltet und der Inhalt kundenspezifisch benannt werden.[116] Zur erfolgreichen Konstruktion von Leistungssystemen definieren Belz et al. die folgenden sechs Konstruktionsprinzipien:[117]

- Die Adressierung des **Integrationsprinzips** erfolgt durch die Erzeugung von Synergien zwischen den Leistungskomponenten. Die Komponenten dürfen nicht einfach zusammengefügt werden, sondern sind für den Kunden zu integrieren.
- Die Erfüllung des **Verrechnungsprinzips** hat das Ziel, erbrachte Leistungen beim Kunden in Rechnung zu stellen oder im Sinne der Quersubventionierung höhere Preise zu realisieren.
- Dem **Partizipationsprinzip** folgend wird der Kunde in den Konstruktionsprozess des Leistungssystems einbezogen. Dadurch soll es u.a. gelingen, neue Problemlösungen zu entwickeln und umzusetzen und diese dem Kunden zu kommunizieren.

---

[112] Vgl. Belz et al. (Erfolgreiche Leistungssysteme), 1997, S. 32
[113] Vgl. Willée (Integrierte Leistungssysteme), 1990, S. 34ff.
[114] Vgl. Belz et al. (Erfolgreiche Leistungssysteme), 1997, S. 28
[115] Vgl. Belz (Erfolgreiche Leistungssysteme), 1991, S. 2; Belz et al. (Erfolgreiche Leistungssysteme), 1997, S. 28
[116] Vgl. Belz et al. (Erfolgreiche Leistungssysteme), 1997, S. 31
[117] Vgl. Belz et al. (Erfolgreiche Leistungssysteme), 1997, S. 31f.

- Einhergehend mit der Erfüllung des **Evolutionsprinzips** wird ein Leistungssystem dynamisch weiterentwickelt und verbessert. Übergeordnetes Ziel ist die Differenzierung gegenüber der Konkurrenz sowie das Übertreffen der Kundenwünsche.
- Leistungssysteme müssen ebenfalls nach dem **Langfristigkeitsprinzip** konstruiert werden: Nur eine langfristige Auslegung des Leistungssystems führt zu einem nachhaltigem Erfolg des Unternehmens, aber auch des Kunden als Bezieher der Leistungen.
- Schließlich gilt es nach dem **Relevanzprinzip** sowohl die Leistungen als auch die Leistungserbringung auf die kundenrelevanten Bereiche auszurichten. Leistungen, die den falschen Unternehmensbereich fokussieren, werden vom Kunden nicht nachgefragt, in dessen Folge dem Kunden keine Problemlösung angeboten werden kann.

Die sechs vorgestellten Prinzipien dienen zur Qualifizierung von neu entwickelten, aber auch bereits bestehenden Leistungssystemen.[118] Bereits bestehende Systeme müssen somit regelmäßig hinsichtlich der Erfüllung der Prinzipien überprüft werden. Abgesehen vom Langfristigkeitsprinzip kennzeichnet die Erfüllung der restlichen fünf Prinzipien zudem den Unterschied zwischen Leistungssystemen und Leistungskonglomeraten[119], also einer großen Menge an unstrukturiert angebotenen Leistungen.

Während der Konstruktion des Leistungssystems ist ein ständiger Abgleich mit dem zuvor bestimmten Zielbereich, den das Unternehmen adressieren möchte, durchzuführen. Neben der aktuellen Markt- und Unternehmenssituation ist die bestehende Unternehmensvision im Rahmen des Abgleichs zu berücksichtigen. Zudem schreibt BELZ der Qualität der Leistungsausführung und damit einhergehend der Qualität des gesamten Problemlösungspakets eine außerordentlich hohe Priorität zu. Als „ausführende Instanz" der Leistung werden damit hohe Anforderungen an die Mitarbeiter des Unternehmens gestellt.[120]

2.1.5 Potenziale von Leistungssystemen

Das Integrieren von industriellen Sach- und Dienstleistungen in Leistungssysteme um das Kernprodukt birgt zahlreiche Potenziale für den Anbieter des Leistungssystems. BELZ ET AL. sowie HOMBURG & GRABE identifizieren zwölf mögliche Potenziale als strategische Zielbereiche für Leistungssysteme (s. Abbildung 11).[121]

Ein Potenzial von Leistungssystemen ist das Anbieten von **umfassenden Problemlösungen** für den Kunden. Dadurch gelingt es Unternehmen, ein umfassendes Verständnis für den Kunden aufzubauen und dadurch einen ganzheitlichen Erfolgs-

---

[118] Vgl. Haedrich & Tomczak (Produktpolitik), 1996, S. 57
[119] Vgl. Belz & Bieger (Customer-Value), 2006, S. 32
[120] Vgl. Belz et al. (Erfolgreiche Leistungssysteme), 1997, S. 31f.
[121] Vgl. Belz et al. (Erfolgreiche Leistungssysteme), 1997, S. 34; Homburg & Garbe (Industrielle Dienstleistungen), 1996, S. 69; Peschl (Strategisches Management), 2010, S. 98ff.

beitrag für den Kunden zu leisten. Eine **Leistungsprofilierung im Wettbewerb** durch Leistungssysteme ermöglicht Unternehmen die Differenzierung von der Konkurrenz. Infolge der Strukturierung des Leistungsangebots kann die **Kommunikation von Problemlösungen** optimiert werden. Durch die Erklärung der Problemlösungen lässt sich zudem der Lernprozess des Kunden fördern.

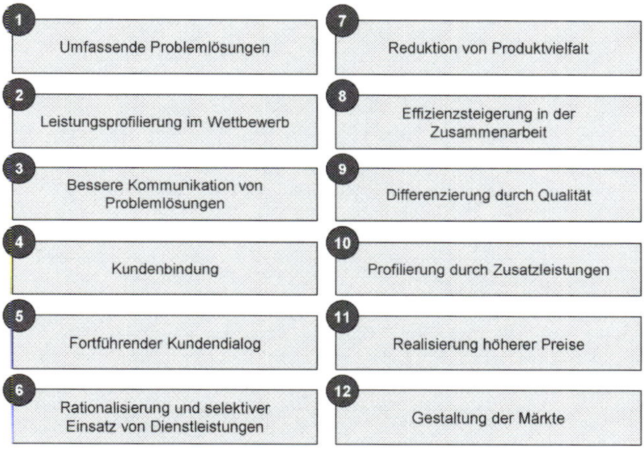

Abbildung 11: Mögliche Zielbereiche von Leistungssystemen[122]

Eine Fokussierung auf **Kundenbindung** kann eine andauernde Geschäftsbeziehung auch über wirtschaftlich schwierige Zeiten hinweg ermöglichen. Leistungssysteme können ebenso auf **fortführenden Kundendialog** ausgelegt sein. Im Rahmen des ständigen Austauschs mit dem Kunden erhält das Unternehmen u.a. Informationen über Neuentwicklungen sowie Feedback zu bisher erbrachten Leistungen. Ein weiteres Potenzial liegt in der **Rationalisierung und dem selektiven Einsatz von Dienstleistungen**. Dazu standardisiert das Unternehmen sein Dienstleistungsangebot und teilt es in flexible Komponenten auf, um es selektiv für geeignete Kunden einzusetzen. Eine bewusste **Reduktion der Produktvielfalt** durch Leistungssysteme äußert sich dadurch, dass teure und spezifisch angefertigte Lösungen durch Standardprodukte ersetzt und zusammen mit Dienstleistungen angeboten werden. Überdies können Leistungssysteme zum offenen Umgang mit Problemen beitragen, gegenseitiges Vertrauen zwischen Unternehmen und Kunde schaffen und damit zu **Effizienzsteigerung der Zusammenarbeit** führen. Mit der Realisierung eines Leistungssystems kann zudem eine **Differenzierung durch Qualität** beabsichtigt werden. Durch Wirtschaftlichkeit, Geschwindigkeit, Individualität und Flexibilität lässt sich die Gesamtleistung des Unternehmens qualitativ optimieren und wird somit zum Differenzierungsmerkmal gegenüber Konkurrenten. Im Zuge der **Profilierung durch Zusatzleistungen** werden auswechselbare Leistungen des Unternehmens zusam-

[122] I.A.a. Belz et. al. (Erfolgreiche Leistungssysteme), 1997, S. 34f.; Homburg & Garbe (Industrielle Dienstleistungen), 1996, S. 69, eigene Darstellung

men mit attraktiven Zusatzleistungen angeboten, um Verbundeffekte zu realisieren und das „Cross Selling“ zwischen Produkten und Dienstleistungen zu fördern. Durch die Strukturierung der angebotenen Leistungen eines Unternehmens mit Hilfe eines Leistungssystems kann die **Realisierung höherer Preise** verfolgt werden. Durch die Visualisierung wird beim Kunden ein Bewusstsein für Leistungen geschaffen, in dessen Folge er bereit ist, für Leistungen zu bezahlen bzw. mehr zu bezahlen. Abschließend lässt sich durch Leistungssysteme eine **Gestaltung der Märkte** vorantreiben. Das initiale Anbieten von kundenseitig geforderten Leistungen ermöglicht es dem Unternehmen, bestehende Märkte proaktiv zu entwickeln und zu beeinflussen.[123]

Innerhalb des Prozesses der strategischen Zielbestimmung von Leistungssystemen müssen die aktuellen Marktgegebenheiten sowie die gegenwärtige Situation des Unternehmens berücksichtigt werden.[124] Zudem sollte der ausgewählte Zielbereich mit der Strategie des Unternehmens übereinstimmen.

2.2 Produktlebenszyklus

Im Folgenden werden die relevanten Grundlagen des Gestaltungsbereichs Produktlebenszyklus vorgestellt. Dazu werden zunächst die relevanten Begrifflichkeiten erläutert. Der Begriff Produktlebenszyklus erlaubt unterschiedliche Interpretationen in Bezug auf Dauer und Betrachtungsperspektive. Diese werden im Rahmen von Lebenszykluskonzepten vorgestellt. Das Kapitel schließt mit einer zusammenfassenden Übersicht über die Interdependenzen der betrachteten Lebenszykluskonzepte.

2.2.1 Relevante Begrifflichkeiten

Zur Schaffung eines einheitlichen Begriffsverständnisses im Hinblick auf den Gestaltungsbereich Produktlebenszyklen werden zunächst die Begriffe Lebenszyklus und Produktlebenszyklus definiert und gegeneinander abgegrenzt.

2.2.1.1 Lebenszyklus

In der Literatur wird der Begriff Lebenszyklus zahlreich definiert und in unterschiedlichen Zusammenhängen genutzt.[125] Zunächst wird daher ein für die vorliegende Arbeit gültiges Begriffsverständnis geschaffen.

Der Begriff Zyklus entstammt dem griechischen kýklos und steht daher im engeren Sinne für Kreislauf. Heute wird der Begriff als ein regelmäßig wiederkehrendes Geschehen oder Ereignis, eine Zusammenfassung, Folge oder Reihe verstanden.[126] In meistens festgelegter Sequenz ablaufende Phasen stellen darin spezifische Zeitabschnitte eines Objektes dar.[127] Die Abgrenzung der einzelnen Phasen ist jedoch va-

---

[123] Vgl. Belz et al. (Erfolgreiche Leistungssysteme), 1997, S. 34; Homburg & Garbe (Industrielle Dienstleistungen), 1996, S. 69

[124] Vgl. Belz et al. (Erfolgreiche Leistungssysteme), 1997, S. 33

[125] Vgl. Michalas (Nachhaltige Nutzungskonzepte), 2003, S. 17; Kölscheid (Lebenszyklusorientierte Produktgestaltung), 1999, S.22; Siegwart & Senti (Product Life Cycle Management), 1995; Pfeiffer & Bischof (Produktlebenszyklen), 1981, S. 135

[126] Vgl. Bünting (Deutsches Wörterbuch), 1996, S. 137

[127] Vgl. Siegwart & Senti (Product Life Cycle Management), 1995, S. 5

riabel und hängt von den Interessenzusammenhängen und den sich daraus ergebenden zweckdienlichen Abgrenzungsmerkmalen ab.[128]

Der Begriff Lebenszyklus bezieht sich ursprünglich auf einen natürlichen Organismus und ist in die vier Phasen Geburt, Metamorphose, Konsumtion und Sterben unterteilt.[129]

2.2.1.2 Produktlebenszyklus

Ist nicht ein natürlicher Organismus, sondern ein künstliches Erzeugnis Objekt der Betrachtung, so wird der Begriff Produktlebenszyklus verwendet.[130] Zahlreiche Produktlebenszykluskonzepte werden von KÖLSCHEID aufgezeigt, die sich im Hinblick auf Phasenbetrachtung und -abgrenzung unterscheiden.[131] Im Rahmen dieser Arbeit wird ein Produktlebenszyklus als eine Abfolge von Phasen innerhalb eines definierten Produktlebens verstanden.[132] Das Produktleben definiert sich allgemein als Zeitspanne, in der ein Produkt verwendet wird. Allerdings ergeben sich durch eine unterschiedliche Interpretation der Verwendbarkeit aus produkt- und marktbezogener Sicht unterschiedliche Definitionen der Produktlebensdauer (s. Abbildung 12).

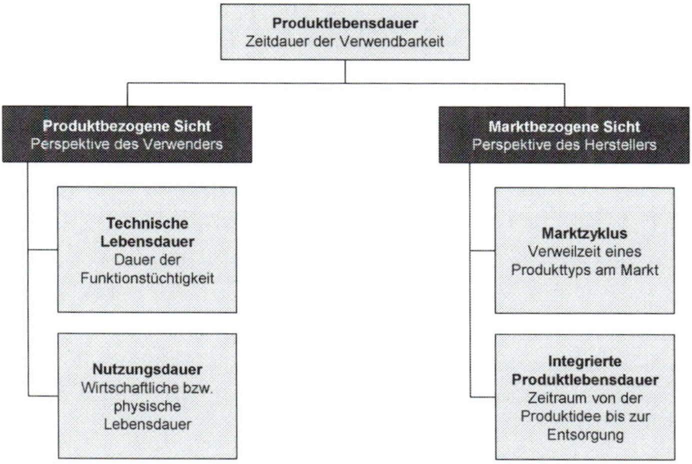

Abbildung 12: Unterschiedliche Sichtweisen auf den Begriff der Produktlebensdauer[133]

- Aus der produktbezogenen Sicht wird die technische Lebensdauer als Dauer der Funktionstüchtigkeit eines Produktes definiert.[134]

---

[128] Vgl. Schwartau (Klassifizierung von Phasenkonzepten), 1977, S. 35
[129] Vgl. Pinnekamp (Lebenszyklus-Modelle), 1980, S. 661; Wübbenhorst (Konzept der Lebenszykluskosten), 1984, S. 85f.
[130] Vgl. Patton (Product Life Cycle), 1959, S. 9; Meffert (Produktlebenszyklus-Konzept), 1974, S. 85f.
[131] Vgl. Kölscheid (Lebenszyklusorientierte Produktgestaltung), 1999
[132] Vgl. Michalas (Nachhaltige Nutzungskonzepte), 2003, S. 17; Siegwart & Senti (Product Life Cycle Management), 1995, S. 4
[133] I.A.a. Pfeiffer & Bischof (Produkt-Marktzyklen), 1974, S. 45
[134] Vgl. Pfeiffer & Bischof (Produkt-Marktzyklen), 1974, S. 46

- Die Nutzungsdauer aus produktbezogener Sicht wird häufig mit der wirtschaftlichen Lebensdauer gleichgesetzt. Sie ist durch die Zeitspanne der Nutzung eines Produktes durch einen Nutzer definiert.[135] Im Idealfall ist die Nutzungsdauer gleich der technischen Lebensdauer. In der Realität ist die Nutzungsdauer allerdings meistens kürzer als die technische Lebensdauer.[136]
- Aus der marktbezogenen Sicht ist die Produktlebensdauer gleich dem Marktzyklus.[137] Währenddessen ist ein Produkt am Markt verfügbar und damit Teil von Angebot und Nachfrage.[138]
- Die integrierte Produktlebensdauer aus marktbezogener Sicht geht über den Marktzyklus hinaus. So sind zusätzlich der Entstehungszyklus eines Produktes sowie die Entsorgung des letzten Produktes Teil der Lebensdauer.[139]

2.2.2 Marktorientierter Produktlebenszyklus

Marktorientierte Produktlebenszykluskonzepte beziehen sich in der Regel auf die Zeitspanne des Produktlebens des Marktzyklus (vgl. Kapitel 2.2.1.2).[140] Die Einführung eines neuen Produkttyps am Markt stellt den Beginn des marktorientierten Produktlebenszyklus dar.[141] Durch die ständigen Veränderungen am Markt veralten Produkte bzw. Teile eines Produktprogramms und sind nicht mehr zu vermarkten. Ist der Marktzyklus abgelaufen, wird der Produkttyp nicht mehr am Markt angeboten oder wird vom Markt nicht mehr nachgefragt. Nach SIEGWART & SENTI existieren drei Typen von Ursachen, die für das Veralten von Produkten verantwortlich sind:[142]

- Technologisch: Innovationen führen zu technisch höherwertigen Produkten, welche vorhandene, noch einsatzfähige Produkte ersetzen.
- Psychisch: Neue Produkttypen schaffen einen Zusatznutzen, sodass alte Produkte, die nur ihre Grundfunktionen erfüllen, als veraltet gelten.
- Qualitativ: Bestehende Produkte sind nicht mehr einsatzfähig, weil ihre Funktion durch Verschleiß nicht mehr gewährleistet ist.

Die Darstellung von marktorientierten Produktlebenszyklen erfolgt durch quantitative Größen (z.B. Umsatz) über der Zeit meist als Gauss'sche Glockenkurve.[143] Die Anzahl und Abgrenzung der einzelnen Phasen ist dabei nicht eindeutig definiert. Häufig werden jedoch die fünf generischen Phasen Einführung, Wachstum, Reife, Sättigung

---

135 Vgl. Schimmelpfeng (Lebenszyklusorientiertes Produktionssystemcontrolling), 2002, S. 41ff.
136 Vgl. Pfeiffer & Bischof (Produkt-Marktzyklen), 1974, S. 46
137 Vgl. Hoeck (Industrielle Dienstleistungen), 2005, S. 31
138 Vgl Siegwart & Senti (Product Life Cycle Management), 1995, S. 15; Pfeiffer & Bischof (Produkt-Marktzyklen), 1974, S. 47
139 Vgl. Schimmelpfeng (Lebenszyklusorientiertes Produktionssystemcontrolling), 2002, S. 40f.; Siegwart & Senti (Product Life Cycle Management), 1995, S. 19f.
140 Vgl. Schimmelpfeng (Lebenszyklusorientiertes Produktionssystemcontrolling), 2002, S. 38f.
141 Vgl. Hoeck (Industrielle Dienstleistungen), 2005, S. 32
142 Vgl. Siegwart & Senti (Product Life Cycle Management), 1995
143 Vgl. Pfeiffer & Bischof (Produkt-Marktzyklen), 1974, S. 66; Siegwart & Senti (Product Life Cycle Management), 1995; Schreyögg & Steinmann (Strategische Kontrolle), 1985, S. 5

und Niedergang genannt.[144] Die Phasen werden über unterschiedliche Ausprägungen beschreibender Charakteristika gegeneinander abgegrenzt.[145] So entwickelten SIEGWART & SENTI ein entsprechendes Modell zur Beschreibung und Erklärung eines marktorientierten Produktlebenszyklus durch die absolute und relative Umsatzänderung sowie den Gewinnverlauf über der Zeit (s. Abbildung 13). Das Modell dient zunehmend als operatives Planungs- und Entscheidungsmodell mit prognostischem Charakter.[146]

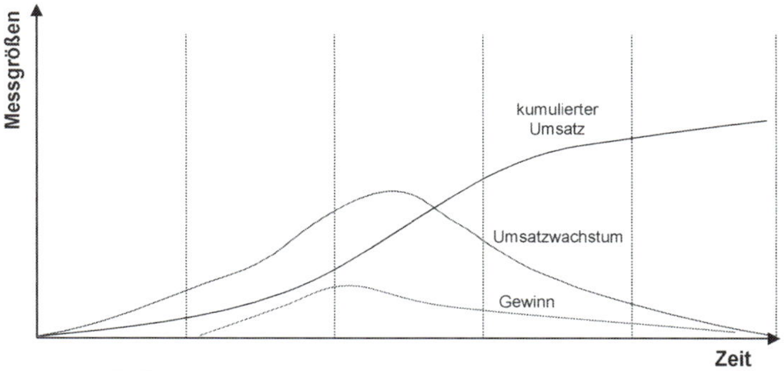

	Einführung	Wachstum	Reife	Sättigung	Niedergang
Absolute Umsatzänderung	geringes abs. Umsatz-wachstum	starkes abs. Umsatz-wachstum	zunehmende absolute Umsätze	Umsätze nehmen langsam ab	beschleunigte Abnahme durch Substitute
Relative Umsatzänderung	hohe Zuwachsraten	Zuwachsraten erreichen Maximum	Zuwachsrate wird Null	negative Zuwachsrate	Zuwachsrate sinkt weiter
Gewinnverlauf	Verluste wegen Vorleistungs-kosten	Gewinnmaximum, da wenige Wettbewerber	abnehmende Gewinne (Preisverfall)	Gewinne nehmen weiter ab	nur noch leichte Gewinne oder Verluste

Abbildung 13: Modell des marktorientierten Produktlebenszyklus[147]

2.2.3 Integrierter Produktlebenszyklus

Das Konzept des integrierten Produktlebenszyklus nach PFEIFFER & BISCHOF adressiert eine ganzheitliche Sichtweise auf den Produktlebenszyklus.[148] Zusätzlich zu den Phasen des marktorientierten Produktlebenszyklus werden im integrierten Produktlebenszyklus vorgelagert ein Beobachtungs- und ein Entstehungszyklus sowie nachgelagert ein Entsorgungszyklus betrachtet (s. Abbildung 14). Mit den zusätzlichen Phasen wird im Sinne einer langfristigen Unternehmensplanung der maßgebliche Ein-

[144] Vgl. Corsten (Wettbewerbsstrategie), 1998, S. 57f.; Pfeiffer & Bischof (Produkt-Marktzyklen), 1974, S. 67

[145] Vgl. Corsten (Wettbewerbsstrategie), 1998, S. 74; Siegwart & Senti (Product Life Cycle Management), 1995, S. 5f.

[146] Vgl. Schimmelpfeng (Lebenszyklusorientiertes Produktionssystemcontrolling), 2002, S. 39

[147] I.A.a. Siegwart & Senti (Product Life Cycle Management), 1995, S. 6f.

[148] Vgl. Pfeiffer & Bischof (Produkt-Marktzyklen), 1974, S. 40f.

fluss der vorgelagerten Produktentwicklung auf spätere Umsatz- und Kostenverläufe berücksichtigt.[149]

Im **Beobachtungszyklus** werden für neue Produkte verwendbare innovative Technologien identifiziert. Des Weiteren werden durch die Beobachtung des Umfelds alle Phasen des Lebenszyklus im Sinne einer strategischen Kontrolle begleitet.[150]

Der **Entstehungszyklus** umfasst die Suche nach alternativen Problemlösungspotenzialen bzw. Produktideen, die Alternativenbewertung und -auswahl, Forschung und Entwicklung, den Prototypenbau sowie die Produktions- und Absatzvorbereitung.[151] Häufig werden zur abgrenzenden Beschreibung der Phasen des Entwicklungszyklus die anfallenden kumulierten Entwicklungskosten genutzt, die als Verlust während des Marktzyklus verrechnet werden.[152]

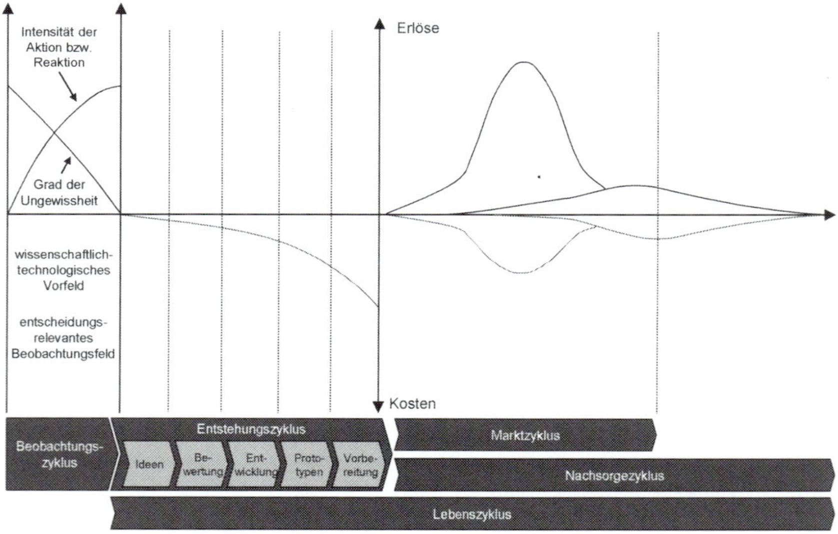

Abbildung 14: Modell des integrierten Produktlebenszyklus[153]

Der Entsorgungszyklus beinhaltet alle Aktivitäten der herkömmlichen Entsorgung oder des Recyclings eines Produktes. Nach SIEGWART & SENTI bildet der Entsorgungszyklus zusammen mit dem Marktzyklus den **Nachsorgezyklus**.[154] Der Nachsorgezyklus umfasst alle Verpflichtungen des Herstellers gegenüber seinen Kunden, wie zum Beispiel Garantie und Reparaturleistungen. Dabei determiniert der Verkauf

[149] Vgl. Siegwart & Senti (Product Life Cycle Management), 1995, S. 19
[150] Vgl. Schreyögg & Steinmann (Strategische Kontrolle), 1985
[151] Vgl. Pfeiffer & Bischof (Produkt-Marktzyklen), 1974, S. 50f.
[152] Vgl. Siegwart & Senti (Product Life Cycle Management), 1995, S. 20
[153] I.A.a. Pfeiffer & Bischof (Produktlebenszyklen), 1981, S. 136; Siegwart & Senti (Product Life Cycle Management), 1995, S. 20
[154] Vgl. zum Entsorgungszyklus speziell Horneber (Innovatives Entsorgungsmanagement), 1995

des ersten Produkts den Anfang und die Entsorgung des letzten Produkts das Ende des Nachsorgezyklus.[155]

2.2.4 Lebenszyklus einer Produkteinheit

Im Rahmen des marktorientierten wie auch des integrierten Produktlebenszyklus wurde unter einem Produkt die Summe aller baugleichen Erzeugnisse aus Herstellerperspektive verstanden. Aus Kundenperspektive steht der Begriff Produkt jedoch meist für ein einzelnes Erzeugnis.[156] Im Folgenden wird dazu der Lebenszyklus aus Sicht eines Erzeugnisses bzw. einer einzelnen Produkteinheit dargestellt.

Der Lebenszyklus einer Produkteinheit beginnt mit der Entstehung des Produktes. Nach dem Verkauf durch den Hersteller erfolgt die Nutzung durch den Käufer bzw. Besitzer und letztendlich die Entsorgung.[157] Anwendungsmöglichkeiten dieser Lebenszyklusbetrachtung ergeben sich beispielsweise bei der ökologischen Bewertung eines Produktes oder der Planung und Ausführung von industriellen Dienstleistungen.[158]

Ursprünglich wurde der **ökologieorientierte Produktlebenszyklus** entwickelt, um Ökobilanzen zu erstellen, die den Ressourcenverbrauch eines Produktes über seinen Lebenszyklus aufzeigen.[159] Dabei wird zwischen dem linearen und dem zyklischen Lebenszyklusmodell unterschieden (s. Abbildung 15).[160] Beim **linearen Produktlebenszyklusmodell** wird das Leben eines Produktes entlang einer eindimensionalen Zeitachse beschrieben. Dabei werden die aufeinander folgenden Phasen Vorproduktherstellung, Produktherstellung, Produktnutzung und Produktentsorgung unterschieden.[161] Das **zyklische Produktlebenszyklusmodell** orientiert sich weniger am Lebensweg eines Erzeugnisses,[162] sondern vielmehr am Kreislauf der mit dem Produkt verbundenen Stoffströme.[163] Im Idealfall wird die Phase der Entsorgung gänzlich durch Recyclingprozesse ersetzt, die den Lebenszyklus zu einem ganzheitlich geschlossenen Kreislauf machen.[164] Seit Ende der 1990er Jahre hat sich in diesem Zusammenhang der sog. **Cradle-to-Cradle** Ansatz hervorgetan.[165] Cradle-to-Cradle-Produkte werden entweder als biologische Nährstoffe in biologische Kreisläufe zurückgeführt oder als technische Nährstoffe in technischen Kreisläufen gehalten.

---

[155] Vgl. Siegwart & Senti (Product Life Cycle Management), 1995, S. 19f.
[156] Vgl. o.V. (Dokumentationssystematik), 1990
[157] Vgl. Michalas (Nachhaltige Nutzungskonzepte), 2003, S. 18ff.; Schimmelpfeng (Lebenszyklusorientiertes Produktionssystemcontrolling), 2002, S. 40; Siegwart & Senti (Product Life Cycle Management), 1995, S. 15
[158] Vgl. Kölscheid (Lebenszyklusorientierte Produktgestaltung), 1999, S. 22; Michalas (Nachhaltige Nutzungskonzepte), 2003, S. 16; Rösner (Service), 1998, S. 158;
[159] Vgl. Michalas (Nachhaltige Nutzungskonzepte), 2003, S. 16
[160] Vgl. Kölscheid (Lebenszyklusorientierte Produktgestaltung), 1999, S. 22ff.; Michalas (Nachhaltige Nutzungskonzepte), 2003, S. 29f.
[161] Vgl. Siegwart & Senti (Product Life Cycle Management), 1995, S. 17; Kölscheid (Lebenszyklusorientierte Produktgestaltung), 1999, S. 23f.
[162] Vgl. Siegwart & Senti (Product Life Cycle Management), 1995, S. 15
[163] Vgl. Hoeck (Industrielle Dienstleistungen), 2005, S. 37
[164] Vgl. Michalas (Nachhaltige Nutzungskonzepte), 2003, S. 30; Kölscheid (Lebenszyklusorientierte Produktgestaltung), 1999, S. 251
[165] Vgl. McDonough & Braungart (Cradle to cradle), 2009

Die Betrachtung von ökologieorientierten Produktlebenszykluskonzepten wirft die Frage auf, wann das Produktleben beginnt und endet. Während die VDI-Richtlinie 2243 die Produktlebenszyklusdauer an der Produktgestalt aufhängt, ist nach der Definition von KÖLSCHEID die Funktion des Produkts für die Lebensdauer bestimmend.[166] Nach ihm beginnt der Produktlebenszyklus mit den Prozessen, welche die Funktionstüchtigkeit realisieren, und endet mit den Prozessen, welche die eigentliche Funktion dauerhaft aufheben.[167]

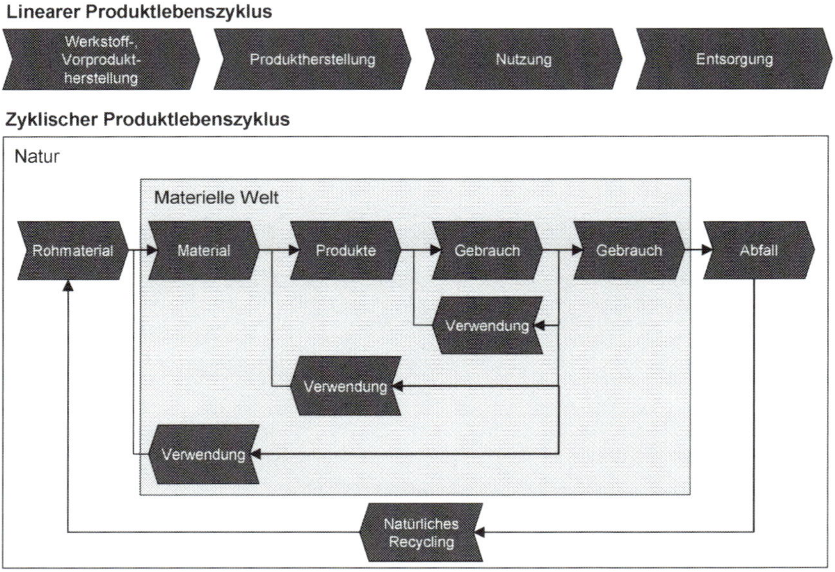

Abbildung 15: Modell des linearen und zyklischen Lebenszyklus einer Produkteinheit[168]

Eine weitere Betrachtung des Produktlebenszyklus kann aus Sicht des Anlagencontrollings vorgenommen werden. Dabei werden die drei Phasen Planung, Nutzung und Ausmusterung unterschieden (s. Abbildung 16).

Abbildung 16: Phasen des Produktlebenszyklus aus Sicht des Anlagencontrollings[169]

---

[166] Kölscheid (Lebenszyklusorientierte Produktgestaltung), 1999

[167] Vgl. Hoeck (Industrielle Dienstleistungen), 2005, S. 38

[168] I.A.a. Kölscheid (Lebenszyklusorientierte Produktgestaltung), 1999, S. 23ff.; Kimura & Suzuki (Product Life Cycle Modelling

[169] Vgl. Schimmelpfeng (Lebenszyklusorientiertes Produktionssystemcontrolling), 2002, S. 20

Jede Phase ist mit Kosten verbunden, die durch verschiedene Aufgaben des Anlagenbetreibers bestimmt werden. Besonders hervorzuheben ist hierbei die Phase der Nutzung, da durch verschiedene Instandhaltungsmaßnahmen hohe Kosten verursacht werden.[170]

2.2.5 Interdependenzen der Lebenszykluskonzepte

Die genannten Konzepte zeigen, dass es mehrere anwendbare Lebenszykluskonzepte gibt und somit zahlreiche Sichtweisen auf das Leben eines Produktes existieren. Jedoch lassen sich die vorhandenen Konzepte ineinander überführen, wenn das jeweilige Betrachtungsobjekt in den Mittelpunkt gestellt wird (s. Abbildung 17).

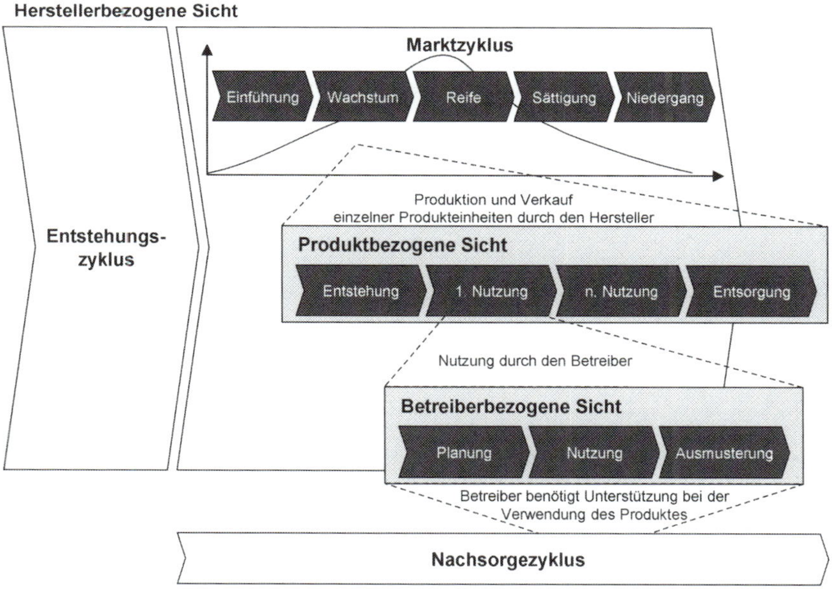

Abbildung 17: Interdependenzen unterschiedlicher Produktlebenszykluskonzepte[171]

Während das marktorientierte und das integrierte Produktlebenszykluskonzept einen Produkttyp im Sinne einer Produktgesamtheit in den Mittelpunkt stellen, konzentrieren sich das Konzept des ökologieorientierten Produktlebenszyklus und das Anlagencontrolling auf eine einzelne Produkteinheit. So unterscheiden sich die beiden erstgenannten Konzepte lediglich in der Betrachtung des Zeithorizonts. Das marktorientierte Produktlebenszykluskonzept stellt dabei den Marktzyklus (das Leben eines Produkts am Markt) dar, während das integrierte Produktlebenszykluskonzept mit der Idee für einen Produkttyp beginnt und mit der Entsorgung der letzten Einheit endet. Damit wird die Perspektive des Herstellers repräsentiert. Das ökologieorien-

[170] Vgl. Hoeck (Industrielle Dienstleistungen), 2005, S. 38
[171] Vgl. Hoeck (Industrielle Dienstleistungen), 2005, S. 39

tierte Produktlebenszykluskonzept und das Anlagencontrolling stellen hingegen das gesamte Produktleben aus der Sicht eines Produktnutzers bzw. -betreibers dar.

Den unterschiedlichen Betrachtungsperspektiven zum Trotz weisen die dargestellten Konzepte auch Interdependenzen auf.[172] So ergibt sich der Verlauf des Marktzyklus beim integrierten Lebenszykluskonzept aus der Produktion und dem Verkauf einzelner Produkteinheiten. Für jede dieser Produkteinheiten kann nun eine produktbezogene Lebenszyklusbetrachtung vorgenommen werden, die mit der Entstehung beginnt und der Entsorgung endet (ökologieorientiertes Lebenszykluskonzept). Für jede sich wiederholende Nutzung kann wiederum eine Lebenszyklusbetrachtung aus der Sicht des Betreibers vorgenommen werden. Der Betreiber des Produkts plant und bereitet die Nutzung des Produkts vor. Nachdem die Nutzungsdauer überschritten wurde, erfolgt die Entsorgung. Die externe Unterstützung, welche die Betreiber in einer dieser drei Phasen benötigen, resultiert wiederum aus Perspektive des Herstellers in einem Nachsorgezyklus des Produkttyps.

2.3 Werkzeugbau

Der Werkzeugbau nimmt in der industriellen Produktion eine Schlüsselstellung zwischen Produktentwicklung und Serienproduktion ein.[173] Als Bindeglied auf dem Pfad zum Endkunden ist er zentraler Befähiger einer leistungsstarken produzierenden Industrie und trägt damit signifikant zur wirtschaftlichen Leistungsfähigkeit von produzierenden Unternehmen bei.[174]

Im Folgenden werden die theoretischen Grundlagen zum Werkzeugbau als Betrachtungsgegenstand dieser Arbeit vorgestellt. Dazu werden zunächst die relevanten Begrifflichkeiten erläutert. Auf eine Übersicht über die Struktur der Branche und das Leistungsspektrum folgt die Beschreibung der Wertschöpfungskette des Werkzeugbaus. Nach ausführlichen Ausführungen zur Wertschöpfungsgestaltung im industriellen Werkzeugbau schließt das Kapitel mit Trends der produzierenden Industrie und den daraus resultierenden zukünftigen strategischen, organisatorischen und technologischen Herausforderungen des Werkzeugbaus.

2.3.1 Relevante Begrifflichkeiten

Industriell gefertigte Produkte in hoher Stückzahl werden heute kaum noch ohne die Verwendung von industriellen Werkzeugen gefertigt. Die Öffentlichkeit nimmt die industriellen Werkzeuge kaum wahr, vielmehr besteht eine Assoziation zu Handwerkzeugen wie Schraubendreher und Hammer oder Standardwerkzeugen wie Fräskopf und Bohrer.[175]

Weder in der Theorie noch in der Praxis existiert ein einheitliches Begriffsverständnis für die Begriffe „Werkzeug" und „Werkzeugbau". Für die vorliegende Arbeit werden

[172] Vgl. Hoeck (Industrielle Dienstleistungen), 2005, S. 39
[173] Vgl. Eversheim & Klocke (Werkzeugbau mit Zukunft), 1998, S. 1
[174] Vgl. Holmes et al. (Innovation), 2005, S. 120ff.
[175] Vgl. Klotzbach (Industrieller Werkzeugbau), 2007, S. 42

die Begriffe daher nachfolgend eindeutig definiert gegen alternative Definitionen abgegrenzt.

2.3.1.1 Werkzeug

Nach VDI-Richtlinie 2815 ist unter einem Werkzeug ein Fertigungsmittel zu verstehen, welches mit dem Zweck der Form- bzw. Substanzveränderung mechanischer oder physikalisch-chemischer Art auf ein bestimmtes Material einwirkt.[176] Dabei wird das Werkzeug als Präzisionswerkzeug verstanden.[177] Diese Definition ist jedoch sehr allgemein und beinhaltet sowohl Standardwerkzeuge wie Drehmeißel, Schneideplatten, Fräsköpfe, Bohrer oder Schleifscheiben als auch Hohlformwerkzeuge, mit denen Blech-, Kunststoff- oder Aluminiumteile hergestellt werden.[178] Nach EVERSHEIM & KLOCKE werden im Werkzeugbau Hohlformwerkzeuge hergestellt, die durch eine teilweise oder vollständige Abbildung der Werkstückform auf der Werkzeuggeometrie charakterisiert sind. Der Kategorie der Hohlformwerkzeuge sind Spritzguss-, Druckguss-, Press-, Stanz- und Formwerkzeuge zuzuordnen.[179]

Im weiteren Verlauf der vorliegenden Arbeit sollen unter dem Begriff Werkzeug ausschließlich die verschiedenen Arten von Hohlformwerkzeugen betrachtet werden.

2.3.1.2 Werkzeugbau

Unter einem Werkzeugbau oder Werkzeugbaubetrieb ist das werkzeugproduzierende Unternehmen bzw. die werkzeugproduzierende Organisationseinheit eines Unternehmens zu verstehen. Darüber hinaus bezeichnet der Begriff Werkzeugbau die werkzeugproduzierende Branche. Das Erzeugnisspektrum umfasst neben Serienwerkzeugen als zentralen Produkten auch Vorrichtungen, Prüfmittel, Modelle und Prototypenwerkzeuge sowie Sondermaschinen und Werkzeugzubehör (vgl. Kapitel 2.3.2).[180,181] Aufgrund der unterschiedlichen Verwendung in der Praxis steht der Begriff Werkzeugbau dem Verständnis von FRICK folgend als Oberbegriff gleichermaßen für Formenbau, Werkzeug- und Formenbau, Werkzeug- und Anlagenbau sowie entsprechende Bezeichnungen.[182]

Ein charakteristisches Unterscheidungsmerkmal von Werkzeugbaubetrieben ist ihr **Marktzugang**. Merkmalsausprägungen sind der interne und der externe Marktzugang. Die gemeinsame Datenbank des Werkzeugmaschinenlabors WZL der RWTH Aachen und des Fraunhofer-Instituts für Produktionstechnologie IPT weist ca. 47% aller Werkzeugbaubetriebe mit einem internen und 53% mit einem externen Markzugang aus (s. Abbildung 18).

[176] Vgl. VDI (Produktionsplanung und -steuerung, 1978
[177] Vgl. Pitsch (Kompetenzfeldbasierte Vernetzung), 2014, S. 33
[178] Vgl. Eversheim & Klocke (Werkzeugbau mit Zukunft), 1998, S. 25
[179] Vgl. Schleyer (Kooperationsmanagement im Werkzeugbau), 2006, S. 20
[180] Vgl. Eversheim & Klocke (Werkzeugbau mit Zukunft), 1998, S. 24ff.
[181] Vgl. Kozielski (Integratives Kennzahlensystem), 2013, S. 14
[182] Vgl. Frick (Geschäftsmodelle im Werkzeugbau), 2006, S. 20f.

Abbildung 18: Marktzugang der Werkzeugbaubetriebe[183]

Ein **interner Werkzeugbau** ist in die Aufbauorganisation des Mutterunternehmens integriert und versorgt dieses mit Werkzeugen für die Serienproduktion.[184] Dabei tritt das Mutterunternehmen gleichzeitig als Kapitalgeber auf.[185] In der Theorie produzieren interne Werkzeugbaubetriebe somit ausschließlich für das Mutterunternehmen. In der Praxis bieten interne Werkzeugbaubetriebe Leistungen häufig aber ebenfalls am freien Markt an. Übergeordnete Ziele eines internen Werkzeugbaus sind die Sicherstellung der Produktionsverfügbarkeit und die Steigerung der Gesamtproduktivität des Mutterunternehmens. Das Mutterunternehmen beabsichtigt mit einem internen Werkzeugbau den Schutz seines Know-hows, die Unabhängigkeit von externen Anbietern sowie die Reduzierung und Optimierung von organisatorischen Schnittstellen.[186]

Die organisatorische Integration in das Mutterunternehmen erfolgt nach EVERSHEIM & KLOCKE als Abteilung, als Cost-Center oder als Profit-Center (s. Abbildung 19).[187]

	Abteilung	Cost-Center	Profit-Center
Ausrichtung	aufgabenorientiert	kostenorientiert	leistungsorientiert
Arbeitsweise	Kostenumlage auf andere Bereiche	Eigenverantwortung bezüglich Kosten	Eigenverantwortung bezüglich Ergebnis
Vorteile	„unbeschränkte" Finanzmittel	Kostensenkung durch Kostenverantwortung	Vergleichsmöglichkeit mit externen Anbietern
Nachteile	hohe Kosten durch fehlende Verantwortung	bedingter Rentabilitätsvergleich	höherer administrativer Aufwand

Abbildung 19: Organisationsformen interner Werkzeugbaubetriebe[188]

Ist der Werkzeugbau als **Abteilung** integriert, werden dessen Kosten auf verschiedene Organisationseinheiten des Mutterunternehmens umgelegt. Dadurch stehen

183 Vgl. WZL/IPT (Datenbank zum Werkzeugbau), 2015, Stand März 2015.
184 Vgl. Eversheim & Klocke (Werkzeugbau mit Zukunft), 1998, S. 74
185 Vgl. Eversheim & Klocke (Werkzeugbau mit Zukunft), 1998, S. 3
186 Vgl. Kuhlmann (Gestaltung von Geschäftsprozessen), 2011, S. 27; Zwicker (Kostenfaktor oder Erfolgsgeheimnis), 2009, S. 12f.
187 Vgl. Eversheim & Klocke (Werkzeugbau mit Zukunft), 1998, S. 75
188 Vgl. Kuhlmann (Gestaltung von Geschäftsprozessen), 2011, S. 27

dem Werkzeugbau nahezu unbegrenzt Mittel zur Werkzeugerstellung zur Verfügung. Allerdings fehlen Kostentransparenz und unmittelbare Kostenverantwortung. Unnötige Mehrkosten und Ausgaben lassen sich dadurch nur schwer identifizieren. Ist der Werkzeugbau als **Cost-Center** in das Mutterunternehmen integriert, wird ihm explizit Kostenverantwortung übertragen. Die kalkulierten Werkzeugkosten werden vom Mutterunternehmen mit Angeboten externer Werkzeugbaubetriebe verglichen und somit deren Wettbewerb ausgesetzt. Aufgrund der reinen Kostenkalkulation ohne Ergebnisziel ist der externe Vergleich jedoch nur bedingt aussagekräftig.[189] Ferner wird dem eigenen internen Werkzeugbau zumeist die Option des sogenannten „Last Call" zugestanden. Dabei hat der Werkzeugbau die Möglichkeit sein Angebot entsprechend dem aktuellen Marktpreis nachzubessern. Ausgerichtet als **Profit-Center** stellt der interne Werkzeugbau einen eigenen Geschäftsbereich im Unternehmen dar. Nach den Vorgaben des Mutterunternehmens trägt der Werkzeugbau die volle Ergebnis- und Kostenverantwortung. Dadurch ist ein direkter und aussagekräftiger Vergleich mit externen Werkzeugbaubetrieben möglich, der hohen Kostendruck für den internen Werkzeugbau verursacht. Die Ausweisung einer internen Erfolgsrechnung erfordert allerdings einen hohen administrativen Aufwand im Profit-Center.[190] Interne Werkzeugbaubetriebe werden heute aufgrund des stetig steigenden Wettbewerbsdrucks zumeist als Cost-Center oder Profit-Center geführt. Der Vergleich mit externen Anbietern und die damit verbundene „Last Call" Option führen zu erheblichen Kostenreduzierungen und damit einer verbesserten Wettbewerbsposition.[191]

Bei einem **externen Werkzeugbau** handelt es sich um eine rechtlich eigenständige Unternehmung, welche Werkzeuge im Auftrag externer Kunden herstellt und mit dem Ziel der Gewinnmaximierung verkauft.[192] Im Gegensatz zum internen Werkzeugbau nimmt der Kunde dabei nicht die Rolle des Kapitalgebers ein. Der externe Werkzeugbau ist vielmehr bestrebt, ein breites Kunden- und Branchenspektrum zu bedienen, um Auslastungsschwankungen in einzelnen Kundensegmenten besser ausgleichen zu können.[193] Durch die Zusammenarbeit mit vielen Kunden und die Bearbeitung unterschiedlichster Aufträge eignen sich externe Werkzeugbaubetriebe umfassende Problemlösekompetenz für den Kunden an, welche ein entscheidendes Differenzierungskriterium gegenüber dem Wettbewerb sein kann.[194] EVERSHEIM & KLOCKE unterscheiden zwei Typen externer Werkzeugbaubetriebe: Neben den wirtschaftlich unabhängigen Werkzeugbaubetrieben treten zudem in Unternehmensverbunde eingegliederte externe Werkzeugbaubetriebe auf.[195] Letztere bieten ihre Leistungen ausschließlich am Markt und nicht unternehmensintern an, führen ihre Geschäftstätigkeiten jedoch unter dem Namen des Mutterunternehmens aus und werden in die Gesamtbilanzen integriert.

---

[189] Vgl. Pitsch (Kompetenzfeldbasierte Vernetzung), 2014, S. 35
[190] Vgl. Eversheim & Klocke (Werkzeugbau mit Zukunft), 1998, S. 75ff.
[191] Vgl. Eversheim & Klocke (Werkzeugbau mit Zukunft), 1998, S. 78
[192] Vgl. Boos (Modulare Werkzeuge), 2008, S. 28
[193] Vgl. Spennemann (Gestaltung von Organisationsstrukturen), 2001, S. 12
[194] Vgl. Westekemper (Methodik zur Angebotspreisbildung), 2002, S. 7; Schleyer (Kooperationsmanagement im Werkzeugbau), 2006, S. 22
[195] Vgl. Eversheim & Klocke (Werkzeugbau mit Zukunft), 1998, S. 4

Für externe Werkzeugbaubetriebe ist eine langfristige und enge Zusammenarbeit mit Kunden typisch. Aus diesem Grund ist die hinsichtlich der Beziehung mit den Kunden relevante Unterscheidung von internen und externen Werkzeugbaubetrieben für die angebotenen Leistungen vernachlässigbar.[196] In dieser Arbeit werden durch den Begriff Werkzeugbau aufgrund dessen sowohl der externe als auch der interne Werkzeugbau repräsentiert.

2.3.2 Branchenstruktur

Der deutsche Werkzeugbau ist durch kleine und mittlere Unternehmen (kmU) charakterisiert. Nach Aussagen des Interessensverbands VDMA (Verband Deutscher Maschinen- und Anlagenbau) existieren in Deutschland rund 5000 Werkzeugbaubetriebe, von denen mehr als 80% weniger als 20 Mitarbeiter beschäftigen. 19% der Betriebe verfügen über eine Größe zwischen 20 und 100 Mitarbeitern, wohingegen weniger als 1% der Unternehmen mehr als 100 Mitarbeiter beschäftigen (s. Abbildung 20).[197]

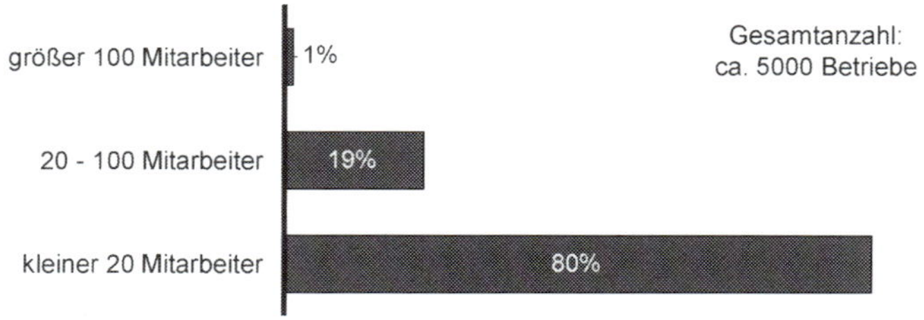

Abbildung 20: Unternehmensstruktur im Werkzeugbau[198]

Eine genaue Erfassung aller Werkzeugbaubetriebe in Deutschland sowie ihrer Mitarbeiterzahlen gestaltet sich schwierig. Kleine und mittlere Unternehmen mit weniger als 20 Mitarbeitern sind in Deutschland nicht verpflichtet, Angaben zu ihrer Produktion, ihren angebotenen Leistungen oder ihrer Anzahl an beschäftigten Mitarbeitern zu machen.[199]

Im Sinne des VDMA ist die Branche Werkzeugbau Teil der Präzisionswerkzeugindustrie mit aktuell etwa 56.000 Mitarbeitern.[200] Diese unterteilt sich in die Bereiche Werkzeugbau, Zerspanwerkzeuge und Spannzeuge. Mit 53% des Gesamtumsatzes bildet der Werkzeugbau den umsatzstärksten Bereich innerhalb der Branche Präzisionswerkzeuge in Deutschland (s. Abbildung 21).

[196] Vgl. Komorek (Kollaborative Wertschöpfung), 2014, S. 40
[197] Vgl. VDMA (Überblick Präzisionswerkzeugbranche), 2014
[198] Vgl. VDMA (Überblick Präzisionswerkzeugbranche), 2014
[199] Vgl. Boos (Modulare Werkzeuge), 2008, S. 29
[200] Vgl. VDMA (Präzisionswerkzeuge), 2015

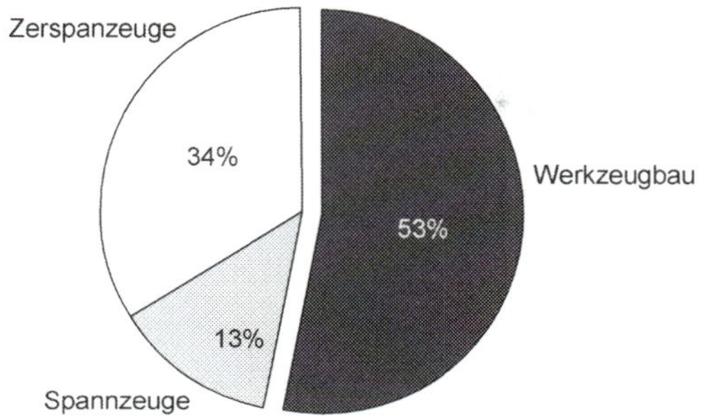

Abbildung 21: Umsatzverteilung der Branche Präzisionswerkzeuge 2015[201]

Nach Angaben des VDMA verzeichnete die Präzisionswerkzeugindustrie zwischen 2005 und 2008 eine positive **Umsatzentwicklung** mit durchschnittlich 7% Umsatzsteigerung pro Jahr (s. Abbildung 22). Mit Einsetzen der globalen Wirtschaftskrise im Jahr 2008 fielen zunehmend Aufträge aus der produzierenden Industrie aus, resultierend in einem Umsatzrückgang von 25% im Jahr 2009. Seit 2009 kann die Präzisionswerkzeugindustrie mit einem durchschnittlichen jährlichen Umsatzanstieg von wiederum 7% an die ursprünglichen Wachstumsraten anknüpfen, wenngleich die Krise damit nicht kompensiert werden konnte. Im Jahr 2016 wird die Branche nach Schätzungen des VDMA mit 10,0 Mrd. EUR einen neuen Umsatzrekord erreichen.

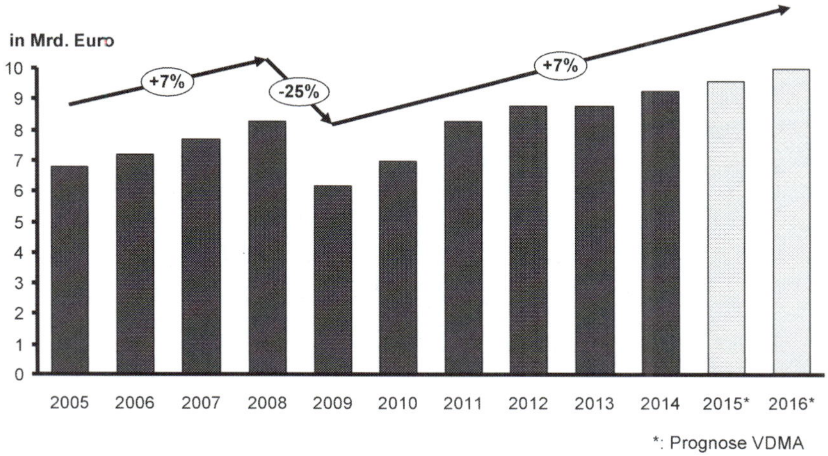

Abbildung 22: Umsatzentwicklung und -prognose der Präzisionswerkzeugindustrie[202]

[201] Vgl. VDMA (Prognose Präzisionswerkzeuge), 2016
[202] Vgl. VDMA (Prognose Präzisionswerkzeuge), 2016

Aufgrund positiver Entwicklungen in den Kundenbranchen Automobilindustrie und Maschinenbau rechnet der VDMA mittelfristig mit einem weltweiten Wachstum und einer steigenden Werkzeugnachfrage. So prognostiziert er für das Jahr 2015 ein Umsatzvolumen von 9,4 Mrd. EUR.[203]

2.3.3 Leistungsspektrum

Das Leistungsspektrum von Werkzeugbaubetrieben wird durch die erstellten industriellen Sachleistungen, die angebotenen industriellen Dienstleistungen und die unterschiedlichen Auftragsarten charakterisiert, auf die im Folgenden näher eingegangen wird.[204]

2.3.3.1 Industrielle Sachleistungen

Werkzeugbaubetriebe stellen produkt- und kundenspezifische Unikate her und sind daher klassische Einzel- und Kleinstserienfertiger.[205] Zentrale Leistungen der Betriebe sind Hohlformwerkzeuge. Hohlformwerkzeuge können zwischen 100 Kilogramm und 40 Tonnen Masse und zwischen 250 x 250 Millimeter bis hin zu 5 x 5 Metern Abmaße aufweisen. Dabei können sie aus mehreren tausend Bauteilen bestehen, die zu einem Großteil individuell angefertigt werden.[206] Wesentliche Komplexitätstreiber sind neben dem Unikatcharakter insbesondere die Oberflächengüte von Werkzeug und Produkt, Toleranzen, der Materialeinsatz des zu fertigenden Produkts, die Anzahl der Einzelteile sowie die Integration von Zusatzfunktionen in das Werkzeug.[207] Die Produktion von Werkzeugen erfordert höchste Präzision und viel Know-how, da technologische Faktoren wie Schwindung oder Rückfederung des Produktmaterials noch immer schwer zu simulieren sind.[208]

Abbildung 23 zeigt das Leistungsspektrum der Branche Werkzeugbau nach EVERSHEIM & KLOCKE. Nachfolgend werden die Hohlformwerkzeuge, hier Werkzeuge, als zentrale Leistungen des Werkzeugbaus näher charakterisiert.

Kunststoffwerkzeuge werden allgemein als Spritzgießwerkzeuge bezeichnet.[209] Sie werden für die industrielle Herstellung von Kunststoffteilen aus Thermoplasten, Duroplasten und Elastomeren verwendet.[210] Der Fertigungsprozess lässt sich in die Kategorie der urformenden Fertigungsverfahren einordnen. Aufgrund der flexiblen Formgebung, Oberflächengestaltung, Erzeugnisgröße und des Werkstoffeinsatzes ist das Einsatzspektrum sehr breit charakterisiert.[211]

---

[203] Vgl. VDMA (Präzisionswerkzeuge), 2015
[204] Vgl. Klotzbach (Industrieller Werkzeugbau), 2007, S. 46
[205] Vgl. Frick (Geschäftsmodelle im Werkzeugbau), 2006, S. 22
[206] Vgl. Frick (Geschäftsmodelle im Werkzeugbau), 2006, S. 22
[207] Vgl. Klocke & Arntz (Technologien), 2004, S. 10–19
[208] Vgl. Haasler (Hochtechnologie und Handarbeit), 2004, S. 33
[209] Vgl. Bogensperger (Werkzeuge Kunststoffverarbeitung), 1995, S. 8
[210] Für eine Begriffsdefinition von Thermoplast, Duroplast und Elastomer wird auf die entsprechende Fachliteratur verwiesen, siehe z. B. Johannaber & Michaeli (Handbuch Spritzgießen), 2004, S. 57ff
[211] Vgl. Menges et al. (Spritzgießwerkzeuge), 2007, S. 560ff

Unter dem Sammelbegriff **Blechverarbeitungswerkzeuge** werden Stanz-Biegewerkzeuge und Tiefziehwerkzeuge zusammengefasst. Stanz-Biegewerkzeuge vereinen die Verfahren Blechfügen, -umformen und -zerteilen, wobei die Endgeometrie der Produkte durch mehrere Arbeitsvorgänge erreicht wird. Dabei wird abhängig von Umformverfahren, Teilegröße und zu fertigender Stückzahl zwischen Folgeverbund-, Transfer- sowie speziellen Sonderwerkzeugen unterschieden.[212] Tiefziehwerkzeuge dienen der Zugdruckumformung von Blechteilen zu einem Hohlkörper.[213] Mehrdimensionale Spannungszustände im Material sowie auftretende Rückfederungen charakterisieren den Umformungsprozess, sodass ein spezifisches Know-how und Erfahrungswissen benötigt wird.[214]

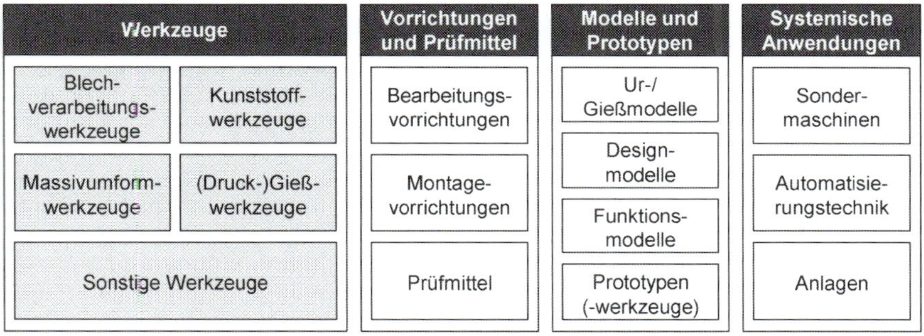

Abbildung 23: Sachleistungsspektrum der Branche Werkzeugbau[215]

Massivumformwerkzeuge, auch als Schmiedegesenke bezeichnet, werden zur Umformung von massiven, metallischen Werkstoffen eingesetzt. Die Verfahren der Massivumformung unterscheiden sich hinsichtlich der Temperaturskalen der umzuformenden Rohlinge in Warm-, Halbwarm- und Kaltumformung. Typische Erzeugnisse sind Motoren- und Fahrwerkskomponenten für die Automobilindustrie sowie Teile für Haushalts- und Bürogeräte.[216]

Mit Hilfe von **(Druck-)Gießwerkzeugen** bzw. **-formen** werden Bauteile aus schmelzflüssigem Metall gefertigt.[217] Die Werkzeugvielfalt ist mit der von Spritzgießwerkzeugen zu vergleichen, allerdings erweist sich die Lebensdauer von Druckgießformen aufgrund der höheren thermischen Belastung als deutlich geringer.[218]

Unter **sonstigen Werkzeugen** sind alle Werkzeuge zu verstehen, die sich nicht in die zuvor genannten Kategorien einordnen lassen. Als Beispiel seien Sinter-Pressformen angeführt, mit denen Produkte aus hauptsächlich metallisch-

---

212 Vgl. Schuler GmbH (Handbuch der Umformtechnik), 1996, S. 124ff

213 Vgl. Schuler GmbH (Handbuch der Umformtechnik), 1996, S. 11

214 Vgl. Spur (Handbuch der Fertigungstechnik), 2012, S. 444ff.; Schuler GmbH (Handbuch der Umformtechnik), 1996, S. 11f.; Greiss (Strategisches Anforderungsprofil), 2004, S. 51

215 i.A. a. Eversheim & Klocke (Werkzeugbau mit Zukunft), 1998, S. 25; vgl. Kozielski (Integratives Kennzahlensystem), 2013, S. 14

216 Vgl. Schuler GmbH (Handbuch der Umformtechnik), 1996, S. 436f.

217 Vgl. Brunhuber (Druckgußfertigung), 1991, S. 187f.

218 Vgl. Bilsing (Technologische Leistungsfähigkeit), 2007, S. 5

pulverförmigem Material unter hohem Druck gefertigt werden. Folglich sind sie nur zur Herstellung einfacher Geometrien mit porösem Gefüge geeignet.[219]

Die Umsatzverteilung im deutschen Werkzeugbau nach Werkzeugarten zeigt die Heterogenität der Branche (s. Abbildung 24). Die Auswertung der gemeinsamen Datenbank des Werkzeugmaschinenlabors WZL der RWTH Aachen und des Fraunhofer Instituts für Produktionstechnologie IPT zeigt, dass Kunststoffwerkzeuge mit 44% und Blechverarbeitungswerkzeuge mit 28% zusammen mehr als zwei Drittel des Gesamtumsatzes des Werkzeugbaus ausmachen. 12% entfallen auf Massivumformwerkzeuge, 5% auf (Druck-)Gießwerkzeuge. Sonstige Werkzeuge nehmen einen Umsatzanteil von 11% ein.[220]

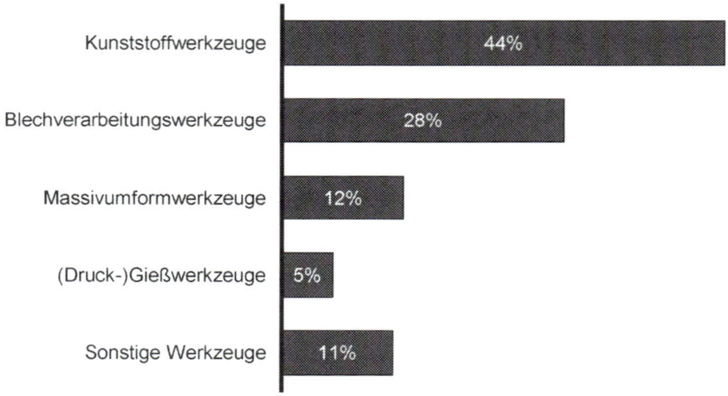

Abbildung 24: Umsatzverteilung des Werkzeugbaus nach Werkzeugarten[221]

Das Erzeugnisspektrum des Werkzeugbaus umfasst neben den beschriebenen Hohlformwerkzeugen zudem Vorrichtungen und Prüfmittel, Modelle und Prototypen sowie systemische Anwendungen.

2.3.3.2 Industrielle Dienstleistungen

Neben der Erstellung von Werkzeugen und weiteren industriellen Sachleistungen (vgl. 2.1.2.1) bieten Werkzeugbaubetriebe einen Teil ihrer Werkzeuge in Kombination mit industriellen Dienstleistungen an. Diese Werkzeugbaubetriebe haben das große Potenzial von industriellen Dienstleistungen in ihrer Branche erkannt: Während durch das Werkzeug Differenzierung gegenüber Wettbewerbern gelingt (der sogenannte „Customer Lock-in“), schafft ein abgestimmtes Dienstleistungsangebot Einzigartigkeit im Wettbewerb (den sogenannten „Competitor Lock-out“).[222]

---

[219] Vgl. Bilsing (Technologische Leistungsfähigkeit), 2007, S. 5
[220] Vgl. WZL/IPT (Datenbank zum Werkzeugbau), 2015, Stand November 2015.
[221] Vgl. WZL/IPT (Datenbank zum Werkzeugbau), 2015, Stand November 2015.
[222] Vgl. Schuh et al. (Service Provision), 2008; Schuh et al. (Operative Exzellenz), 2010, S. 26

Das im Werkzeugbau auszumachende Dienstleistungsspektrum ist sehr weit gefächert. Möglichkeiten für das Angebot von Dienstleistungen ergeben sich entlang des gesamten Lebenszyklus des Werkzeugs.

So kann sich der Werkzeugbau einerseits schon in den frühen Phasen der Entstehung des Serienprodukts durch Produkt- und Bauteilentwicklung in die Kundenprozesse integrieren (s. Abbildung 25).

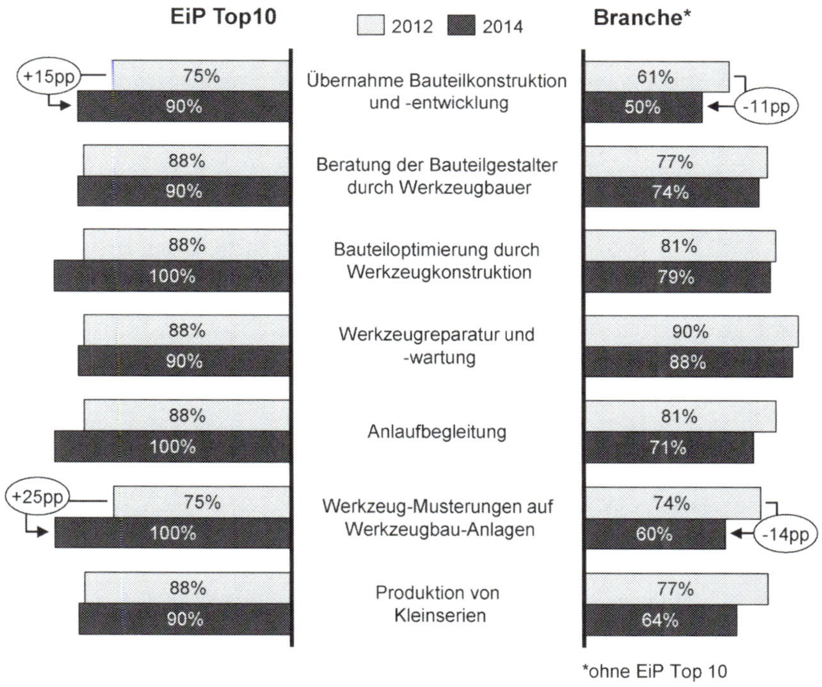

Abbildung 25: Anteil zusätzlich zum Werkzeug angebotener Dienstleistungen[223]

Dabei sind Bauteiloptimierungen in Bezug auf fertigungstechnische Aspekte ebenso möglich wie die Übernahme der vollständigen Konstruktion. Andererseits sind die Unterstützung beim Produktionsanlauf und die Optimierung der Produktion aus dem laufenden Prozess heraus ebenfalls potenzielle Dienstleistungen.[224] Zu den am häufigsten angebotenen Dienstleistungen zählen Werkzeugreparatur und Werkzeuginstandhaltung. Durchschnittlich nehmen diese Dienstleistungen einen Anteil von 8% bzw. 10% an der Gesamtanzahl aller Aufträge in externen sowie 25% bzw. 20% in

[223] Vgl. gemeinsame Datenbank des Werkzeugmaschinenlabors WZL der RWTH Aachen und des Fraunhofer-Instituts für Produktionstechnologie IPT, Analyse der Teilnehmer des Wettbewerbs „Excellence in Production" (EiP) zum Werkzeugbau des Jahres von 2012 und 2014

[224] Vgl. Gaus (Geschäftsmodell im Werkzeugbau), 2010, S. 22

internen Werkzeugbaubetrieben ein.[225] Weitere beispielhafte Möglichkeiten für Dienstleistungen sind die Übernahme des gesamten Projektmanagements inklusive Terminplanung und -controlling aller beteiligten Wertschöpfungspartner, die Lieferung von Vorserienteilen bis hin zur Maschinenauswahl für den Werkzeugeinsatz.[226] Zur Auslastung der Versuchsanlagen sind die Fertigung und Veredelung von Teilen in Kleinserie weitere Beispiele für mögliche Dienstleistungen.[227]

In der Regel werden industrielle Dienstleistungen zusammen mit dem Werkzeug angeboten und können damit nicht als autarke Dienstleistungsaufträge ausgemacht werden. Dabei kombinieren insbesondere erfolgreiche Werkzeugbaubetriebe das angebotene Werkzeug mit zusätzlich angebotenen Dienstleistungen. Bauten die jeweils besten zehn Werkzeugbaubetriebe den Anteil dieser Angebotsbündel in den letzten Jahren noch deutlich aus, nahm ihr Anteil im Branchendurchschnitt signifikant ab. So ist eine Korrelation zwischen dem Angebot von Dienstleistungen und dem Erfolg eines Werkzeugbaubetriebs auszumachen. Dennoch entfallen insgesamt nur 15% des Gesamtumsatzes der Branche auf Dienstleistungen.[228]

Die Gründe für das Unverhältnis zwischen der Häufigkeit des Angebots und der geringen ökonomischen Bedeutung von Dienstleistungen im Werkzeugbau lassen sich anhand von Abbildung 26 erklären.

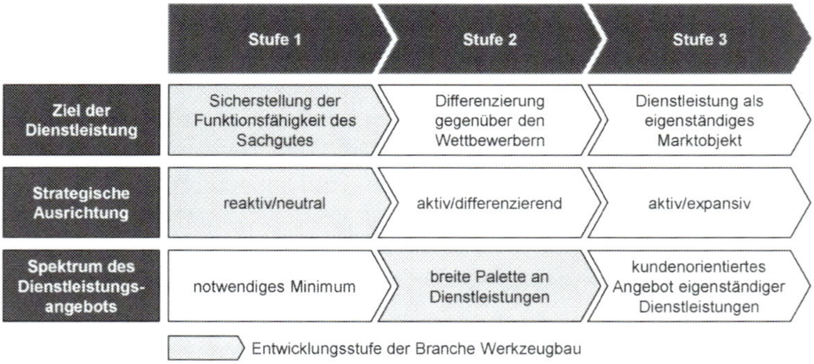

Abbildung 26: Wettbewerbsstrategische Rolle von Dienstleistungen im Werkzeugbau[229]

Dienstleistungen können als Elemente der Wettbewerbsstrategie von Industrieunternehmen unterschiedliche Rollen einnehmen, die entlang eines Entwicklungspfades angesiedelt sind. In der Branche Werkzeugbau nehmen sie zumeist eine untergeordnete Rolle ein. So beabsichtigen Werkzeugbaubetriebe mit Dienstleistungen zumeist lediglich die Sicherstellung der Funktionsfähigkeit des Sachgutes, etwa durch Reparatur- und Wartungsleistungen, wodurch diese aus wettbewerbsstrategischer Sicht kaum eine Rolle spielen. Zudem werden Dienstleistungen zumeist reaktiv, d.h.

[225] Vgl. WZL/IPT (Datenbank zum Werkzeugbau), 2015, Stand November 2015.
[226] Vgl. Gaus (Geschäftsmodell im Werkzeugbau), 2010, S. 22
[227] Vgl. Pollack (Strategische Planung), 1995, S. 8
[228] Vgl. Schuh et al. (Future trends), 2009, S. 30
[229] i.A.a. Zahn et al. (Kundenorientierte Servicestrategien), 2003, S. 207

die Anfragen der Kunden beantwortend, angeboten. Da Werkzeugbaubetriebe sich überwiegend auf ihr Kerngeschäft fokussieren, verfügen sie zumeist über zu wenige Ressourcen, um das Leistungsangebot systematisch zu planen. Ein aktives Angebot von Dienstleistungen, basierend auf den eigenen Kernkompetenzen und der eigenen strategischen Ausrichtung abgestimmt mit den Bedürfnissen der Kunden findet daher nicht statt. Das reaktive Angebot führt zu einem ausufernden Dienstleistungsangebot mit geringem Standardisierungsgrad und damit einer hohen Komplexität, die sinnbildlich für den heute vorherrschenden „Dienstleistungsdschungel" steht.[230]

Auf Kundenseite führt das reaktive Angebot zudem zu einer Wahrnehmung der Dienstleistungen als selbstverständlicher Wohlfühlfaktor, für den keine Zahlungsbereitschaft besteht. Da Dienstleistungen daher nur selten in Rechnung gestellt werden können, müssen sie vielfach durch das Kernprodukt quersubventioniert werden. Folglich sehen die Werkzeugbaubetriebe Dienstleistungen als Kostentreiber, wodurch der eigentliche Kundennutzen zunehmend in den Hintergrund gerät.[231]

2.3.4 Wertschöpfungskette

Die Branche Werkzeugbau besitzt aufgrund ihrer exponierten Stellung in der Wertschöpfungskette eine herausragende Bedeutung für die industrielle Produktion (s. Abbildung 27).[232] Zwischen Produktentwicklung und Serienproduktion kommt den Werkzeugbaubetrieben die Schlüsselrolle für die Realisierung von Produkt- und Prozessinnovationen zu, die die Innovationsfähigkeit und Wirtschaftlichkeit produzierender Unternehmen maßgeblich beeinflussen.[233]

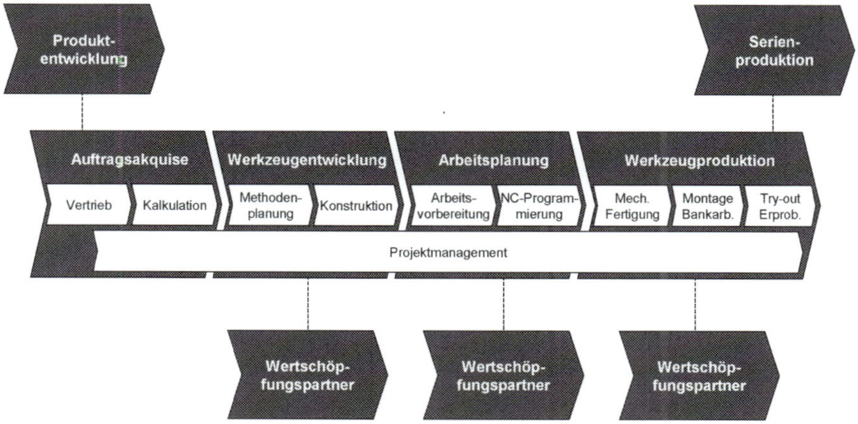

Abbildung 27: Position des Werkzeugbaus in der Wertschöpfungskette

230 Vgl. Schuh et al. (Industrie als Dienstleister), 2004, S. 20ff.; Gebauer (Produzierender Dienstleister), 2004, S. 7f.

231 Vgl. Schuh & Gaus (Service im Werkzeugbau), 2007, S. 7ff.

232 Vgl. Schuh et al. (Digitale Wertschöpfungsnetzwerke), 2013, S. 9; Klocke et al. (Zukunftsstudie Werkzeug- und Formenbau), 2005, S. 51; Gaus (Geschäftsmodell im Werkzeugbau), 2010, S. 19

233 Vgl. Eversheim & Klocke (Werkzeugbau mit Zukunft), 1998, S. 95; Holmes et al. (Innovation), 2005, S. 120ff.

In der **Produktentwicklung** werden die Bauteile entwickelt, die in der späteren Serienproduktion produziert werden sollen.[234] Dabei werden Funktion, Design und Materialien der Bauteile konzipiert und nach einer Machbarkeitsuntersuchung im Zuge der Prozessentwicklung festgelegt. Die entsprechenden Bauteilzeichnungen und Einbaupläne bilden die Eingangsparameter für die Werkzeugbeschaffung. Die Werkzeugbeschaffung bildet die traditionelle kundenseitige Schnittstelle zum Werkzeugbau und ist somit für die Auswahl und Qualifizierung von sowie die Kommunikation mit Werkzeugbaubetrieben verantwortlich.

Die Auftragsabwicklung im Werkzeugbau wird in der Literatur jeweils nahezu identisch beschrieben.[235] In der Folge wird den Ausführungen von KLOTZBACH und BOOS gefolgt, die die Auftragsabwicklung in die fünf Hauptprozesse Auftragsakquise, Werkzeugentwicklung, Arbeitsplanung, Werkzeugproduktion und Projektmanagement untergliedern.[236]

Die Tätigkeiten in der **Auftragsakquise** aufseiten des Werkzeugbaus lassen sich in Vertrieb und Kalkulation unterteilen. Der Vertrieb ist die traditionelle werkzeugbauseitige Schnittstelle zwischen Werkzeugbau und Produktentwicklung und somit für die Akquise von und die Kommunikation mit den Kunden verantwortlich. Zu den Aufgaben des Vertriebs gehören die Bearbeitung eingehender Kundenanfragen, die anschließende Machbarkeitsüberprüfung mittels Werkzeugkalkulationen sowie die Nachbesprechung und -verhandlung mit dem Kunden.[237] Dabei werden der jeweiligen Organisation des Werkzeugbaus entsprechend weitere Funktionsbereiche hinzugezogen.[238] Die Kalkulation erfolgt aufgrund des Unikatcharakters der Werkzeuge häufig auf Basis von Erfahrungswerten oder Referenzprojekten, wodurch Genauigkeit und Qualität variieren können.[239]

Nach Auftragserteilung begleitet das **Projektmanagement** den gesamten Erstellungsprozess bis zur Auslieferung des Werkzeugs an den Kunden. Hauptaufgaben sind die Projektplanung, -steuerung und -überwachung.[240] Dabei wird die Erreichung der vorgegebenen Sachziele, die Erfüllung der kalkulierten Kostenziele sowie die Einhaltung des geforderten Fertigstellungstermins verfolgt. Darüber hinaus dient das Projektmanagement als Kommunikationsorgan zum Kunden und hat koordinierende Funktion über die Unternehmensgrenzen hinweg.

Nach Erteilung des Auftrags beginnt die **Werkzeugentwicklung**. Die Tätigkeiten der Werkzeugentwicklung werden in die Prozessschritte Methodenplanung und Konstruktion unterteilt. Die Methodenplanung ist für die Festlegung des technologischen

---

[234] Vgl. Komorek (Kollaborative Wertschöpfung), 2014, S. 38

[235] Vgl. z.B. Pollack (Strategische Planung), 1995, S. 11; Eversheim & Klocke (Werkzeugbau mit Zukunft), 1998, S. 96; Tracht (Planung und Steuerung), 2001, S. 11; Westekemper (Methodik zur Angebotspreisbildung), 2002; Ittner (Quantitative Bewertung), 2004

[236] Vgl. Klotzbach (Industrieller Werkzeugbau), 2007, S. 49; Boos (Modulare Werkzeuge), 2008, S. 42

[237] Vgl. Klocke et al. (Zukunftsstudie Werkzeug- und Formenbau), 2005, S. 53

[238] Vgl. Bronner (Angebots und Preiskalkulation), 2008, S. 3f.

[239] Vgl. Boos (Modulare Werkzeuge), 2008, S. 42; Schlüter (Vorkalkulationsmethoden von Spritzgießwerkzeugen), 2006, S. 1f.

[240] Vgl. Rinza (Projektmanagement), 1998, S. 16ff.

Werkzeugkonzepts verantwortlich. Neben dem Aufbau des Werkzeugs umfasst das Konzept u.a. die Materialauswahl, die Lage konstruktiver Elemente wie Stempel oder Schieber[241] sowie die Anzahl und Reihenfolge der formgebenden Bearbeitungsschritte bzw. Operationen.[242] An die Erstellung des Konzepts schließt sich häufig eine Simulation an.[243] Nach Freigabe des Werkzeugkonzepts werden die Werkzeuge mit Hilfe von CAD-Modellen konstruiert. Parallel dazu werden Zeichnungen angefertigt und Stücklisten erstellt. Neben der Konstruktionsabteilung sind in der Regel auch der Einkauf, die Arbeitsvorbereitung, die Produktion und das Projektmanagement in die Werkzeugentwicklung involviert.[244] Zudem können Wertschöpfungspartner in die Werkzeugentwicklung einbezogen werden.

Die **Arbeitsplanung** ist für die Arbeitsvorbereitung und die NC-Programmierung verantwortlich.[245] Zu den Aufgaben der Arbeitsvorbereitung zählen die Termin- und Kapazitätsplanung der durchzuführenden Arbeitsschritte, die Erstellung notwendiger Arbeitsdokumente sowie der Einkauf von Standardkomponenten.[246] Meist handelt es sich um eine Grobplanung der Abläufe, um ausreichend Kapazitäten für die im Werkzeugbau üblichen Reparatur-, Wartungs- und Nacharbeitsaufträge zu schaffen. Die Feinplanung findet auf Werkstattebene statt.[247] Die NC-Programmierung überträgt die Konstruktionsdaten auf die Werkzeugmaschine, mit welcher das Werkzeug gefertigt wird. Obwohl sie in den Bereich der Arbeitsplanung fällt, wird die NC-Programmierung in einigen Werkzeugbaubetrieben als eigene Abteilung geführt.[248] Ebenso kann die NC-Programmierung auch an externe Partner vergeben werden.

Im Anschluss an die Arbeitsplanung erfolgt die **Werkzeugproduktion**. Die Tätigkeiten sind dabei in die drei sequenziellen Arbeitsschritte mechanische Fertigung, Montage und Try-out unterteilt. In der mechanischen Fertigung werden die benötigten Komponenten des Werkzeugs gefertigt bzw. zugekaufte Komponenten bearbeitet. Dabei werden im Wesentlichen die fünf Fertigungstechnologien Fräsen, Drahterodieren, Senkerodieren, Drehen und Schleifen zur Bearbeitung der Werkzeugkomponenten eingesetzt. Bei Bedarf werden weitere Bearbeitungsschritte von externen Lieferanten zugekauft.[249] Die Montage ist für den Zusammenbau des Werkzeugs sowie für die anschließende Funktionalitätsprüfung zuständig. Zudem führt die Montage Nacharbeiten am Werkzeug aus, die erst im montierten Zustand möglich sind.[250] Im Try-out werden die Werkzeuge getestet sowie erste Teile produziert und überprüft. Notwendige Änderungen am Werkzeug werden durch Bankarbeit eingearbeitet. Diese Optimierungsschleifen werden so lange durchgeführt, bis die gewünschte Bauteil-

[241] Vgl. Gaus (Geschäftsmodell im Werkzeugbau), 2010, S. 25
[242] Vgl. Boos (Modulare Werkzeuge), 2008, S. 43
[243] Vgl. Schlick & Licht (Simulationstechnik), 2007, S. 1153f.
[244] Vgl. Döring (Konfliktmanagement), 2010, S. 39
[245] Vgl. Eversheim & Schuh (Produktion und Management), 1996, S. 7-73ff.; Brankamp (Organisation des Betriebsmittelbaus), 1991, S. 136ff.
[246] Vgl. Boos (Modulare Werkzeuge), 2008, S. 43
[247] Vgl. Klotzbach (Industrieller Werkzeugbau), 2007, S. 50
[248] Vgl. Boos (Modulare Werkzeuge), 2008, S. 43
[249] Vgl. Ziskoven (Fertigung im Werkzeugbau), 2013, S. 47
[250] Vgl. Giehler (Planungsproduktivität), 2010, S. 35

qualität erreicht ist.[251] Der Try-out stellt die traditionelle werkzeugbauseitige Schnittstelle zur Serienproduktion dar.

Die Inbetriebnahme als Teil der **Serienfertigung** bildet die traditionelle kundenseitige Schnittstelle zum Werkzeugbau. Während der Inbetriebnahme werden die Werkzeuge auf den Produktionsanlagen eingefahren. Dabei kann es vorkommen, dass nochmals Änderungen am Werkzeug vorgenommen werden müssen. Während der Serienfertigung muss das Werkzeug regelmäßig gewartet werden. Ebenso können Reparaturen aufgrund von Beschädigungen am Werkzeug notwendig werden.

2.3.5 Kollaborative Wertschöpfung

Die Branche Werkzeugbau ist aufgrund ihres Einzel- und Kleinstseriencharakters traditionell handwerklich geprägt.[252] Kennzeichen der handwerklichen Strukturen sind eine verrichtungsorientierte Werkstattfertigung mit einem breiten Ressourcenspektrum und einer hohen Wertschöpfungstiefe.[253] Folgen dieser Strukturen sind vielfach hohe Durchlaufzeiten, schlechte Termintreue, lange Liegezeiten und hohe Bestände.[254] Um die Serienproduktion einer zunehmenden Menge und Vielfalt an Bauteilen ermöglichen zu können, sind Werkzeugbaubetriebe heute gefordert, ihre Wertschöpfung für den Kunden schneller und zuverlässiger zu realisieren.[255] Zur Wahrung der Wettbewerbsfähigkeit müssen Werkzeugbaubetriebe daher ihre Kompetenzen gezielt weiterentwickeln und die Effizienz der Wertschöpfung erhöhen.[256] Einen Lösungsansatz dazu bietet das Gestaltungsmodell für kollaborative Wertschöpfung im industriellen Werkzeugbau nach Komorek[257] (s. Abbildung 28).

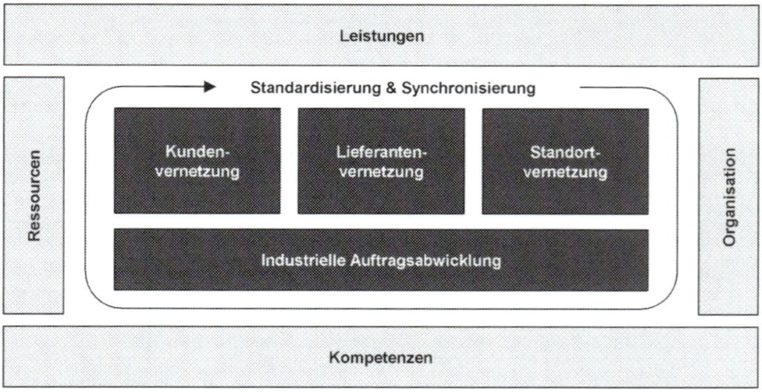

Abbildung 28: Gestaltungsmodell für kollaborative Wertschöpfung im industriellen Werkzeugbau[258]

[251] Vgl. Frick (Geschäftsmodelle im Werkzeugbau), 2006, S. 28
[252] Vgl. Komorek (Kollaborative Wertschöpfung), 2014, S. 2
[253] Vgl. Schuh et al. (Digitale Wertschöpfungsnetzwerke), 2013, S. 23
[254] Vgl. Klotzbach (Industrieller Werkzeugbau), 2007, S. 80
[255] Vgl. Komorek (Kollaborative Wertschöpfung), 2014, S. 2
[256] Vgl. Komorek (Kollaborative Wertschöpfung), 2014, S. 2
[257] Vgl. Komorek (Kollaborative Wertschöpfung), 2014, S. 115ff.
[258] Vgl. Komorek (Kollaborative Wertschöpfung), 2014, S. 112

Das Modell setzt sich aus den drei Funktionen Ergebnis, Befähiger und Handlungsfelder der kollaborativen Wertschöpfung mit insgesamt acht Elementen sowie zwei Paradigmen zusammen. Das Ergebnis der Wertschöpfung im Werkzeugbau stellen die erbrachten Leistungen dar. Die zur Wertschöpfung befähigenden Elemente bilden die Kompetenzen, die Ressourcen und die Organisation des Werkzeugbaubetriebs. Als Handlungsfelder der kollaborativen Wertschöpfung beschreibt KOMOREK die industrielle Auftragsabwicklung sowie die Kunden-, Lieferanten- und Standortvernetzung. Die beiden Paradigmen Standardisierung und Synchronisierung sind handlungsleitend für die Ausgestaltung und Abstimmung der Elemente.

Die in Kapitel 2.3.3 vorgestellten **Leistungen** stellen gängige Beispiele für spezifische Leistungen von Werkzeugbaubetrieben für die Gestaltung von Wertschöpfung dar. Dabei sind die vom Werkzeugbaubetrieb erbrachten Sachleistungen, Dienstleistungen oder Kombinationen aus Sach- und Dienstleistungen das zentrale Mittel, um nachhaltig Kundennutzen zu stiften.

Kompetenzen sind gemeinhin als Fähigkeiten eines Betriebs definiert, die den Kundennutzen oder die Effizienz steigern.[259] Im Rahmen der Wertschöpfungsgestaltung nach KOMOREK werden sie als Aktivitäten verstanden, mittels derer sich ein Werkzeugbaubetrieb von seinen Wettbewerbern differenzieren kann. Ein Werkzeugbaubetrieb sollte über eigene investitionsbasierte und wissensbasierte Kompetenzen verfügen und diese bewusst zur Erstellung wettbewerbsfähiger Leistungen einsetzen. Kompetenzen stellen zudem das Bindeglied zwischen Wertschöpfung und strategischer Positionierung des Werkzeugbaubetriebs dar.

Mit Hilfe von **Ressourcen** führt der Werkzeugbau die Aktivitäten der kollaborativen Wertschöpfung aus. Dabei sind für alle Aktivitäten Ressourcen erforderlich. Die Ressourcen eines Werkzeugbaubetriebs setzen sich aus finanziellen Ressourcen, physischen Ressourcen, IT-Systemressourcen, Bestandsressourcen und Humanressourcen zusammen.[260]

Die **Organisation** des Werkzeugbaubetriebs sowie die Organisation der Kunden- und Lieferantenbetriebe gibt die Rahmenbedingungen für die Handlungsfelder der kollaborativen Wertschöpfung vor. Die für die Wertschöpfungsgestaltung relevante Organisation setzt sich aus Aufbauorganisation, Ablauforganisation, Managementsystem und Kultur zusammen.

Die Wertschöpfung selbst bildet den zentralen Bestandteil des Gestaltungsmodells. Die darin aufgezeigten Handlungsfelder industrielle Auftragsabwicklung sowie Kunden-, Lieferanten und Standortvernetzung werden daher in den folgenden Kapiteln detailliert beschrieben.

---

[259] Vgl. North & Reinhardt (Kompetenzmanagement), 2005, S. 29; Kampker (Kompetenzbasierte Geschäftsausweitung), 2004; Prahalad & Hamel (Core Competence), 1990

[260] Vgl. Müller-Stewens & Lechner (Strategisches Management), 2011, S. 199

2.3.5.1 Industrielle Auftragsabwicklung

Lange Zeit galten Einzel- und Kleinstserienfertigung, respektive Unikatfertigung und industrielle Strukturen als unvereinbar.[261] Mit dem Gestaltungsmodell für den industriellen Werkzeugbau zeigte KLOTZBACH 2007 einen Handlungsrahmen auf, um den Weg vom handwerklichen zum industriellen Werkzeugbau erfolgreich beschreiten zu können und damit die Effizienz der Wertschöpfung signifikant zu steigern (s. Abbildung 29). Dabei kommt der Prozessorientierung eine entscheidende Bedeutung zu. Nach SCHUH ist „eine Differenzierung über die Höherwertigkeit des Produktes alleine nicht mehr Erfolg versprechend. Die Differenzierung über die Höherwertigkeit des Leistungserstellungsprozesses gewinnt an Bedeutung."[262]

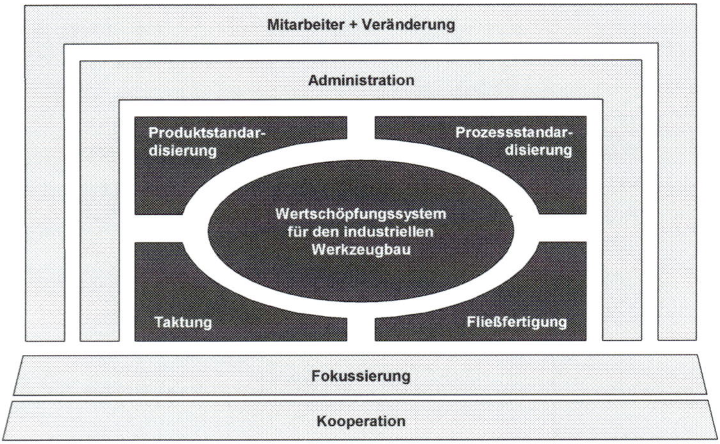

Abbildung 29: Gestaltungsmodell für den industriellen Werkzeugbau[263]

Für KLOTZBACH stellen die beiden Elemente Fokussierung und Kooperation die notwendige Grundlage für die Industrialisierung des Werkzeugbaus dar. Die Kernelemente des Modells bilden Produktstandardisierung, Prozessstandardisierung, Fließfertigung und Taktung. Den Rahmen bilden die Elemente Administration zur Gestaltung der Unterstützungsprozesse sowie die Mitarbeiter als Befähiger zur Gestaltung und Umsetzung der Veränderung.[264]

Die **Fokussierung** auf die eigenen Kompetenzen entlang der gesamten Prozesskette der Auftragsabwicklung führt zu einer Reduktion von Produkt- und Prozessvarianz. Um trotz Fokussierung einer Einschränkung des Leistungsspektrums entgegenzuwirken, ist systematische **Kooperation** in einem Wertschöpfungsnetzwerk notwendig (vgl. Kapitel 2.3.5.2).[265]

---

[261] Vgl. Klotzbach (Industrieller Werkzeugbau), 2007, S. 77
[262] Vgl. Schuh et al. (Operative Exzellenz), 2010, S. 17
[263] Vgl. Klotzbach (Industrieller Werkzeugbau), 2007, S. 181
[264] Vgl. Klotzbach (Industrieller Werkzeugbau), 2007, S. 181
[265] Vgl. Klotzbach (Industrieller Werkzeugbau), 2007, S. 68

Durch ein fokussiertes internes Bearbeitungsspektrum wird **Produktstandardisierung** möglich. Ziel der Produktstandardisierung ist die Identifikation und Entwicklung von Ähnlichkeiten und schließlich Standards auf Ebene von Werkzeugkomponenten, Werkzeugmodulen sowie in der Werkzeugstruktur. Diese Standards ermöglichen Wiederholeffekte insbesondere in der Konstruktion. Entlang der gesamten Auftragsabwicklung sind sie Grundlage für definierte Standardprozessfolgen und Prozessmodule und damit für eine durchgängige **Prozessstandardisierung** im Werkzeugbau.[266]

Produkt- und Prozessstandardisierung sind Voraussetzung für die Umsetzung einer **Fließfertigung**. Anhand der definierten Standardprozessfolgen lassen sich in der mechanischen Fertigung Maschinen und Arbeitsplätze im Fluss anordnen. Die **Taktung** schließlich gibt ein sich wiederholendes Zeitintervall vor, in dem Bearbeitungsaufgaben durchgeführt werden müssen.[267]

Im Sinne der durchgängigen Prozessorientierung fordert der industrielle Werkzeugbau eine ganzheitlich industrielle Auftragsabwicklung. Zur Erreichung einer ganzheitlich industriellen Auftragsabwicklung müssen zahlreiche Veränderungen in den Werkzeugbaubetrieben vorgenommen werden, die von der Führung und den **Mitarbeitern** vorangetrieben und umgesetzt werden sollten.[268] Darüber hinaus ist die Einbindung der **Administration** zur Gestaltung der Unterstützungsprozesse sowie der Fortschrittskontrolle der Umsetzung notwendig.[269]

2.3.5.2 Kundenvernetzung

Die in Kapitel 2.3.4 aufgezeigten Nutzenpotenziale des Werkzeugbaus lassen sich durch Kundenvernetzung heben. Kundenvernetzung steht für eine enge Kooperation des Werkzeugbaus mit seinen Kunden in Richtung Produktentwicklung und Serienproduktion. Die Kooperation mit der Produktentwicklung des Auftraggebers stellt aus Sicht des Werkzeugbaus eine Integration in die vorgelagerten Kundenprozesse dar, wohingegen die Kooperation mit der Serienproduktion als eine Integration in die nachgelagerten Kundenprozesse zu verstehen ist.

Bei der **vorgelagerten Kundenvernetzung** profitiert die Produktentwicklung vom Werkzeugbau durch einen hohen Innovationsgrad, kurze Beschaffungszeiten und höchste Flexibilität beim Umgang mit Änderungen. Diesen Profit kann der Werkzeugbau nur durch eine integrierte Produkt- und Werkzeugentwicklung realisieren. Dabei werden die Werkzeuge zeitparallel mit den Produkten entwickelt, um ein werkzeug- und produktionsgerechtes Produktdesign zu gewährleisten. Grenzen der technischen Machbarkeit hinsichtlich Produkt und Produktionsprozess können dadurch frühzeitig aufgezeigt und Innovationen realisiert werden. Mit der frühzeitigen Integra-

---

266 Vgl. Klotzbach (Industrieller Werkzeugbau), 2007, S. 168f.; Boos (Modulare Werkzeuge), 2008; Kuhlmann (Gestaltung von Geschäftsprozessen), 2011

267 Vgl. Klotzbach (Industrieller Werkzeugbau), 2007, S. 173f.; Rittstieg (Prozesssychronisierung der Auftragsabwicklung), 2012; Ziskoven (Fertigung im Werkzeugbau), 2013

268 Vgl. Klotzbach (Industrieller Werkzeugbau), 2007, S. 179f.

269 Vgl. Klotzbach (Industrieller Werkzeugbau), 2007, S. 179f.

tion in die Produktentwicklung stellt der Werkzeugbau ferner sicher, dass alle relevanten Daten und Informationen für eine termingerechte und schnelle Werkzeugherstellung vorliegen.[270]

Bei der **nachgelagerten Kundenvernetzung** profitiert die Serienproduktion vom Werkzeugbau durch einen robusten und produktiven Serienprozess mit hoher Qualität und geringen Ausfallzeiten, einen hohen Automatisierungsgrad in der Produktion sowie geringe Instandhaltungsaufwände.[271] Werkzeugbaubetriebe integrieren sich daher durch die Begleitung aller traditionellen Aktivitäten der Serienproduktion in die nachgelagerten Kundenprozesse. Dabei ergeben sich Integrationsmöglichkeiten vom Try-out der Werkzeuge über Serienanlauf und -produktion selbst bis hin zum Serienauslauf. Die Integration reicht von der reinen Beratung der Kunden bis zur kompletten Übernahme von Wertschöpfungsschritten. Der Werkzeugbau profitiert dabei durch einen Zugewinn an spezifischer Systemkompetenz über den gesamten Lebenszyklus des Produktes.[272]

Vor- und nachgelagerte Integration in die Kundenprozesse lassen sich symbiotisch verknüpfen.[273] Einerseits kann das durch die Integration in die nachgelagerten Kundenprozesse gewonnene Know-how für die vorgelagerte integrierte Produkt- und Werkzeugentwicklung genutzt werden. Andererseits ermöglicht die vorgelagerte Integration, potenzielle Fehler im Serienanlauf und der Serienproduktion zu minimieren. Die Kombination von vorgelagerter und nachgelagerter Integration ist somit Grundvoraussetzung, um für den Kunden anforderungsgerechte Werkzeuge herstellen zu können.[274]

Der Werkzeugbau sieht eine deutlich zunehmende Relevanz der Kundenvernetzung (s. Abbildung 30).[275]

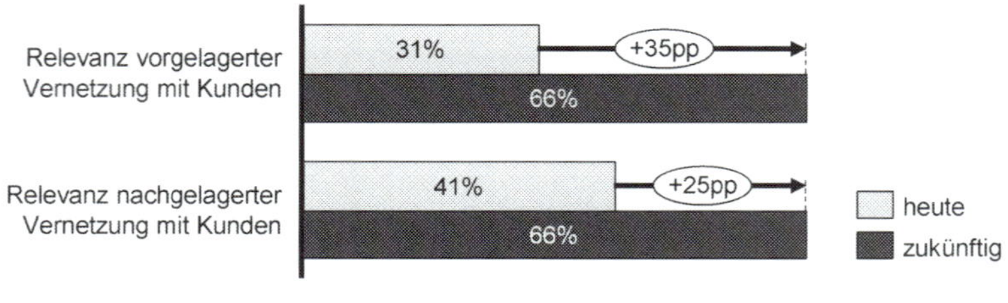

Abbildung 30: Entwicklung der Relevanz von intensiver Vernetzung mit Kunden[276]

---

[270] Vgl. Eversheim & Klocke (Werkzeugbau mit Zukunft), 1998, S. 101ff.
[271] Vgl. Pitsch (Kompetenzfeldbasierte Vernetzung), 2014, S. 48
[272] Vgl. Schuh et al. (Digitale Wertschöpfungsnetzwerke), 2013, S. 25
[273] Vgl. Pitsch (Kompetenzfeldbasierte Vernetzung), 2014, S. 48
[274] Vgl. Schuh et al. (Digitale Wertschöpfungsnetzwerke), 2013, S. 25
[275] Vgl. Schuh et al. (Digitale Wertschöpfungsnetzwerke), 2013, S. 24f.
[276] i.A.a. Schuh et al. (Digitale Wertschöpfungsnetzwerke), 2013, S. 24. Dargestellt ist der Anteil von 110 Werkzeugbaubetrieben, für die die vorgelagerte oder nachgelagerte Vernetzung mit Kunden heute bzw. zukünftig sehr intensive adressiert werden soll.

Ein Großte I der Werkzeugbaubetriebe möchte zukünftig die Vernetzung mit Kunden deutlich verstärken, scheitert jedoch an deren Umsetzung. Insbesondere eine nachgelagerte Vernetzung führen Werkzeugbaubetrieb heute nicht durch.[277]

2.3.5.3 Lieferantenvernetzung

Traditionell weist der Werkzeugbau eine vergleichsweise hohe Wertschöpfungstiefe auf. Obwohl die Wertschöpfungstiefe in den vergangenen Jahren im Werkzeugbau gesunken ist, liegt sie heute mit 71% weiterhin auf einem relativ hohen Niveau.[278]

Vernetzung mit Lieferanten bedeutet den Einkauf von Rohmaterial, Halbzeugen und Normalien einerseits sowie von einzelnen Aktivitäten oder Prozessen entlang der Auftragsabwicklung andererseits. Die Vernetzung mit Lieferanten ermöglicht den Werkzeugbaubetrieben eine Fokussierung auf spezifische Kompetenzen und dadurch dennoch ein umfangreiches Leistungsangebot (vgl. Kapitel 2.3.5.1). Zusätzlich können vor dem Hintergrund des breiten Leistungsangebots und der werkzeugbautypischen Nachfrageschwankungen Lieferanten genutzt werden, um erforderliche Kapazitäten abzudecken oder Aktivitäten auszuführen, für die ein Werkzeugbaubetrieb keine eigenen Ressourcen oder Kompetenzen einsetzen kann.[279]

Grundvoraussetzung für eine industrielle Auftragsabwicklung ist die **Fokussierung** auf die eigenen Kompetenzen. Die Fokussierung ermöglicht eine Reduzierung der Prozessvarianz und kann im Ergebnis die Kosteneffizienz sowie Schnelligkeit signifikant steigern.[280] Dazu sollten Wertschöpfungsumfänge, die nicht in das Kompetenzprofil des Werkzeugbaus passen, von Lieferanten übernommen werden. Die Werkzeugbaubetriebe sollten diese systematisch auswählen und in den eigenen Leistungserstellungsprozess integrieren.

Konjunkturelle Entwicklungen in der produzierenden Industrie führen im Werkzeugbau zu volatilen Auftragseingängen, die sowohl Kapazitätsüberdeckungen als auch -unterdeckungen zur Folge haben. Kapazitätsüberdeckungen führen zu Ressourcenengpässen, die die Durchlaufzeit erhöhen und die Termintreue verringern. Kapazitätsunterdeckungen sind gleichbedeutend mit einer geringen Ressourcenauslastung und damit einem Anstieg der Fixkosten. Die strategische Kooperation mit Lieferanten in Form einer flexiblen Nutzung von verlängerten Werkbänken sowie externen Konstruktionsbüros ermöglichen es, die Volatilität des Auftragseingangs zu verringern und dadurch eine **optimierte Kapazitätsauslastung** zu realisieren.[281]

In der Praxis war in den vergangenen Jahren eine positive Korrelation zwischen einer vergleichsweise niedrigen Wertschöpfungstiefe und einer vergleichsweise hohen Leistungsfähigkeit eines Werkzeugbaubetriebs zu verzeichnen. So wird auch in Zu-

---

277 Vgl. Komorek & Kühn (Lebenszyklusoptimierung), 2013, S. 22
278 Vgl. Schuh et al. (Adaptive Management), 2013, S. 184; WZL/IPT (Datenbank zum Werkzeugbau), 2015. Für die Auswertung der Daten von Werkzeugbaubetrieben wurden Daten aus den vergangenen fünf Jahren verwendet.
279 Vgl. Schuh et al. (Management of Resource Efficiency), 2013, S. 321
280 Vgl. Schuh et al. (Erfolgreiche Positionierung, S. 16f.
281 Vgl. Schuh et al. (Digitale Wertschöpfungsnetzwerke), 2013, S. 23

kunft die Wertschöpfungstiefe im Werkzeugbau weiter abnehmen (s. Abbildung 31).[282]

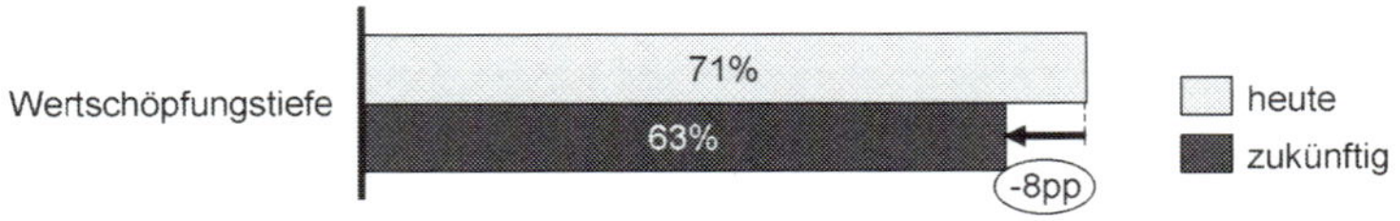

Abbildung 31: Entwicklung der Wertschöpfungstiefe im Werkzeugbau[283]

Die Vernetzung mit Zulieferern ermöglicht ein breiteres Leistungsangebot und die gezieltere Adressierung der Nutzenpotenziale, ohne eigene Kompetenzen kosten- und zeitintensiv aufbauen zu müssen.[284]

2.3.5.4 Standortvernetzung

Die Öffnung neuer Märkte geht mit einer zunehmenden Internationalisierung des Werkzeugbaus einher. International produzierende Unternehmen unterhalten in ihren Produktionsstandorten interne Werkzeugbaubetriebe oder verlangen von ihren externen Werkzeugzulieferern räumliche Nähe zum Produktionsstandort. Folgerichtig bauen externe Werkzeugbaubetriebe an den jeweiligen Produktionsstandorten neue Standorte auf. Die Vernetzung von Standorten bedeutet den zielgerichteten Auf- und Ausbau einer Kooperationsstruktur unter den Standorten zur Generierung von Synergieeffekten. Die Standortvernetzung im Werkzeugbau kann grundsätzlich auf Basis einer zentralen oder einer dezentralen Unternehmensstruktur erfolgen.[285]

In der **zentralen Werkzeugbaustruktur** gibt es einen zentralen Werkzeugbau mit angegliederten weiteren Werkzeugbaustandorten. Alle Standorte richten die Struktur ihrer Wertschöpfung am Vorbild des zentralen Standorts aus (vgl. Kapitel 2.3.5). Die Auftragsvergabe wird dabei zentral vorgenommen, wodurch die Kapazitäten aller Standorte gleichmäßig ausgelastet werden können. Ebenso können Standards in Bezug auf IT, Finanzen, Einkauf oder Qualität allgemein angewendet werden. Die zentralen Vorgaben verhindern allerdings die gesonderte Berücksichtigung von spezifischen lokalen Rahmenbedingungen.[286] Der Auf- und Ausbau von standortspezifischem Wissen und das gemeinsame Erarbeiten von Lösungen durch alle Standorte finden nur untergeordnet statt.

In der **dezentralen Werkzeugbaustruktur** agiert jeder Werkzeugbaustandort autark. Jeder Standort versucht eine jeweils optimale Leistungsfähigkeit unter Berücksichtigung der standortspezifischen Rahmenbedingungen zu erreichen. Dies kann zu einem unabgestimmten Leistungsangebot zwischen den Standorten führen. Weiterhin können Synergieeffekte durch eine kooperative Zusammenarbeit nur schwerlich ge-

[282] Vgl. Schuh et al. (Digitale Wertschöpfungsnetzwerke), 2013, S. 13
[283] I.A.a.Schuh et al. (Digitale Wertschöpfungsnetzwerke), 2013, S. 20
[284] Vgl. Schuh et al. (Digitale Wertschöpfungsnetzwerke), 2013, S. 23
[285] Vgl. Pitsch (Kompetenzfeldbasierte Vernetzung), 2014, S. 3; Schleyer (Kooperationsmanagement im Werkzeugbau), 2006, S. 112f.
[286] Vgl. Pitsch (Kompetenzfeldbasierte Vernetzung), 2014, S. 51

neriert werden. Ein Wissensaustausch oder die Übertragung von erarbeiteten Lösungen auf andere Standorte findet ebenfalls nicht statt.

Die Relevanz der Standortvernetzung wird mit der in Zukunft steigenden Anzahl von Werkzeugbaustandorten pro Werkzeugbaubetrieb zunehmen (s. Abbildung 32).

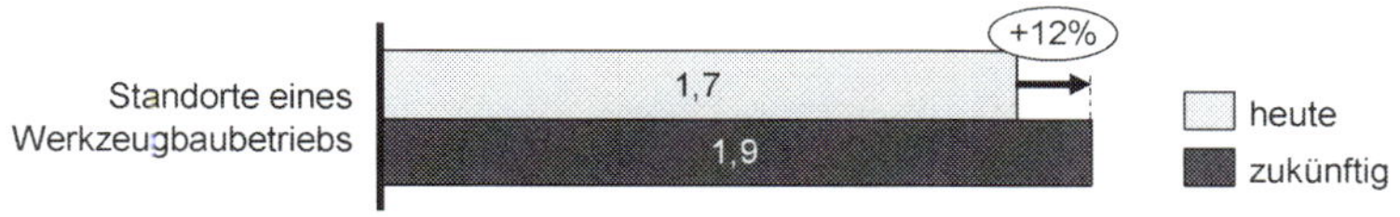

Abbildung 32: Entwicklung der durchschnittlichen Anzahl von Standorten eines Werkzeugbaubetriebs[287]

Insbesondere in Asien und Osteuropa werden neue Standorte entstehen.[288] Die Vernetzung ist daher so zu gestalten, dass jeweils die Vorzüge der zentralen und dezentralen Werkzeugbaustruktur genutzt werden können. So sind einerseits gemeinsame Standards für alle Standorte zu erarbeiten und zu nutzen. Andererseits sind für jeden Standort Möglichkeiten zu erhalten, auf die jeweiligen standortspezifischen Rahmenbedingungen eingehen zu können.[289]

2.3.6 Trends und Herausforderungen

In der produzierenden Industrie führen neue Rahmenbedingungen sowie sich stetig verändernde Absatzmärkte zu den drei zentralen Trends Produktderivatisierung, Globalisierung und Digitalisierung.[290] Bedingt durch diese Trends ist der Werkzeugbau mit organisatorischen und technologischen Herausforderungen konfrontiert.

Im Folgenden werden zunächst die drei zentralen Trends der produzierenden Industrie und anschließend die aktuellen Herausforderungen im Werkzeugbau beschrieben. Um im zunehmend aggressiven Wettbewerbsumfeld bestehen zu können, muss der Werkzeugbau diese Herausforderungen erfolgreich bewältigen.[291]

2.3.6.1 Trends der produzierenden Industrie

Die zunehmende **Produktderivatisierung** hat in den letzten Jahren zu einem kontinuierlich steigenden Werkzeugbedarf geführt. So werden für immer mehr Bauteilvarianten durch Produktderivate spezifische Werkzeuge benötigt.[292] Aufgrund der verringerten Losgröße der einzelnen Derivate nehmen die Werkzeugkosten in Bezug auf die Gesamtkosten eines Produkts einen größeren Anteil ein.[293] Folglich sinkt das bei den Kunden verfügbare Budget je Werkzeug, was den Werkzeugbau zwingt, seine

---

287 Vgl. WZL/IPT (Datenbank zum Werkzeugbau), 2015

288 Vgl. WZL/IPT (Datenbank zum Werkzeugbau), 2015. Für die Auswertung der Daten von Werkzeugbaubetrieben wurden Daten aus den vergangenen fünf Jahren verwendet.

289 Vgl. Pitsch (Kompetenzfeldbasierte Vernetzung), 2014, S. 4

290 Vgl. Kuhlmann (Gestaltung von Geschäftsprozessen), 2011, S. 1; Schuh et al. (Der ideale Werkzeugbau), 2013, S. 14

291 Vgl. Schuh et al. (Der ideale Werkzeugbau), 2013, S. 14

292 Vgl. Schuh & Kampker (Strategie und Management), 2011, S. 65

293 Vgl. Schuh et al. (Synchronisierung im Werkzeugbau), 2011, S. 375

Werkzeuge preisgünstiger anzubieten. Der Werkzeugbau muss daher ein besseres Preis-/Leistungsverhältnis anbieten, um den Budgetrestriktionen und Qualitätsansprüchen der Kunden weiterhin gerecht zu werden.[294] Darüber hinaus führt die zunehmende Produktderivatisierung zu einer steigenden organisatorischen Komplexität auf Kundenseite. Die Kunden fokussieren sich daher zunehmend auf ihre Kernkompetenzen und wünschen sich eine Verlagerung von Bearbeitungsumfängen und damit Komplexität auf den Werkzeugbau.

Die **Globalisierung** hat bereits zu einem zunehmend aggressiven Wettbewerbsumfeld geführt. So haben sich neue Märkte mit neuen Marktteilnehmern und signifikant günstigeren Faktorkosten entwickelt.[295] Für den deutschen Werkzeugbau stellte eine reine Differenzierung über die Höherwertigkeit seiner Produkte früher noch eine erfolgreiche Strategie dar. Jedoch hat der internationale Wettbewerb technologisch stark aufgeholt, sodass inzwischen international vergleichbare Qualitätsstandards gelten. Die Differenzierung über die Höherwertigkeit des Leistungserstellungsprozesses und überlegene Leistungsangebote erlangt daher zunehmend an Bedeutung.[296] Dafür braucht der Werkzeugbau effiziente Wertschöpfungsstrukturen (vgl. Kapitel 2.3.5).

Die Auswirkungen der gerade einsetzenden, aber nicht aufzuhaltenden **Digitalisierung** auf die produzierende Industrie sind noch nicht vollends abzusehen. Unter dem Begriff Industrie 4.0 wird die vierte industrielle Revolution verschlagwortet, in deren Zuge mit Hilfe des Internets und anderer Netzdienste eine derartige Verknüpfung von Sach- und Dienstleistungen untereinander und mit der Umwelt ermöglicht wird, dass vollkommen neue Sach- und Dienstleistungen entstehen können.[297] Auf Basis des Internets der Dinge und Dienste kommunizieren dabei beliebige Geräte als Cyberphysische Systeme durch den Austausch von Daten und Informationen.[298] Die produzierenden Unternehmen, respektive die Werkzeugbaubetriebe, müssen sich durch das Angebot entsprechender Sach- und Dienstleistungen, aber auch durch deren Nutzung auf diesen Trend einstellen.

2.3.6.2 Organisatorische Herausforderungen

Dem Auftreten neuer Marktteilnehmer im Zuge der Globalisierung muss der Werkzeugbau mit einer erfolgreichen strategischen Positionierung begegnen.[299] Nach PORTER stellen Differenzierung, Fokussierung oder Kostenführerschaft erfolgreiche Strategien für produzierende Unternehmen dar.[300] Da in der reinen Kostenführerschaft für den Werkzeugbau am Hochlohnstandort keine Erfolg versprechende Strategie besteht, müssen sich die Werkzeugbaubetriebe als Differenzierer im Sinne ei-

[294] Vgl. Pitsch (Kompetenzfeldbasierte Vernetzung), 2014, S. 52
[295] Vgl. Zwanzig (Taktung der Unikatfertigung), 2010, S. 28f.; Schuh et al. (Der ideale Werkzeugbau), 2013, S. 14
[296] Vgl. Schuh et al. (Operative Exzellenz), 2010, S. 17
[297] Vgl. Baum et al., 2013, S. 7
[298] Vgl. Baum et al., 2013, S. 8ff.
[299] Vgl. Fricker (Strategische Stringenz), 2005
[300] Vgl. Porter (Wettbewerbsstrategie), 2008

ner Kosten-Nutzen Optimierung positionieren.[301] Der Nutzen für den Kunden lässt sich insbesondere über **attraktive Leistungsangebote** adressieren. Vor dem Hintergrund neuer Funktionalitäten durch vernetzte Systeme bieten neben der Herstellung von Werkzeugen insbesondere Dienstleistungen entlang des gesamten Werkzeuglebenszyklus die Möglichkeit, zusätzlichen Kundennutzen zu stiften.

Die wirtschaftliche Realisierung attraktiver Leistungsangebote setzt eine effiziente Wertschöpfung voraus (vgl. Kapitel 2.3.5). Als deren Handlungsfelder wurden bereits die Kunden-, Lieferanten- und Standortvernetzung aufgezeigt. Vor dem Hintergrund der Globalisierung und Digitalisierung bergen dabei globale **Wertschöpfungsnetzwerke** großes Potenzial. Die Integration von globalen Wertschöpfungspartnern in den eigenen Leistungserstellungsprozess sowie die Kooperation mit den eigenen internationalen Werkzeugbaustandorten ermöglichen die konsequente Fokussierung auf die eigenen Kompetenzen, ohne dabei das Leistungsangebot für den Kunden einschränken zu müssen.[302] Dazu muss der Werkzeugbau geeignete Wertschöpfungspartner identifizieren und qualifizieren, seine Standorte effizient aufeinander abstimmen und miteinander vernetzen sowie eine enge Kooperation mit seinen Kunden pflegen.[303]

Die einsetzende Digitalisierung wirkt sich nicht nur auf die Leistungen und die externe Vernetzung von Werkzeugbaubetrieben, sondern auch auf die Rolle der Mitarbeiter aus. Insbesondere in der know-how-intensiven Branche Werkzeugbau bieten sich durch **Mensch-Technik Interaktion** Chancen zur verstärkten Integration der Mitarbeiter in Innovations- und Optimierungsprozesse.[304] Intelligente Assistenzsysteme mit bedienungsfreundlichen Benutzerschnittstellen werden die Beschäftigten im Werkzeugbau in ihrer Arbeit unterstützen.[305] Neben umfassenden Qualifizierungsmaßnahmen sind allerdings neue Organisations- und Gestaltungsmodelle von Arbeit Grundvoraussetzung zur Nutzung dieser Chancen. So sollten den Mitarbeitern aktiv Freiräume für Eigenverantwortung und Selbstentfaltung in flexiblen Arbeitszeitmodellen geschaffen werden.[306]

2.3.6.3 Technologische Herausforderungen

Der Einsatz von **generativen Fertigungsverfahren** befähigt den Werkzeugbau zu einer Herstellung individueller und komplexester Geometrien mit größter Materialeffizienz. Zu den generativen Fertigungsverfahren zählen Technologien wie 3D-Printing, Lasersintern oder Stereolithografie.[307] Diese Verfahren können einerseits zur Herstellung von Bauteilen für Werkzeuge, andererseits zur Herstellung von Bauteilen anstelle von Werkzeugen eingesetzt werden und bergen damit erhebliches Substitutionspotenzial. Nachteile der generativen Fertigungsverfahren sind allerdings die

[301] Vgl. Schuh et al. (Der ideale Werkzeugbau), 2013, S. 14
[302] Vgl. Klotzbach (Industrieller Werkzeugbau), 2007, S. 163
[303] Vgl. Pitsch (Kompetenzfeldbasierte Vernetzung), 2014, S. 53
[304] Vgl. Pitsch (Kompetenzfeldbasierte Vernetzung), 2014, S. 54
[305] Vgl. Kagermann et al. (Umsetzungsempfehlungen Industrie 4.0), 2013, S. 27
[306] Vgl. Kagermann et al. (Umsetzungsempfehlungen Industrie 4.0), 2013, S. 6
[307] Vgl. Gebhardt (Generative Fertigungsverfahren), 2007, S. 77ff.

vergleichsweise kostenintensive und langsame Fertigung.[308] Zudem können generativ gefertigte metallische Bauteile aufgrund ihrer Oberflächenqualität in der Regel nicht einsatzfertig hergestellt werden.[309] Zur Herstellung von Bauteilen für Werkzeuge muss der Werkzeugbau daher die hohe zu realisierende Individualität, abzubildende Komplexität und Wandlungsfähigkeit der generativen Fertigungsverfahren mit der hohen Produktivität, Genauigkeit und Oberflächenqualität der herkömmlichen Fertigungsverfahren kombinieren.[310] Darüber hinaus sollte der Werkzeugbau die generativen Fertigungsverfahren nicht als Bedrohung für seine Kernprodukte sehen, sondern vielmehr sein Leistungsangebot durch die generative Fertigung von Prototypenbauteilen oder Kleinstserien erweitern.

Die Auftragsabwicklung des Werkzeugbaus ist sehr personal- und wissensintensiv.[311] Um nicht nur dem zukünftigen Fachkräftemangel, einhergehend mit dem demografischen Wandel, sondern auch dem Faktorkostendruck in der mechanischen Fertigung, hervorgerufen durch die Globalisierung, entgegenzuwirken, braucht der Werkzeugbau Automatisierungslösungen.[312] Die **Automatisierung** im Werkzeugbau kann in die zwei Bereiche Integration von manuellen Prozessen und Automatisierung von Prozessketten unterteilt werden.[313] So können einerseits manuelle und zeitintensive Prozesse in die Bearbeitung auf Werkzeugmaschinen oder in Roboterzellen integriert und automatisiert abgebildet werden. Andererseits können einzelne Prozessschritte automatisiert und zu einer integrierten Prozesskette verknüpft werden. Grundsätzlich führen automatisierte Prozesse zu geringeren Rüstzeiten, Verkürzung von Liegezeiten sowie einer besseren Reproduzierbarkeit von Form- und Oberflächenqualität.[314]

Eine effektive und effiziente Automatisierung im Werkzeugbau setzt eine reproduzierbare und durchgängige Weitergabe von Daten zwischen allen Prozessschritten voraus.[315] Allerdings treten im Zuge der Überführung von CAD-Daten in CAM-Systeme immer wieder Fehler und Probleme auf. Insbesondere die Übertragung von Zusatzinformationen wie Technologiedaten oder Toleranzen ist bisher nicht automatisiert möglich. Der Einsatz unterschiedlicher Fertigungstechnologien im Werkzeugbau und die damit verbundene Maschinenvielfalt macht eine Minimierung der Schnittstellenverluste durch **durchgängige CAx-Ketten** notwendig.[316] Durchgängige CAx-Ketten setzen abgestimmte CAD- und NC-Daten durch assoziativ verbundene CAD-CAM-Systemkonzepte sowie prozesssichere Systemfunktionalitäten im CAM-Bereich voraus. Die Implementierung einer durchgängigen CAx-Kette im Werkzeug-

[308] Vgl. Gebhardt (Generative Fertigungsverfahren), 2007, S. 409ff.
[309] Vgl. Pitsch (Kompetenzfeldbasierte Vernetzung), 2014, S. 54
[310] Vgl. Gebhardt (Generative Fertigungsverfahren), 2007, S. 381; Klocke (Generative Fertigungsverfahren), 2013
[311] Vgl. Pitsch (Kompetenzfeldbasierte Vernetzung), 2014, S. 54
[312] Vgl. Pitsch (Kompetenzfeldbasierte Vernetzung), 2014, S. 54
[313] Vgl. Kretschmer (Automatisierung der Fertigung), 2012, S. 101
[314] Vgl. Kretschmer (Automatisierung der Fertigung), 2012, S. 100
[315] Vgl. Altmüller et al. (Beherrschung adaptiver Prozessketten), 2011, S. 421
[316] Vgl. Schug et al. (Durchgängige CAx-Prozessketten), 2012, S. 125; Eversheim & Klocke (Werkzeugbau mit Zukunft), 1998, S. 295

bau bringt durch den Wegfall von Datenaufbereitungen für nachgelagerte Systeme erhebliche Kostenreduzierungen mit sich.[317]

2.4 Handlungsbedarf aus der Praxis

Leistungssysteme lösen die Probleme des Kunden umfassender als unabhängig gestaltete und angebotene Leistungen. Demnach stellen Leistungssysteme Beziehungen zwischen Leistungen her oder fördern diese mit dem Ziel, Vorteile beim Kunden und beim Unternehmen zu schaffen.[318] Sie sind die Antwort auf die herausfordernden Trends in der produzierenden Industrie.[319]

Die in Kapitel 2.1.5 aufgezeigten zwölf Potenziale von Leistungssystemen gelten insbesondere auch für die Branche Werkzeugbau. So können Leistungssysteme maßgeblich zur Bewältigung der Herausforderungen bedingt durch die Trends der produzierenden Industrie beitragen (vgl. Kapitel 2.3.6): Der Trend der Derivatisierung führt zu einer zunehmenden Produkt- und Produktionskomplexität. Die Serienproduzenten fokussieren sich daher verstärkt auf ihre Kernkompetenzen,[320] wodurch der Werkzeugbau zum exklusiven Know-how-Träger über den gesamten Werkzeuglebenszyklus wird. Den Werkzeugbaubetrieben bietet sich dadurch die Chance, als zentraler Befähiger der Produktion aufzutreten. Die Potenziale von Leistungssystemen, umfassende Problemlösungen anzubieten (Potenzial 1), Zusatzleistungen zu profilieren (10) und die Kunden zu binden (4), haben dadurch im Werkzeugbau höchste Aktualität. Zudem tragen Leistungssysteme maßgeblich zur erfolgreichen Gestaltung des zunehmend aggressiven Wettbewerbs durch neue Marktteilnehmer aus asiatischen und osteuropäischen Niedriglohnländern bei. Die Leistungsprofilierung im Wettbewerb (2), die Differenzierung durch Qualität (9), die Realisierung höherer Preise (11) und die Gestaltung der Märkte (12) sind zentraler Bestandteil dieses Beitrags. Die Gestaltung effizienter Wertschöpfung in Wertschöpfungsnetzwerken beinhaltet insbesondere auch die vor- und nachgelagerte Vernetzung von Werkzeugbaubetrieben mit ihren Kunden im Sinne einer kollaborativen Zusammenarbeit entlang des gesamten Werkzeuglebenszyklus. Durch bessere Kommunikation von Problemlösungen (3), fortführenden Kundendialog (5) und eine Effizienzsteigerung der Zusammenarbeit (8) fördern Leistungssysteme diese von den Werkzeugbaubetrieben angestrebte Vernetzung (vgl. 2.3.5.2).

Trotz der unbestrittenen Potenziale von Leistungssystemen für Werkzeugbaubetriebe sind diese im Werkzeugbau bisher nicht etabliert. Vielfach sehen sich die Werkzeugbaubetriebe lediglich als Produzenten von Werkzeugen, nicht als Problemlöser. Liegt der Fokus zumeist voll auf der technologischen Optimierung der Werkzeuge selbst oder Sicherstellung ihrer Funktionsfähigkeit durch Dienstleistungen, spielt die aktive Entwicklung von lebenszyklusbegleitenden Leistungen basierend auf der ei-

[317] Vgl. Schug et al. (Durchgängige CAx-Prozessketten), 2012, S. 125; Eversheim & Klocke (Werkzeugbau mit Zukunft), 1998, S. 293f.
[318] Vgl. Belz (Erfolgreiche Leistungssysteme), 1991, S. 1ff.
[319] Vgl. Belz et al. (Erfolgreiche Leistungssysteme), 1997, S. 28
[320] Vgl. Prahalad & Hamel (Core Competence), 1990, S. 79ff.

genen strategischen Ausrichtung und abgestimmt auf den zentralen Kundennutzen bisher kaum eine Rolle (vgl. Kapitel 2.1.2.2). Darüber hinaus führen zahlreiche reaktive Dienstleistungen zu einem unstrukturierten, nicht standardisierten Dienstleistungsangebot (vgl. Potenziale 6 und 7). So können Leistungssysteme in der Branche bisher kaum identifiziert werden.

Mit einem Ansatz zur Gestaltung von lebenszyklusorientierten Leistungssystemen ist der Werkzeugbau in der Lage, die aufgezeigten Potenziale zu nutzen und damit den aktuellen Herausforderungen der Branche zu begegnen. Hierfür bedarf es einer systematischen Vorgehensweise, mittels derer die Werkzeugbaubetriebe ihr Leistungsangebot aktiv auf die eigene strategische Ausrichtung und den zentralen Nutzen für den Kunden abstimmen können. Dabei ist das Leistungsangebot entlang des gesamten Werkzeuglebenszyklus zu strukturieren und zu standardisieren und schließlich in Bezug auf die Kundenwünsche zu individualisieren.

Die dargestellte Notwendigkeit, mit Hilfe eines entsprechenden Ansatzes lebenszyklusorientierte Leistungssysteme im Werkzeugbau zu gestalten zeigt, den **Handlungsbedarf aus der Praxis** auf.

3 Darstellung und Bewertung bestehender Ansätze

Ausgehend von dem in Kapitel 2.4 aufgezeigten Handlungsbedarf aus der Praxis werden im dritten Kapitel zunächst Prinzipien zur Gestaltung von lebenszyklusorientierten Leistungssystemen im Werkzeugbau definiert. Die Prinzipien sind durch Anwendung einer entsprechenden Methodik zu erfüllen. Entsprechend dem forschungsmethodischen Vorgehen werden anschließend die problemrelevanten Ansätze der Wissenschaft dargestellt und in Bezug auf den definierten Prinzipienkatalog bewertet (vgl. Kapitel 1.4). Das Kapitel schließt mit der Ableitung des Handlungsbedarfs aus der Theorie sowie der Konkretisierung der Forschungsfrage.

3.1 System zur Bewertung der Ansätze

Bestehende wissenschaftliche Ansätze lassen sich auf unterschiedliche Art und Weise bewerten.[321] Für eine Bewertung wird zumeist eine in fünf verschiedene Ausprägungen unterteilte diskrete Skala verwendet. Dadurch lässt sich eine differenzierte und gleichzeitig robuste Bewertung von unterschiedlichen Ansätzen durchführen. Diese auf LIKERT[322] zurückgehende Art der Bewertung hat sich besonders bei ingenieurwissenschaftlichen Ansätzen bewährt.[323] Das Bewertungssystem kann verwendet werden, um die bestehenden Ansätze in Bezug auf den Erfüllungsgrad der vorab definierten Prinzipien einheitlich zu bewerten. Dazu werden für jedes Prinzip im Vorhinein Kriterien definiert, die zum Erreichen aller fünf Ausprägungen jeweils erforderlich sind.[324]

Zur visuellen Darstellung der Bewertung eignen sich die auch im Folgenden verwendeten Harvey Balls (s. Abbildung 33).[325] Der Erfüllungsgrad der Prinzipien wird generell nach „nicht erfüllt, sehr niedrig, niedrig, hoch bzw. sehr hoch“ unterschieden, um eine präzise Abgrenzung für alle Ausprägungen zu erhalten.[326]

Abbildung 33: Harvey Balls und ihre Ausprägungen zur Bewertung von bestehenden Ansätzen

[321] Vgl. Kuhlmann (Gestaltung von Geschäftsprozessen), 2011, S. 61; Kozielski (Integratives Kennzahlensystem), 2013, S. 83; Koch (Steigerung der Wandlungsfähigkeit), 2011, S. 104
[322] Vgl. Likert (Measurement of Attitudes), 1932
[323] Vgl. Edwards et al. (Organizational surveys), 1997, S. 43ff.; Linacre (Category Effectiveness), 2002, S. 86ff.; Johnson & Christensen (Educational research), 2012, S. 173ff.
[324] Vgl. Komorek (Kollaborative Wertschöpfung), 2014, S. 64
[325] Vgl. Kett & Schewe (Management Skills), 2009, S. 129
[326] Vgl. Garland (Rating Scale), 1991, S. 66ff.

3.2 Prinzipien zur Gestaltung von lebenszyklusorientierten Leistungssystemen im Werkzeugbau

Ein Prinzip ist nach HENGSTENBERG „das, aus dem ein anderes seinen Ursprung hat“[327]. Ein Prinzip ist eine allgemeingültige Regel oder Grundlage, auf der etwas aufgebaut ist. Die Begriffe Gesetzmäßigkeit, Regel und Richtlinie können dabei synonym verwendet werden.[328] Prinzipien können axiomatisch oder systematisch sein. Axiomatische Prinzipien legen Beobachtungen als Gesetz aus oder liegen im Postulat eines Gesetzes begründet. Systematische Prinzipien liegen dann vor, wenn wiederholt auftretende Wirkungszusammenhänge von einer spezifischen Konstellation spezifischer Faktoren ausgehen.[329] In der Rechtswissenschaft wird der Begriff Prinzip synonym für eine Leitlinie, ein möglichst zu verwirklichendes Ziel verwendet. In diesem Zusammenhang werden Prinzipien häufig als Optimierungsgebote charakterisiert, wobei sie in unterschiedlichen Graden erfüllt werden können.[330] Letzterem Verständnis eines Prinzips wird im weiteren Verlauf der Arbeit gefolgt.

Lebenszyklusorientierte Leistungssysteme im Werkzeugbau sind spezifischen Prinzipien folgend zu gestalten, die im Handlungsbedarf aus der Praxis (vgl. Kapitel 2.4) begründet liegen. Zunächst werden die entsprechenden Prinzipien abgeleitet und definiert. Die Prinzipien lassen sich in die drei Kategorien allgemeine Prinzipien, leistungsbezogene Prinzipien und branchenbezogene Prinzipien unterteilen.

3.2.1 Allgemeine Prinzipien

Bei der Gestaltung von lebenszyklusorientierten Leistungssystemen im Werkzeugbau sind allgemeine Prinzipien aus wissenschaftlicher Sicht zu erfüllen. Dabei sind neben dem Effizienzprinzip das Praktikabilitäts- sowie das Sequenzprinzip zu erfüllen.

Die Gestaltung eines Leistungssystems sollte dem **Effizienzprinzip** folgend ein hohes Nutzen-Aufwand-Verhältnis aufweisen. Aufgebrachte Zeit und investiertes Geld als Ressourcenaufwand müssen in einem wirtschaftlichen Verhältnis zu den erbrachten Ergebnissen stehen. Dabei gilt es den Ressourcenaufwand so weit wie möglich zu minimieren und den Nutzen zu maximieren. Die fünf Ausprägungen der Erfüllung des Effizienzprinzips sind die folgenden:

- Nicht erfüllt: Ein Ansatz hat für den Anwender keinen offensichtlichen Nutzen.
- Sehr gering: Ein Ansatz hat einen hohen Nutzen für den Anwender, dieser erfordert jedoch sehr viele Ressourcen.
- Gering: Ein Ansatz hat einen hohen Nutzen für den Anwender, der erforderliche Ressourceneinsatz ist nicht bekannt.

[327] Vgl. Hengstenberg (Mensch und Materie), 1998, S. 49
[328] Vgl. Duden (Prinzip), 2014
[329] Vgl. Oesterreich & Weiss (Agiles Projektmanagement), 2007, S. 424
[330] Vgl. Alexy (Theorie der Grundrechte), 1986, S. 75f.

- Hoch: Ein Ansatz hat einen hohen Nutzen für den Anwender, der nur wenige Ressourcen erfordert.
- Sehr hoch: Ein Ansatz hat einen sehr hohen Nutzen für den Anwender, der nur sehr wenige Ressourcen erfordert.

Das **Praktikabilitätsprinzip** wird durch einen hohen Anwendungsgrad der Gestaltung und einen ausreichenden Bezug zur Realität adressiert. Realisiert wird die Praktikabilität durch einfache Handhabbarkeit, klare Strukturen und Zugänglichkeit von relevanten Daten und Informationen.[331] Die fünf Ausprägungen der Erfüllung des Praktikabilitätsprinzips sind die folgenden:

- Nicht erfüllt: Ein Ansatz ist in der Praxis nicht anwendbar.
- Sehr gering: Ein Ansatz ist in der Praxis anwendbar, erfordert aber Daten und Informationen, die in der Praxis nicht generierbar sind.
- Gering: Ein Ansatz ist in der Praxis anwendbar, Quellen für benötigte Informationen und Daten sind aber unbekannt und werden nicht genannt.
- Hoch: Ein Ansatz ist einfach handhabbar und durch verständliche Strukturen charakterisiert, setzt aber die Verfügbarkeit von relevanten Daten und Informationen voraus.
- Sehr hoch: Ein Ansatz ist einfach handhabbar und durch klare und verständliche Strukturen charakterisiert. Benötigte relevante Daten und Informationen sind leicht zugänglich.

Das **Sequenzprinzip** entspricht einer klaren Vorgehensweise bei der Gestaltung eines lebenszyklusorientierten Leistungssystems. Wichtig ist eine durchgehende Struktur mit aufeinander aufbauenden Schritten, bei der die Ausgangsgrößen eines Schrittes die Eingangsgrößen des nachfolgenden Schrittes sind.[332] Voneinander abgegrenzte sowie inhaltlich abgeschlossene Schritte ermöglichen den Durchlauf einzelner Schritte sowie den flexiblen Einstieg an verschiedenen Stellen.[333] Ein iterativer Charakter ermöglicht zudem die Integration neuer oder veränderter Eingangsgrößen. Die fünf Ausprägungen der Erfüllung des Sequenzprinzips sind damit die folgenden:

- Nicht erfüllt: Ein Ansatz beinhaltet kein konkretes Ablaufmodell für die Gestaltung eines Leistungssystems.
- Sehr gering: Ein Ansatz beinhaltet Anweisungen zur Gestaltung eines Leistungssystems.
- Gering: Ein Ansatz beschreibt den Inhalt und zu durchlaufende Phasen zur Gestaltung eines Leistungssystems sowie den Ablaufcharakter.

[331] Vgl. Kuhlmann (Gestaltung von Geschäftsprozessen), 2011, S. 47
[332] Vgl. Pitsch (Kompetenzfeldbasierte Vernetzung), 2014, S. 60
[333] Vgl. Kuhlmann (Gestaltung von Geschäftsprozessen), 2011, S. 45

- Hoch: Ein Ansatz beinhaltet klar definierte und aufeinander folgende Schritte zur Entwicklung eines Leistungssystems.
- Sehr hoch: Ein Ansatz beinhaltet klar definierte und aufeinander aufbauende Schritte zur Entwicklung eines Leistungssystems. Jeder Schritt hat feste Ein- und Ausgangsgrößen, sodass ein Durchlaufen einzelner Schritte und ein Einstieg an verschiedenen Stellen gewährleistet sind.

3.2.2 Leistungsbezogene Prinzipien

Die im Folgenden dargestellten leistungsbezogenen Prinzipien adressieren die Leistungssystemgestaltung selbst und leiten sich daher aus den in Kapitel 2.1.4 eingeführten Konstruktionsprinzipien von Leistungssystemen in Verbindung mit dem in Kapitel 2.4 aufgezeigten Handlungsbedarf aus der Praxis ab. Eine Gestaltung von lebenszyklusorientierten Leistungssystemen muss demnach das Strategieprinzip, das Strukturierungsprinzip, das Lebenszyklusprinzip, das Partizipationsprinzip und das Integrationsprinzip erfüllen.

Leistungen werden im Werkzeugbau überwiegend reaktiv angeboten. Das heißt, Werkzeugbaubetriebe versuchen jegliche durch ihre Kunden artikulierte Anforderungen durch entsprechende Leistungen zu erfüllen. Häufig mündet dies in einem ausufernden, nicht auf den Kernkompetenzen des Unternehmens basierenden Leistungsangebot.[334] Leistungssysteme sollten vielmehr im Einklang mit der vorhandenen oder beabsichtigten strategischen Ausrichtung des Unternehmens proaktiv angeboten werden. Nach dem **Strategieprinzip** sollte ein Ansatz zur Entwicklung von Leistungssystemen deshalb die vorhandene oder beabsichtigte strategische Ausrichtung des Werkzeugbaubetriebs berücksichtigen und die Gestaltung des Leistungssystems nachhaltig darauf aufbauen. Damit vereint das Strategieprinzip auch das Evolutionsprinzip, das Langfristigkeitsprinzip sowie das Relevanzprinzip nach BELZ ET AL.[335] (vgl. Kapitel 2.1.4). Die fünf Ausprägungen der Erfüllung des Strategieprinzips sind die folgenden:

- Nicht erfüllt: Ein Ansatz berücksichtigt die strategische Ausrichtung des Unternehmens weder als Rahmenbedingung noch für die Gestaltung des Leistungssystems.
- Sehr gering: Ein Ansatz berücksichtigt die Verknüpfung zwischen der strategischen Ausrichtung, leitet aber keine Handlungsanweisungen ab.
- Gering: Ein Ansatz berücksichtigt die Verknüpfung zwischen der strategischen Ausrichtung und leitet vereinzelt Handlungsanweisungen ab.
- Hoch: Das Leistungssystem wird entsprechend der strategischen Ausrichtung entwickelt. Dabei wird entweder die Ressourcen- oder die Marktsicht berücksichtigt.

[334] Vgl. Schuh et al. (Industrie als Dienstleister), 2004, S. 60
[335] Vgl. Belz et al. (Erfolgreiche Leistungssysteme), 1997, S. 31f.

- Sehr hoch: Das Leistungssystem wird proaktiv entsprechend der strategischen Ausrichtung entwickelt. Dabei wird sowohl die Ressourcen- als auch die Marktsicht berücksichtigt.

Leistungen werden im Werkzeugbau häufig unstrukturiert angeboten. In der Literatur ist dabei vielfach vom Dienstleistungsdschungel die Rede.[336] Um das große Potenzial von Leistungssystemen für sich zu nutzen, müssen Werkzeugbaubetriebe ihr Leistungsangebot strukturieren.[337] Eine intuitive Struktur im Sinne des **Strukturprinzips** ermöglicht den Unternehmen eine transparente Kommunikation der Leistung gegenüber dem Kunden und damit eine effektive Vermarktung. Die fünf Ausprägungen der Erfüllung des Strukturprinzips sind die folgenden:

- Nicht erfüllt: Ein Ansatz berücksichtigt keinerlei Strukturierung der Leistungen.
- Sehr gering: Ein Ansatz unterscheidet zur Strukturierung der Leistungen ausschließlich zwischen Sach- und Dienstleistungen.
- Gering: Ein Ansatz zeigt weitergehende Strukturierungsmöglichkeiten als in der sehr geringen Ausprägung auf, berücksichtigt diese aber nicht.
- Hoch: Ein Ansatz berücksichtigt weitergehende Strukturierungsmöglichkeiten als in der sehr geringen Ausprägung in Form von definierten Kriterien.
- Sehr hoch: Ein Ansatz strukturiert Leistungen in einem definierten Ordnungsrahmen und nutzt diesen zur Gestaltung eines Leistungssystems.

Steigende Produkt- sowie Prozesskomplexität in Verbindung mit einer Fokussierung der Kunden auf ihre Kernkompetenzen machen den Werkzeugbau zum exklusiven werkzeugbezogenen Know-how-Träger über den gesamten Werkzeuglebenszyklus. Werkzeugbaubetriebe verstehen es heute noch nicht, in Gänze diese Abhängigkeit der Kunden für den Aufbau langfristiger Partnerschaften zu nutzen. Im Sinne des **Lebenszyklusprinzips** sollte der Werkzeugbau seine Kunden von der Produktidee bis zur Verschrottung des Werkzeugs als Kernprodukt durch die Erbringung von Sach- und Dienstleistungen begleiten. Die fünf Ausprägungen der Erfüllung des Lebenszyklusprinzips sind die folgenden:

- Nicht erfüllt: Ein Ansatz berücksichtigt den Lebenszyklus des Kernprodukts nicht.
- Sehr gering: Ein Ansatz berücksichtigt den Lebenszyklus des Kernprodukts lediglich in Verbindung mit der Erwähnung von lebenszyklusbegleitenden Dienstleistungen.
- Gering: Ein Ansatz berücksichtigt den Lebenszyklus des Kernprodukts durch die Abgrenzung von Lebenszyklusphasen.

[336] Vgl. Schuh et al. (Industrie als Dienstleister), 2004, S. 20
[337] Vgl. Schuh et al. (Hybride Leistungsbündel), 2010, S. 72ff.

- Hoch: Ein Ansatz berücksichtigt den Lebenszyklus des Kernprodukts durch Abhängigkeiten zwischen abgegrenzten Lebenszyklusphasen und Leistungen.
- Sehr hoch: Ein Ansatz berücksichtigt den Lebenszyklus des Kernprodukts durch phasenspezifische Leistungen entlang des Lebenszyklus.

Durch den Unikatcharakter der kundenindividuellen Werkzeuge wird die enge Zusammenarbeit des Werkzeugbaus mit dem Kunden zum zentralen Erfolgsfaktor. BELZ ET AL. formulieren die Integration des Kunden in die Gestaltung des Leistungssystems als eines ihrer Konstruktionsprinzipien von Leistungssystemen (vgl. Kapitel 2.1.4).[338] Dem sogenannten **Partizipationsprinzip** folgend wird der Kunde in den Konstruktionsprozess des Leistungssystems einbezogen. Die fünf Ausprägungen der Erfüllung des Partizipationsprinzips sind die folgenden:

- Nicht erfüllt: Ein Ansatz berücksichtigt den Kunden als Akteur der Gestaltung eines Leistungssystems nicht.
- Sehr gering: Ein Ansatz berücksichtigt den Kunden als Quelle von Informationen vor der Gestaltung eines Leistungssystems.
- Gering: Ein Ansatz berücksichtigt den Kunden als Akteur bei der Gestaltung eines Leistungssystems.
- Hoch: Zusätzlich zur geringen Ausprägung berücksichtigt ein Ansatz den Kunden als Akteur während des Leistungserstellungsprozesses.
- Sehr hoch: Zusätzlich zur hohen Ausprägung berücksichtigt ein Ansatz den Kunden als Akteur während des zwischen Anbieter und Kunden vernetzten Leistungserstellungsprozesses.

Per Definition fördern oder stellen Leistungssysteme Beziehungen zwischen Leistungen her (vgl. Kapitel 2.1.1.2).[339] Dabei werden stets eine Sachleistung als Kernprodukt und weitere Leistungen integriert.[340] BELZ ET AL. formulieren die Integration von Leistungskomponenten als eines ihrer Konstruktionsprinzipien von Leistungssystemen (vgl. Kapitel 2.1.4).[341] Dabei erfolgt die Adressierung des **Integrationsprinzips** durch die Erzeugung von Synergien zwischen den Leistungskomponenten. Die fünf Ausprägungen der Erfüllung des Integrationsprinzips sind die folgenden:

- Nicht erfüllt: Ein Ansatz berücksichtigt Leistungskomponenten, insbesondere Sach- und Dienstleistungen, voneinander getrennt.
- Sehr gering: Ein Ansatz berücksichtigt eine Verknüpfung von Leistungskomponenten, insbesondere Sach- und Dienstleistungen.

[338] Vgl. Belz et al. (Erfolgreiche Leistungssysteme), 1997, S. 32
[339] Vgl. Belz (Erfolgreiche Leistungssysteme), 1991, S. 1ff.
[340] Vgl. dazu Meier (Zukunftsorientierte Dienstleistungsgestaltung), 2004, S. 4; Bullinger (Dienstleistungen), 1997, S. 29
[341] Vgl. Belz et al. (Erfolgreiche Leistungssysteme), 1997, S. 32

- Gering: Ein Ansatz beschreibt eine Abhängigkeit zwischen Leistungskomponenten, insbesondere Sach- und Dienstleistungen.
- Hoch: Ein Ansatz berücksichtigt die integrativen Wechselwirkungen zwischen Leistungskomponenten, insbesondere Sach- und Dienstleistungen und ermöglicht eine partielle Substitution.
- Sehr hoch: Ein Ansatz berücksichtigt zusätzlich zur hohen Ausprägung eine dynamische Konfiguration in einem Leistungssystem.

3.2.3 Branchenbezogene Prinzipien

Aufgrund des Fokus dieser Arbeit auf die Branche Werkzeugbau wird eine Berücksichtigung von branchenbezogenen Prinzipien notwendig. Eine Gestaltung von lebenszyklusorientierten Leistungssystemen im Werkzeugbau muss demnach das Generizitätsprinzip sowie das Individualitätsprinzip erfüllen.

Der Anspruch einer Gestaltung von lebenszyklusorientierten Leistungssystemen im Werkzeugbau muss die Anwendbarkeit in allen Werkzeugbaubetrieben sein. Alle Werkzeugbaubetriebe verbindet der Unikatcharakter der Werkzeuge als Kernprodukt sowie der Projektcharakter des Leistungserstellungsprozesses. Die Erfüllung des **Generizitätsprinzips** stellt eine allgemeingültige Gestaltung für die verschiedenen Anwendungsbereiche innerhalb des definierten Betrachtungsbereichs (vgl. Kapitel 2.3) sicher. Die fünf Ausprägungen der Erfüllung des Generizitätsprinzips sind die folgenden:[342]

- Nicht erfüllt: Ein Ansatz nimmt keinen Bezug zu einer Branche für die Gestaltung von Leistungssystemen.
- Sehr gering: Ein Ansatz nimmt Bezug auf ein konkretes Objekt für die Gestaltung von Leistungssystemen.
- Gering: Ein Ansatz nimmt Bezug auf die produzierende Industrie für die Gestaltung von Leistungssystemen.
- Hoch: Ein Ansatz nimmt Bezug auf die Unikat- und Kleinserienherstellung für die Gestaltung von Leistungssystemen.
- Sehr hoch: Ein Ansatz nimmt Bezug auf die Werkzeugbaubranche für die Gestaltung von Leistungssystemen.

Über die spezifischen Rahmenbedingungen der Branche hinaus weisen Werkzeugbaubetriebe in Bezug auf die Mitarbeiteranzahl und den Marktzugang große Unterschiede auf. Neben dem gleich verteilten internen und externen Marktzugang (vgl. Unterkapitel 2.3.2) untergliedert sich die Branche in sehr wenige große Betriebe mit mehr als 500 Mitarbeitern und sehr viele kleine Betriebe mit weniger als 50 Mitarbeitern. Zudem variieren Leistungsspektrum, Leistungserstellungsprozess und Technologieeinsatz in hohem Maße. Im Sinne des **Individualitätsprinzips** muss die Gestal-

[342] Vgl. Komorek (Kollaborative Wertschöpfung), 2014, S. 70

tung lebenszyklusorientierter Leistungssysteme daher insbesondere die Randbedingungen einzelner Unternehmen berücksichtigen. Die fünf Ausprägungen der Erfüllung des Individualitätsprinzips sind die folgenden:

- Nicht erfüllt: Ein Ansatz berücksichtigt keine spezifischen Unternehmensrandbedingungen.
- Sehr gering: Ein Ansatz nimmt Bezug auf Unternehmensrandbedingungen, spezifiziert diese aber nicht genauer.
- Gering: Ein Ansatz berücksichtigt einzelne Unternehmensrandbedingungen.
- Hoch: Ein Ansatz berücksichtigt die jeweiligen Unternehmensrandbedingungen.
- Sehr hoch: Ein Ansatz berücksichtigt zusätzlich zu der hohen Ausprägung die Interdependenzen zwischen den einzelnen Unternehmensrandbedingungen.

Abbildung 34 zeigt zusammenfassend die definierten Prinzipien zur Gestaltung von lebenszyklusorientierten Leistungssystemen im Werkzeugbau.

Allgemeine Prinzipien	Leistungsbezogene Prinzipen	Branchenbezogene Prinzipien
▪ Effizienzprinzip	▪ Strategieprinzip	▪ Generizitätsprinzip
▪ Praktikabilitätsprinzip	▪ Strukturprinzip	▪ Individualitätsprinzip
▪ Sequenzprinzip	▪ Lebenszyklusprinzip	
	▪ Partizipationsprinzip	
	▪ Integrationsprinzip	

Abbildung 34: Prinzipien zur Gestaltung von lebenszyklusorientierten Leistungssystemen im Werkzeugbau

3.3 Darstellung der bestehenden Ansätze

In der Theorie existiert eine Vielzahl von Ansätzen zur Gestaltung von Leistungskombinationen. Nachfolgend werden die wichtigsten dieser Ansätze als repräsentative Auswahl vorgestellt.[343] Im Fokus der Vorstellung liegt die Darstellung der wesentlichen Eigenschaften und Ziele dieser Ansätze.

[343] Auf nachfolgende weitere Ansätze sei an dieser Stelle verwiesen: Böhmann & Leimeister (Hybride Wertschöpfung), 2010; Aurich & Clement (Produkt-Service Systeme), 2010; Seiter et al. (Kundennutzorientierte Entwicklung), 2009; Botta (Product-Service Systems), 2007; Rese et al. (Hybride Leistungsbündel), 2007; Müller & Blessing (Entwicklungsprozesse hybrider Leistungsbündel), 2007; Maxwell et al. (Product & Service Development), 2006; Tukker & Tischner (Product-Service Development), 2006; van Halen et al. (Product Service System Innovation), 2005; Steinbach (Systematische Gestaltung), 2005; Abdallah et al. (Innovation Management Methods), 2005; Schwengels (Kostenorientierte Entwicklung), 2004; Manzini et al. (Solution oriented partnership), 2004; Meiren & Barth (Service Engineering), 2002; Brezet et al. (Sustainable Product Innovation), 2001; James et al. (Innovation Workbook), 2001; Hermsen (Produktnahe Dienstleistungen), 2000; Jaschinski (Redesign von Dienstleistungen), 1998

3.3.1 Integriertes Leistungsmanagement nach BELZ ET AL.

Den Ausgangspunkt für das integrierte Leistungsmanagement nach BELZ ET AL. bilden die Bedürfnisse und Strategien bestimmter Kundengruppen. Ziel ist die Kombination jener Leistungen, welche die Bedürfnisse des jeweiligen Kunden besser als die Angebote der Konkurrenz abdecken. Dabei steht die gemeinsame Erstellung der Leistung mit dem Kunden im Mittelpunkt.[344]

Die zentralen Aufgaben des integrierten Leistungsmanagements sind die Leistungsgestaltung, die Leistungsvermarktung und die Leistungserstellung, welche in weitere Komponenten bzw. Aufgaben unterteilt werden können (s. Abbildung 35).

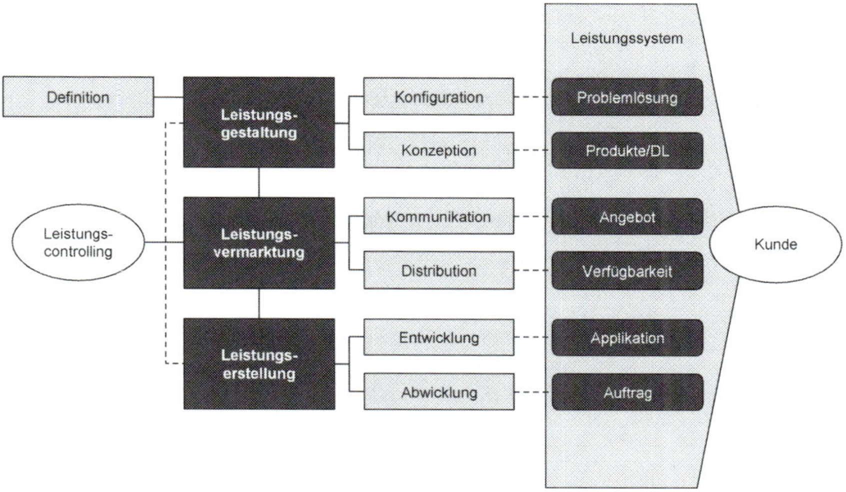

Abbildung 35: Komponenten im integrierten Leistungsmanagement nach BELZ[345]

Aufgrund der hohen Ansprüche an die Realisierung des Leistungsmanagements empfehlen BELZ ET AL. eine schrittweise Umsetzung der einzelnen Komponenten.[346] Die unterschiedlichen Komponenten machen eine verstärkte Koordination erforderlich. Diese nicht direkt wertschöpfende Koordinationsfunktion übernimmt das Leistungscontrolling.[347]

Nach BELZ ET AL. findet innerhalb der Leistungsgestaltung die Konzeption und Konfiguration des Leistungssystems statt, bei der die Leistungsdefinition, also die Art des Angebots im Markt, die Ausgangslage bildet. Bei der Konzeption werden Produkte und Dienstleistungen bestimmt, die in das entstehende Leistungssystem integriert werden. Im Rahmen der Konfiguration wählt der Kunde als Ergebnis einer Akquisition die am Markt angebotene und für ihn passende Leistung aus. Im weiteren Verlauf

[344] Vgl. Belz et al. (Erfolgreiche Leistungssysteme), 1997, S. 50
[345] Vgl. Belz et al. (Erfolgreiche Leistungssysteme), 1997, S. 56
[346] Vgl. Belz et al. (Erfolgreiche Leistungssysteme), 1997, S. 64
[347] Vgl. Belz et al. (Erfolgreiche Leistungssysteme), 1997, S. 56

werden Produkte und Leistungen gemeinschaftlich von Lieferanten und Kunde gestaltet, um kundenindividuelle Problemlösungen zu entwickeln. Dabei wird der Kunde ebenso in die Preisgestaltung mit einbezogen.[348]

Ergebnis des integrierten Leistungsmanagements ist ein individuelles Leistungssystem, welches auf die Tätigkeiten des Kunden zugeschnitten ist und somit exakt seinen Bedürfnissen und Wünschen entspricht.

3.3.2 Kundenwertorientierte Leistungsbündelgestaltung nach BAUER

Hybride Leistungsbündel stehen nach BAUER unter dem dynamischen Einfluss spezifischer Zielsetzungen des Unternehmens, individueller Bedürfnisse der Kunden, konkurrierender Geschäftstätigkeiten des Wettbewerbs sowie aktueller Entwicklungen der Märkte. Daher fokussiert das Modell zur Gestaltung hybrider Leistungsbündel nach BAUER auf die Ausgestaltung bzw. Anpassung eines unabhängigen, bestehenden Leistungsprogramms zu einer integrierten, kundenwertorientierten Problemlösung.[349] Dabei untergliedert sich die Gestaltung in die vier Modellelemente Strategy, System, Structure sowie Staff (s. Abbildung 36).[350]

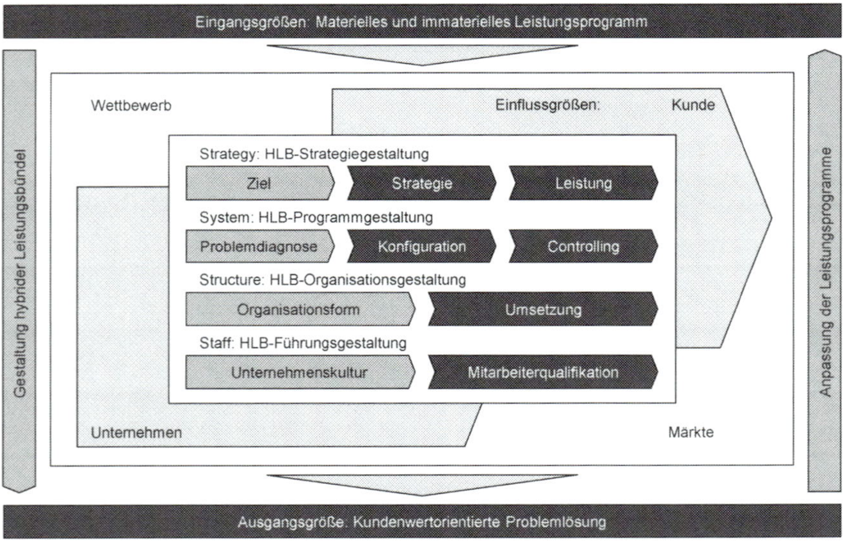

Abbildung 36: Modell zur kundenwertorientierten Gestaltung hybrider Leistungsbündel[351]

Das Modellelement Strategy beinhaltet die Schritte Ziel, Strategie und Leistung.[352] Zunächst sind sowohl der gegenwärtige als auch der zukünftige Zustand des Unternehmens im Rahmen eines Soll-Ist-Vergleichs vor dem Hintergrund definierter Ziele

348 Vgl. Belz et al. (Erfolgreiche Leistungssysteme), 1997, S. 56
349 Vgl. Bauer (Gestaltung hybrider Leistungsbündel), 2011, S. 155
350 Vgl. Bauer (Gestaltung hybrider Leistungsbündel), 2011, S. 155ff.
351 Vgl. Bauer (Gestaltung hybrider Leistungsbündel), 2011, S. 159
352 Vgl. Bauer (Gestaltung hybrider Leistungsbündel), 2011, S. 160f.

zu analysieren. Anschließend gilt es unter Abwägung, Priorisierung und Bewertung strategischer Alternativen zur Leistungsbündelgestaltung eine konkrete Strategie zur Erreichung des Soll-Zustands zu formulieren. Zuletzt erfolgt die Strukturierung des Leistungsprofils durch Abgrenzung von Leistungsmodulen und Bildung eines integrierten Systems.

Die Schritte Problemdiagnose, Konfiguration und Controlling sind Teil des Modellelements System.[353] In der Problemdiagnose werden die spezifischen Kundenanforderungen ermittelt und analysiert. Im Anschluss erfolgt die auf die Kundenanforderungen ausgerichtete Konfiguration des Leistungsangebots. Im Controlling werden Zielerreichung und Wirtschaftlichkeit der Konfiguration kontinuierlich überprüft und gesteuert.

Das Modellelement Structure untergliedert sich in die Schritte Organisationsform und Umsetzung.[354] Zunächst ist ein Konzept zur Einbindung und Verankerung der organisationalen Strukturen und Prozesse zur Gestaltung hybrider Leistungsbündel in die bestehende unternehmensinterne Organisation zu entwickeln. Anschließend erfolgt die Konkretisierung der vertrieblichen Umsetzung.

Die Prozessschritte Unternehmenskultur und Mitarbeiterqualifikation bilden das Modellelement Staff.[355] Zunächst ist eine auf den Kundennutzen ausgerichtete Service- und Problemlösungskultur im Unternehmen zu implementieren. Im Anschluss gilt es sowohl die fachlichen und technischen Fähigkeiten als auch die verhaltensbezogenen Eigenschaften der Mitarbeiter auszubauen.

3.3.3 Hybride Produktentwicklung nach Spath & Demuß

Spath & Demuß stützen ihren Ansatz zur Entwicklung hybrider Produkte im Sinne einer Zusammenführung unterschiedlicher ingenieurwissenschaftlicher Disziplinen auf die VDI Richtlinie 2221 zur Entwicklung technischer Produkte und Systeme[356] sowie die Grundlagen des Service Engineerings[357].[358] Zusätzlich dazu wird die VDI-Richtlinie 2210 zur Datenverarbeitung in der Konstruktion[359] integriert. Das Vorgehensmodell besteht aus den drei Hauptphasen hybride Aufgabenklärung, hybride Produktkonzeption und entwicklungsspezifischer Komponentenentwurf (s. Abbildung 37).

In der Phase der hybriden Aufgabenklärung wird die Aufgabenstellung ermittelt und präzisiert. Damit werden in Bezug auf eine rechnergestützte Gestaltung der Entwicklung die Anforderungsmodellierung und Produktmodellierung verstanden. Durch die Anforderungsmodellierung werden alle Anforderungen an das hybride Produkt zu-

---

353 Vgl. Bauer (Gestaltung hybrider Leistungsbündel), 2011, S. 161f.

354 Vgl. Bauer (Gestaltung hybrider Leistungsbündel), 2011, S. 163ff.

355 Vgl. Bauer (Gestaltung hybrider Leistungsbündel), 2011, S. 164f.

356 Vgl. VDI (Entwickeln und Konstruieren, 1993; vgl. dazu auch VDI (Methodisches Entwickeln, 1997 und VDI (Methodisches Entwerfen, 1999

357 Vgl. Luczak et al. (Service-Engineering), 2000, S. 17; Eversheim et al. (Methodenbeschreibung), 2003, S. 422f.; Jaschinski (Redesign von Dienstleistungen), 1998, S. 51

358 Vgl. Spath & Demuß (Entwicklung hybrider Produkte), 2006, S. 463ff.

359 Vgl. VDI (Datenverarbeitung, 1975.

sammengestellt, analysiert und bewertet. In der Produktmodellierung werden materielle und immaterielle Teile des Leistungsbündels modular strukturiert, um eine kundenindividuelle und effiziente Leistungserbringung sicherzustellen.

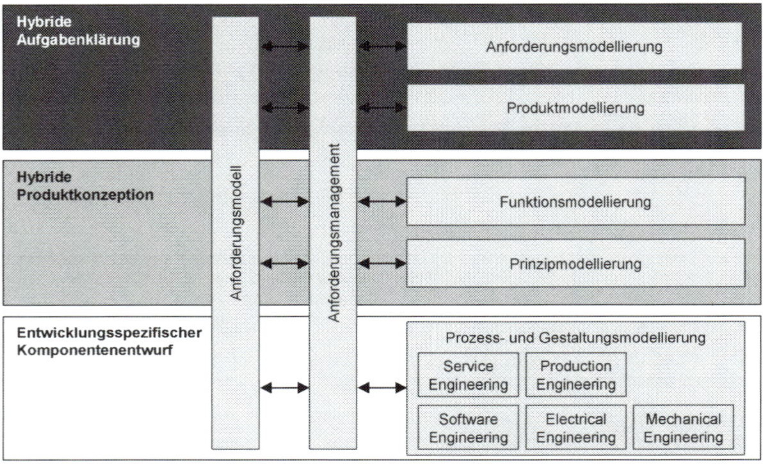

Abbildung 37: Hybride Produktentwicklung nach SPATH & DEMUß[360]

Die Phase der hybriden Produktkonzeption setzt sich aus den Subphasen Funktionsmodellierung und Prinzipmodellierung zusammen. Funktionen haben dabei einen Sach- und einen Dienstleistungsanteil. Durch die Prinzipmodellierung werden Lösungsprinzipien für die definierten Funktionen erarbeitet. Das Ergebnis dieser hybriden Produktkonzeption ist eine konzeptionelle Lösung für das hybride Produkt.

In der Phase des entwicklungsspezifischen Komponentenentwurfs wird die Prozess- und Gestaltungsmodellierung durchgeführt. Die Wirk- und Funktionsstrukturen der einzelnen ingenieurwissenschaftlichen Disziplinen werden parallel erarbeitet und in einem Gesamtentwurf zu einem hybriden Produkt zusammengefasst.

3.3.4 Assistenzsystem für HLB nach UHLMANN & BOCHNIG

UHLMANN und BOCHNIG orientieren sich mit ihrem informationstechnisch unterstützten Assistenzsystem für die Planung und Entwicklung hybrider Leistungsbündel ebenfalls an der VDI-Richtlinie 2221.[361] Abbildung 38 zeigt die 16 Module der Softwarearchitektur des Assistenzsystems.[362]

Die Projekt-Datenbank (Modul 0) ist für die Speicherung und Verwaltung von Daten der Partialmodelle verantwortlich, die innerhalb der übrigen Module generiert oder bearbeitet werden.[363] Zu den Aufgaben der Systempflege (Modul 15) gehören neben

[360] I.A.a. Spath & Demuß (Entwicklung hybrider Produkte), 2006, S. 463f.
[361] Vgl. Uhlmann & Bochnig (Ausgestaltung hybrider Leistungsbündel), 2012, S. 92f.
[362] i. A. a. Uhlmann & Bochnig (Ausgestaltung hybrider Leistungsbündel), 2012, S. 90
[363] Vgl. Uhlmann & Bochnig (Ausgestaltung hybrider Leistungsbündel), 2012, S. 93

der Administration und Wartung von Software und Datenbasis u.a. die Rückführung von Feedback und Wissen aus dem Entwicklungsprozess hybrider Leistungsbündel.

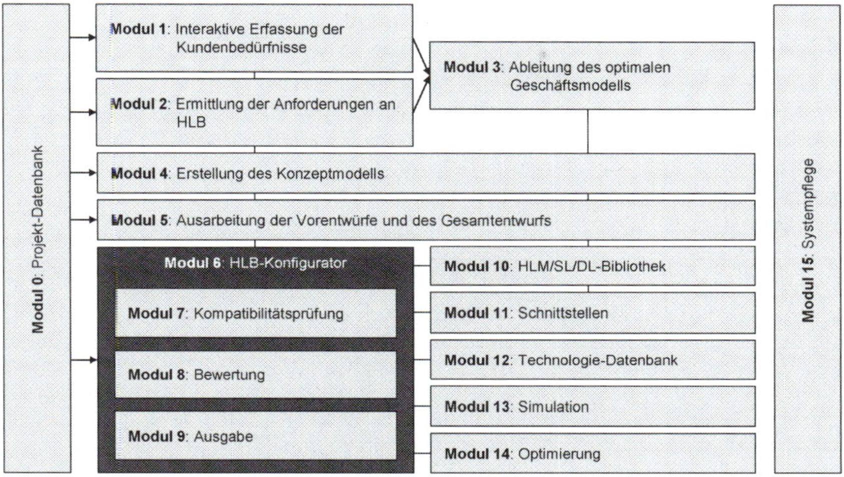

Abbildung 38: Modulare Architektur des Assistenzsystems nach Uhlmann & Bochnig[364]

Der Entwicklungsprozess im engeren Sinne wird durch die Module 1 bis 14 erfasst[365]: Der Prozess ist von Beginn an auf den spezifischen Kunden ausgerichtet. So werden zunächst die Kundenbedürfnisse sowie die spezifischen Randbedingungen aufgenommen (Modul 1). Daraus werden Anforderungen an hybride Leistungsbündel abgeleitet und ein HLB-Lastenheft erstellt (Modul 2). Aufbauend darauf wird ein für Kunde und Anbieter optimales Geschäftsmodell ausgewählt (Modul 3).

Aus Lastenheft und Geschäftsmodell wird ein Konzeptmodell als Basis für die Konfiguration erstellt (Modul 4). Sind bereits Vorentwürfe vorhanden, werden diese daraufhin ausgearbeitet und zu einem Gesamtentwurf konzipiert. Sind keine Vorentwürfe vorhanden, erfolgt eine Neuentwicklung von hybriden Leistungsmodulen (HLM). Darauf aufbauend werden mit Hilfe eines Konfigurators die hybriden Leistungsmodule zu hybriden Leistungsbündeln konfiguriert (Modul 6), deren Kompatibilität überprüft (Modul 7), bewertet (Modul 8) und schließlich ausgegeben (Modul 9). Eine Bibliothek stellt dem Konfigurator dabei vordefinierte hybride Leistungsmodule, Sachleistungen und Dienstleistungen zur Verfügung (Modul 10). Weitere Datenbanken beinhalten Informationen zu Wechselwirkungen und Kompatibilitätsbeziehungen der hybriden Leistungsmodule (Modul 11). Eine Technologie-Datenbank liefert spezifisches Wissen hinsichtlich Fertigungsverfahren inklusive Anwendungsbereichen und Prozessparametern (Modul 12). Schließlich sind Schnittstellen zu Simulationswerkzeugen (Modul 13) und Optimierungswerkzeugen (Modul 14) systematisch definiert.[366]

[364] Vgl. Uhlmann & Bochnig (Entwicklung hybrider Leistungsbündel), 2010, S. 25
[365] Vgl. Uhlmann & Bochnig (Ausgestaltung hybrider Leistungsbündel), 2012, S. 93f.
[366] Vgl. Uhlmann & Bochnig (Anforderungsgenerierung hybrider Leistungsbündel), 2010, S. 579

3.3.5 Entwicklung hybrider Leistungsbündel nach KORTMANN

KORTMANN fokussiert in seiner methodischen Vorgehensweise zur systematischen Entwicklung von hybriden Leistungsbündeln auf kundennutzenorientierte Dienstleistungsprozesse.[367] Seine Methodik basiert auf dem Phasenmodell zur Dienstleistungsentwicklung gemäß DIN Fachbericht 75.[368] Die acht Phasen der Entwicklungsmethodik sind spiralförmig angeordnet, um den iterativen Charakter der Leistungsentwicklung zu unterstreichen (s. Abbildung 39). Ziel der Methodik ist die Erstellung eines Lösungsraums, der definierte Lösungen von hybriden Leistungsbündeln bietet.[369]

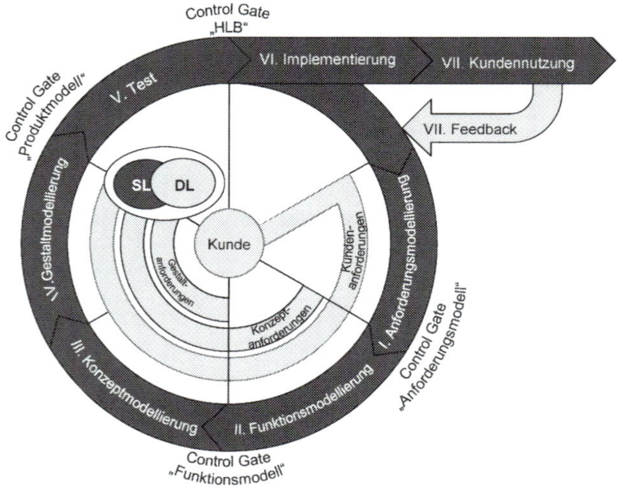

Abbildung 39: Entwicklungsmethodik hybrider Leistungsbündel nach KORTMANN[370]

In der Anforderungsmodellierung werden konkrete und zu erfüllende Anforderungen an die Leistung identifiziert. Die Funktionsmodellierung beabsichtigt die Generierung und Bewertung von Leistungsideen. In der Konzeptmodellierung werden Spezifikationen für jede einzelne Funktion erstellt und schließlich zu einem Grobkonzept des hybriden Leistungsbündels aggregiert. Die Gestaltung des hybriden Leistungsbündels erfolgt entlang der vier Phasen Zielformulierung der Dienstleistung, Grobkonzeption des Dienstleistungsprozesses, Anpassung der Lösungscluster und Detaillierung des Konzepts zur Dienstleistungsprozess-Gestaltung und mündet in einem Test im Hinblick auf die definierten Anforderungen.[371] In der Implementierungsphase wird die Einführung des hybriden Leistungsbündels beim Kunden vollzogen. Während der

[367] Vgl. Kortmann (Hybride Leistungsbündel), 2007
[368] Vgl. o.V. (Service Engineering), 1998
[369] Vgl. Kortmann (Hybride Leistungsbündel), 2007, S. 67
[370] I.A.a. Kortmann (Hybride Leistungsbündel), 2007, S. 68
[371] Vgl. Meier et al. (Hybride Leistungsbündel), 2007, S. 816

Nutzung erfolgt die Bewertung der Qualität des hybriden Leistungsbündels durch ein Kundenfeedback.[372]

3.3.6 HLB-Entwicklungsprozess nach STARK & MÜLLER

Das generische Vorgehensmodell für den HLB-Entwicklungsprozess nach STARK & MÜLLER verbindet Elemente aus der klassischen Produktentwicklung mit Einflüssen aus dem Service Engineering.[373] Der Ansatz wurde im Rahmen des Sonderforschungsbereichs Transregio 29 der Deutschen Forschungsgemeinschaft entwickelt. Er betont insbesondere die Planung und Projektanbahnung und adressiert den Übergang von der Entwicklung in die Erbringung des hybriden Leistungsbündels. Der Entwicklungsprozess durchläuft die Markt/Kunde/Feld-Ebene, die Leistungsebene, die System-Ebene sowie die Modul- und Komponenten-Ebene (s. Abbildung 40).

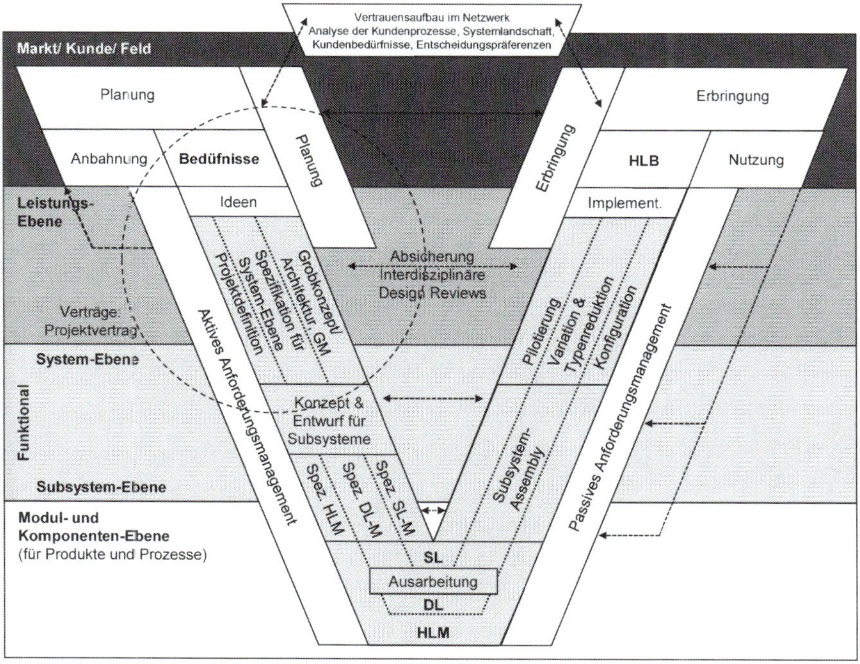

Abbildung 40: Generischer Entwicklungsprozess für hybride Leistungsbündel[374]

In den oberen zwei Ebenen werden Kundenbedürfnis und Kundennutzen identifiziert. Nach einer simultanen Grobkonzeption, Systemspezifikation und Projektdefinition erfolgt die Definition spezifischer Leistungen und schließlich die Ausarbeitung von hybriden Leistungsmodulen. Da Dienstleistungen kundenspezifisch und damit zu einem bestimmten Zeitpunkt erstmalig erbracht werden, erfolgt zunächst eine Pilotie-

[372] Vgl. Kortmann (Hybride Leistungsbündel), 2007, S. 121
[373] Vgl. Stark & Müller (HLB-Entwicklungsmethodik), 2012, S. 47
[374] I.A.a Stark & Müller (HLB-Entwicklungsmethodik), 2012, S. 48

rung des hybriden Leistungsbündels. Ebenfalls wird einerseits eine Variation der Leistungen und andererseits gegenteilig eine Typenreduktion berücksichtigt. Schließlich erfolgt nach der Leistungskonfiguration die Implementierung des hybriden Leistungsbündels. Da jederzeit Änderungen von Kundenwünschen oder Anforderungen auftreten können, ist zudem das Anforderungsmanagement als Begleitprozess entlang des gesamten Entwicklungsprozesses modelliert. Die eigentliche Erbringung der Leistung schließt den generischen Entwicklungsprozess ab. Die Rückführung von generiertem Wissen verbindet die Phase der Erbringung mit dem Entwicklungsprozess.[375]

3.3.7 Product-Service System Engineering nach STEINBACH

Das entwickelte Schalenmodell zur Entwicklung von Product-Service Systemen von STEINBACH basiert auf der VDI-Richtlinie 2206 Entwicklungsmethodik für mechatronische Systeme[376].[377] Ziel ist ein möglichst hoher Nutzenwert für den Kunden durch die integrierte Entwicklung von Sach- und Dienstleistungen im Rahmen eines Schalenmodells. Das Modell gliedert sich in die einzelnen Schalen erweitertes Produktmodell, Entwicklungsprozess und Product-Service Systems Engineering. Interdependente Bestandteile des Schalenmodells sind das Basismodell der Analyse, das Basismodell der Synthese sowie die Integration des Kunden (s. Abbildung 41).

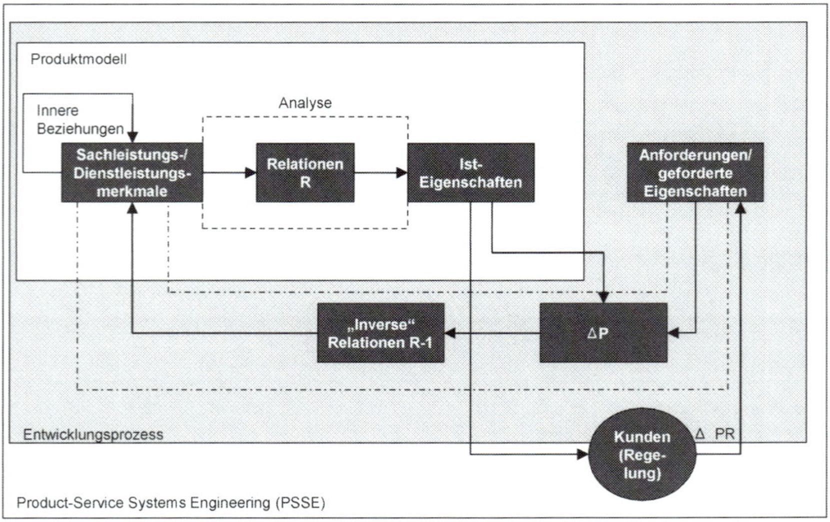

Abbildung 41: Schalenmodell des Product-Service Systems Engineering[378]

Das Produktmodell fasst alle materiellen und immateriellen Merkmale eines Produktes und ihre Verknüpfungen zusammen. Über einen Entwicklungszyklus wird das

[375] Stark & Müller (HLB-Entwicklungsmethodik), 2012, S. 47ff.
[376] Vgl. VDI (Entwicklungsmethodik, 2004
[377] Vgl. Steinbach (Systematische Gestaltung), 2005, S. 157
[378] Vgl. Steinbach (Systematische Gestaltung), 2005, S. 172

Produktmodell mittels zahlreicher bereitgestellter Methoden kontinuierlich entwickelt. Dabei werden das Basismodell der Analyse und das Basismodell der Synthese im Wechsel adressiert und der Kunde integriert.

Im Rahmen des Basismodells der Analyse werden die tatsächlichen Eigenschaften eines Product-Service Systems ausgehend von dessen Merkmalen ermittelt. Die Relationen zwischen Merkmalen und Eigenschaften des Systems werden mittels spezifischer Methoden analysiert, anhand derer sich die tatsächlichen Eigenschaften des Systems ermitteln oder vorhersagen lassen. Auf diese Weise können potenzielle Fehler und Schwachstellen des Product-Service Systems identifiziert werden.

Die identifizierten Fehler und Schwachstellen können im Rahmen des Basismodells der Synthese innerhalb eines neuen Zyklus berücksichtigt werden. Die Synthese wird als der eigentliche kreative Akt der Entwicklung von Product-Service Systemen verstanden. Ausgehend von den Soll-Eigenschaften des Systems werden innerhalb der Synthese die Merkmale und deren Interdependenzen festgelegt.[379]

3.3.8 Modellierung von Produkt-Service Systemen nach Becker et al.

Einen Ansatz zur Modellierung von Produkt-Service Systemen liefern Becker et al. Sie verstehen unter dem in diesem Ansatz häufig verwendeten Begriff des Leistungsbündels eine durch Lieferanten und Kunden gemeinschaftlich erbrachte Leistung.[380] Ihr Ansatz ermöglicht sowohl die initiale Modellierung als auch die Optimierung von bereits bestehenden Leistungsbündeln und Product-Service Systemen. Dabei unterteilt sich der Ansatz in die Gestaltungs- und Lieferphase der Leistung.

Während der **Gestaltungsphase** werden das Produkt-Service System aufgebaut und die anzubietenden Leistungsbündel gestaltet. Am Ende dieser Phase steht das Potenzial des Lieferanten, dem Kunden einen Wertbeitrag zu liefern. Den Kern der Gestaltungsphase von Produkt-Service Systemen und Leistungsbündeln bildet der iterative Problemlösezyklus (s. Abbildung 42).

Als Problem im Problemlösezyklus wird hier die Abweichung des Ist-Zustands vom gewünschten Soll-Zustand verstanden. Das Ziel des iterativen Problemlösezyklus ist damit die Überführung des Produkt-Service Systems und der Leistungsbündel vom Ist-Zustand in den gewünschten Soll-Zustand. Der iterative Problemlösezyklus gliedert sich in die Schritte Problemdefinition, Lösungsfindung, Lösungsbeschreibung, Lösungsabschätzung und Lösungsauswahl[381], in denen eine integrierte Betrachtung von Produkten und Services erfolgt.[382] Während jedem dieser fünf Schritte sind die Leistungsbündel in vier Gestaltungsdimensionen zu adressieren:[383] Die Potenzialdimension fokussiert auf den Aufbau von Ressourcen als Voraussetzung zur Lieferung von Leistungsbündeln. Die Prozessdimension schließt alle Prozesse zur Lieferung von Leistungsbündeln sowie zu Erhalt und Weiterentwicklung der Infrastruktur ein.

---

379 Steinbach (Systematische Gestaltung), 2005, S. 170
380 I.A.a. Becker et al. (Product-Service Systems), 2010, S. 39
381 Vgl. Bullinger et al. (Gestaltung innovativer Dienstleistungen), 2006, S. 3ff.
382 Vgl. Becker et al. (Product-Service Systems), 2010, S. 45
383 Vgl. Donabedian (Quality Assessment), 1980; Meyer & Blümelhuber (Absatz und Produktion), 1994

Die Bedeutung bzw. die Auswirkungen der Lieferung von Leistungsbündeln liegt im Fokus der Ergebnisdimension. Die Marktdimension ist schließlich durch die Betrachtung der Synchronisation und Anpassung der Anbieter- und Kundenprozesse charakterisiert.[384]

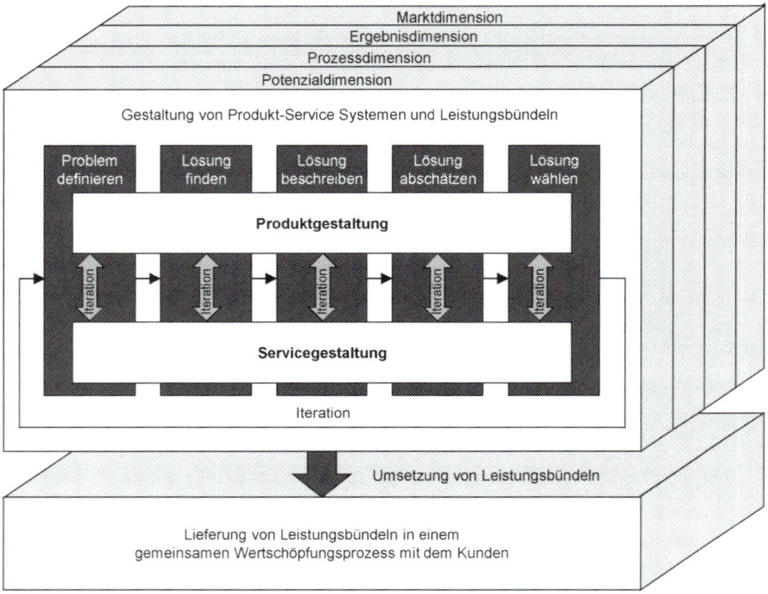

Abbildung 42: Rahmenkonzept zur Gestaltung und Lieferung von Leistungsbündeln[385]

In der **Lieferphase** werden die in der Gestaltungsphase entwickelten Leistungsbündel für den spezifischen Kunden angepasst.[386] Ziel der Lieferphase ist die Lieferung von kundenindividuellen integrierten Leistungen als Wertbeitrag für den Kunden.[387]

3.3.9 Gestaltung investiver Produkt-Service Systeme nach Aurich et al.

Ziel des Ansatzes nach Aurich ist die Entwicklung eines ganzheitlichen Konzepts für das Life-Cycle Management investiver Produkt-Service Systeme.[388] Das Konzept untergliedert sich in die vier aufeinander aufbauenden Phasen der Planung, Entwicklung, Konfiguration und Realisierung von Produkt-Service Systemen sowie der vorgelagerten Phase der Organisationsgestaltung (s. Abbildung 43).[389]

Aufgabe der **Organisationsgestaltung** ist das Schaffen ablauf- und aufbauorganisatorischer Voraussetzungen für das Durchlaufen der vier Phasen des Konzepts.

[384] Vgl. Becker et al. (Product-Service Systems), 2010, S. 45ff.; Becker et al. (Hybride Wertschöpfung), 2009, S. 111
[385] Vgl. Becker et al. (Product-Service Systems), 2010, S. 44
[386] Vgl. Becker et al. (Product-Service Systems), 2010, S. 45
[387] Vgl. Becker et al. (Product-Service Systems), 2010, S. 42
[388] Vgl. Aurich & Clement (Produkt-Service Systeme), 2010, S. Vff.
[389] Vgl. Aurich & Clement (Produkt-Service Systeme), 2010, S. 11

Während der **PSS-Planung** werden neue Produkt-Service Systeme systematisch und zielgerichtet geplant. Dazu werden Methoden bereitgestellt, mittels derer die Verantwortlichen befähigt werden sollen, Ideen für neue Produkt-Service Systeme zu generieren, zu bewerten und für die Entwicklung zur Marktreife auszuwählen.[390]

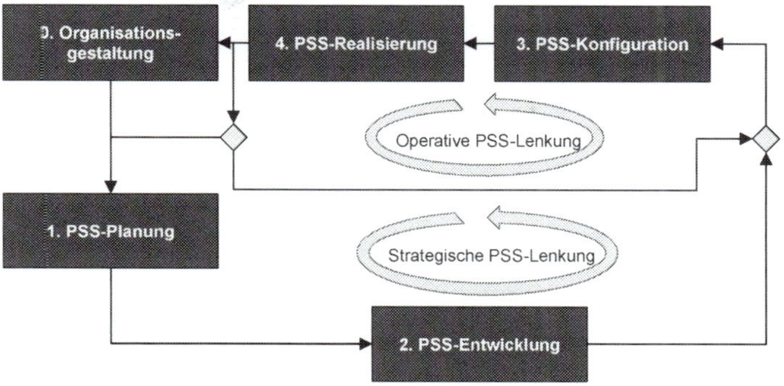

Abbildung 43: Gestaltung und Realisierung investiver Produkt-Service Systeme nach AURICH[391]

Im Rahmen der **PSS-Entwicklung** erfolgt die integrierte Entwicklung der Sach- und Serviceprodukte. Wesentliches Ergebnis der PSS-Entwicklung ist ein marktreifes und kundenindividuell anpassbares Produkt-Service System inklusive seiner möglichen Sach- und Serviceproduktvarianten. Die Lenkung der beiden Phasen PSS-Planung und PSS-Entwicklung wird auf strategischer Ebene vollzogen.

Die **PSS-Konfiguration** beinhaltet die Elemente Produktkonfiguration, Servicekonfiguration, Produkt- und Servicekombination sowie Bewertung der PSS-Varianten.[392] Die Aufgabe der Produktkonfiguration besteht in der Überprüfung aller möglichen Produktvarianten hinsichtlich ihrer Einsetzbarkeit beim Kunden sowie ihrer anschließenden Auswahl. Analog werden in der Servicekonfiguration alle Servicemodule überprüft und ausgewählt, die abhängig von Einsatzarten und kundenspezifischen Lebenszyklusmerkmalen einen Mehrwert beim Kunden generieren. In der Produkt- und Servicekombination findet die Konfiguration von Produkt-Service Systemen im eigentlichen Sinne statt. Die Bewertung der PSS-Varianten hat das Ziel der Entscheidungsfindung des Kunden. Als Ergebnis der PSS-Konfiguration erhält der Kunde ein lebenszyklusoptimales Produkt-Service System, welches auf die wirtschaftlichen Ziele des Kunden und des Lieferanten ausgerichtet ist.[393]

Der vom Kunden geforderte Nutzen wird schließlich in der Phase der **PSS-Realisierung** generiert.

[390] Vgl. Aurich & Clement (Produkt-Service Systeme), 2010, S. 23
[391] Vgl. Schweitzer (Lebenszyklusmanagement), 2010, S. 11
[392] Vgl. Aurich & Clement (Produkt-Service Systeme), 2010, S. 70ff.
[393] Vgl. Aurich & Clement (Produkt-Service Systeme), 2010, S. 74

3.3.10 Leistungssysteme im Werkzeugbau nach EVERSHEIM ET AL.

EVERSHEIM ET AL. identifizieren in ihrem Ansatz basierend auf der Leistungssystemdefinition nach BELZ Leistungssysteme im Werkzeugbau. Allerdings handelt es sich dabei nicht um ein Vorgehensmodell. Die einzelnen Schalen des Leistungssystems sind mit möglichen Leistungen des Werkzeugbaus gefüllt. Der Autor sieht eine optimale Unterstützung des Werkzeugbaus bei der Herstellung von Produkten in individuell auf den Kunden angepassten Leistungssystemen.[394] Die Differenzierung im Wettbewerb erfolgt damit über überlegenes Know-how in Kombination mit hoher Flexibilität und Leistungsqualität im Bereich der Kundenerzeugnisse.[395]

Als Ordnungsrahmen für die Gestaltung von Leistungssystemen dient die industrielle Wertschöpfungskette von der Produktentwicklung bis zur Serienfertigung (s. Abbildung 44). Der Werkzeugbau integriert sich vorgelagert in die Produktentwicklung durch die Lieferung von Werkzeugsystemen und Prototypen oder die Durchführung von Teileoptimierung oder -entwicklung. Möglichkeiten zur nachgelagerten Integration in die Serienfertigung ergeben sich durch die Produktion von Nullserien sowie die Übernahme der Werkzeugerprobung und -wartung zur Erhöhung der Werkzeugproduktivität. Zu den Kernleistungen zählen nach EVERSHEIM ET AL. Methodenplanung, Betriebsmittelkonstruktion, Arbeitsvorbereitung sowie Bankarbeit und Montage.

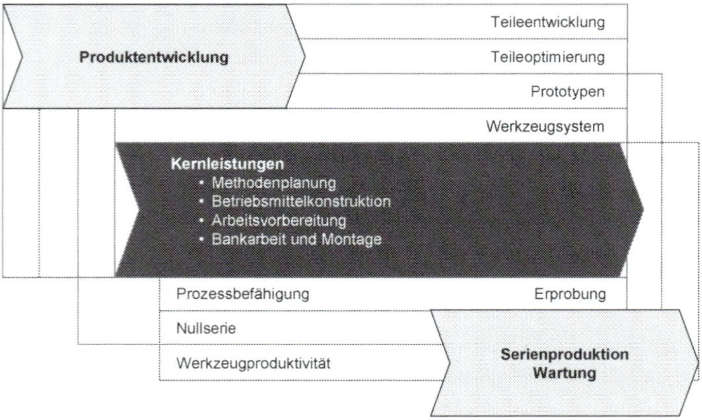

Abbildung 44: Leistungssysteme im Werkzeugbau nach EVERSHEIM ET AL.[396]

FRICKER greift diesen Ansatz auf und sieht jede Kernleistung als eigenes System.[397] Den Kern bildet in diesem Ansatz nicht nur das Produkt, sondern Leistungen, wie z.B. die Methodenplanung oder Arbeitsvorbereitung.

394 Vgl. Eversheim et al. (Von den Besten lernen), 2002, S. 19
395 Vgl. Eversheim et al. (Von den Besten lernen), 2002, S. 19
396 I.A.a. Eversheim et al. (Von den Besten lernen), 2002, S. 18
397 Vgl. Fricker (Strategische Stringenz), 2005, S. 72

3.4 Bewertung der bestehenden Ansätze

Nach der Vorstellung der wichtigsten Ansätze zur Gestaltung von Leistungssystemen als repräsentative Auswahl werden diese im Folgenden in Bezug auf die Erfüllung der in Unterkapitel 3.2 definierten Gestaltungsprinzipien bewertet. Das zusammenfassende Ergebnis der Bewertung zeigt Abbildung 45.

	Allgemeine Prinzipien			Leistungsbezogene Prinzipien					Branchenbezogene Prinzipien	
	Effizienzprinzip	Praktikabilitätsprinzip	Sequenzprinzip	Strategieprinzip	Strukturprinzip	Lebenszyklusprinzip	Partizipationsprinzip	Integrationsprinzip	Generizitätsprinzip	Individualitätsprinzip
BELZ ET AL.	◑	◑	◕	◔	◕	◔	●	●	◑	◕
BAUER	◑	◕	◕	◕	◔	◔	◔	◑	◑	●
SPATH & DEMUß	◕	◕	◑	○	◔	◔	◔	◑	◑	◕
UHLMANN & BOCHNIG	●	◕	●	◕	◕	◔	◔	◕	◑	◔
KORTMANN	◕	◕	●	○	◑	◔	◔	◕	◑	◕
STARK & MÜLLER	◑	◕	◑	◔	◑	◔	●	◕	◑	◕
STEINBACH	◕	◕	◑	◔	◑	◔	◕	●	◔	◔
BECKER ET AL.	◕	◕	●	◑	○	○	◕	◔	◑	◑
AURICH ET AL.	◕	◑	●	◑	◑	◑	◔	◕	◑	◕
EVERSHEIM ET AL.	◑	◔	○	◔	●	●	●	●	●	○

Abbildung 45: Ergebnis der Bewertung der Ansätze

Zur Bewertung der Ansätze im Rahmen der **allgemeinen Prinzipien** ist der jeweilige Erfüllungsgrad des Effizienzprinzips, des Praktikabilitätsprinzips sowie des Sequenzprinzips zu bestimmen. Die Ansätze nach BELZ ET AL., BAUER, STARK & MÜLLER sowie EVERSHEIM ET AL. erfüllen das **Effizienzprinzip** nur in geringem Maß, da zwar der Nutzen des Ansatzes für den Anwender, nicht aber der erforderliche Ressourceneinsatz bekannt wird. Aufgrund beschriebener anzuwendender Methoden und Hilfsmittel in den übrigen Ansätzen ist der Ressourcenaufwand gering und damit das Effizienzprinzip in hohem Maße erfüllt. Das informationstechnisch unterstützte Assistenzsystem nach UHLMANN & BOCHNIG führt zu einem sehr hohen Nutzen-Aufwand-Verhältnis und damit einer sehr hohen Ausprägung der Erfüllung des Effizienzprinzips. Das **Praktikabilitätsprinzip** wird von den meisten Ansätzen in hohem Maße erfüllt, da sie entweder im Zuge praktischer Anwendung entstanden sind oder durch Praxisbeispiele mit erzielten Ergebnissen eine konkrete Anwendbarkeit beweisen. Die Anwendbarkeit der Ansätze nach BELZ ET AL., AURICH ET AL. und EVERSHEIM ET AL. in der Praxis wird zwar aufgezeigt, dennoch bleiben Quellen für benötigte Informationen und Daten unbekannt und werden nicht genannt. Die Ansätze nach SPATH & DEMUẞ, STARK & MÜLLER sowie STEINBACH beschreiben zwar den Inhalt und die zu durchlaufenden Phasen zur Gestaltung eines Leistungssystems sowie den Ablaufcharakter.

Klar definierte und aufeinander folgende Schritte werden aber nicht genannt. Das **Sequenzprinzip** wird in diesen Ansätzen daher nur in geringem Maße erfüllt. Der Ansatz nach EVERSHEIM ET AL. beinhaltet explizit kein konkretes Ablaufmodell für die Gestaltung eines Leistungssystems. Alle anderen Ansätze erfüllen das Sequenzprinzip zumindest in hohem Maß.

Die Bewertung der Ansätze im Zuge der **leistungsbezogenen Prinzipien** basiert auf dem Strategieprinzip, dem Strukturprinzip, dem Lebenszyklusprinzip, dem Partizipationsprinzip sowie dem Integrationsprinzip. Mit Ausnahme der kundenwertorientierten Leistungsbündelgestaltung nach BAUER und des Ansatzes nach UHLMANN & BOCHNIG erreichen sämtliche Ansätze höchstens einen geringen Erfüllungsgrad in Bezug auf das **Strategieprinzip**. Die vorhandene oder beabsichtigte strategische Ausrichtung der anwendenden Unternehmen findet zumeist keinerlei Berücksichtigung bei der Gestaltung von Leistungssystemen. Der Ansatz nach BAUER erfüllt das Strategieprinzip in hohem Maße. Das Modellelement Strategie steht dabei unter dem dynamischen Einfluss der spezifischen Zielsetzungen des Unternehmens, konkurrierender Geschäftstätigkeiten des Wettbewerbs sowie aktueller Entwicklungen der Märkte. UHLMANN & BOCHNIG basieren ihre Vorgehensweise auf einem definierten Geschäftsmodell. Das **Strukturprinzip** erfüllen die meisten der bewerteten Ansätze in nur geringem Maß. Diese Ansätze unterscheiden zur Strukturierung der Leistungen lediglich zwischen Sach- und Dienstleistungen. Darüber hinaus beschreiben BELZ und EVERSHEIM ET AL. explizit Leistungsschalen sowie UHLMANN & BOCHNIG Leistungsmodule und eine Leistungsbibliothek. Damit erfüllen sie das Strukturprinzip in mindestens hohem Maß. Der Lebenszyklus des Kernproduktes und damit das **Lebenszyklusprinzip** spielt in den bewerteten Ansätzen mit Ausnahme dessen von EVERSHEIM ET AL. kaum eine Rolle. Zumeist finden lediglich lebenszyklusbegleitende Dienstleistungen Erwähnung, wobei definierte Lebenszyklusphasen allerdings nicht beschrieben werden. EVERSHEIM ET AL. grenzen einzelne Phasen im Lebenszyklus des Kernproduktes voneinander ab und beschreiben phasenspezifische Leistungen. Dem **Partizipationsprinzip** folgend ist der Kunde als Akteur in einen vernetzten Leistungserstellungsprozess einzubinden. Voll ausgeprägt ist die Erfüllung des Partizipationsprinzips in den Ansätzen nach BELZ ET AL., STARK & MÜLLER sowie EVERSHEIM ET AL. Im Ansatz nach STEINBACH ist die Integration des Kunden in den Gestaltungsprozess des Leistungssystems zentraler Bestandteil wie der gemeinsame Wertschöpfungsprozess im Ansatz nach BECKER ET AL. Alle anderen Ansätze berücksichtigen den Kunden lediglich als Quelle von Informationen vor der Gestaltung des Leistungssystems und erfüllen damit das Partizipationsprinzip nur in geringem Maß. Das **Integrationsprinzip** adressieren alle Autoren bis auf BAUER, SPATH &

DEMUß sowie BECKER ET AL. in ihren Ansätzen in hoher bis sehr hoher Ausprägung. So finden die Integration von Sach- und Dienstleistungen zu einem System, deren Wechselwirkungen sowie deren dynamische Konfiguration explizite Erwähnung.

Abschließend ist zur Bewertung der Ansätze im Rahmen der **branchenbezogenen Prinzipien** der jeweilige Erfüllungsgrad des Generizitätsprinzips und des Individualitätsprinzips zu bestimmen. Mit Ausnahme des Ansatzes nach STEINBACH nehmen alle Ansätze Bezug auf die produzierende Industrie und werden damit zumindest einer geringen Ausprägung des **Generizitätsprinzips** gerecht. Lediglich EVERSHEIM ET AL. beziehen ihren Ansatz explizit auf die Branche Werkzeugbau, berücksichtigen damit die Branchenspezifika in vollem Umfang und stellen eine allgemeingültige Anwendung in der Branche sicher. Das **Individualitätsprinzip** wird in vielen Ansätzen in hohem Maß erfüllt. So werden zumeist die spezifischen Rahmenbedingungen des betrachteten Unternehmens in Form eines Verweises oder sogar einer Analyse berücksichtigt. Eine sehr hohe Ausprägung des Individualitätsprinzips weist der Ansatz nach BAUER auf. Darin finden die spezifischen Zielsetzungen des Unternehmens, die individuellen Bedürfnisse der Kunden, die konkurrierenden Geschäftstätigkeiten des Wettbewerbs sowie die aktuellen Entwicklungen der Märkte und deren dynamische Wechselwirkungen Berücksichtigung. In geringem Maß werden die Unternehmensrandbedingungen in den Ansätzen nach UHLMANN & BOCHNIG, STEINBACH, BECKER ET AL, EVERSHEIM ET AL. adressiert.

Schließlich muss festgestellt werden, dass die betrachteten Ansätze insbesondere fünf der zehn Prinzipien zur Gestaltung von lebenszyklusorientierten Leistungssystemen im Werkzeugbau nicht zufriedenstellend erfüllen:

- Die vorhandene oder beabsichtigte strategische Ausrichtung wird nicht hinreichend berücksichtigt.
- Sach- und Dienstleistungen werden nur unzureichend strukturiert.
- Leistungen entlang des gesamten Lebenszyklus des Kernproduktes finden nicht explizit Berücksichtigung.
- Der Kunde wird in zu geringem Maß in den Leistungsgestaltungs- und -erstellungsprozess eingebunden.
- Werkzeugbauspezifische Rahmenbedingungen werden vernachlässigt.

3.5 Handlungsbedarf aus der Theorie

Als Handlungsbedarf aus der Praxis wurde die Forderung nach einer systematischen Vorgehensweise zur Gestaltung von lebenszyklusorientierten Leistungssystemen im Werkzeugbau abgeleitet (vgl. Kapitel 2.4). Dadurch sollen Werkzeugbaubetriebe in die Lage versetzt werden, durch effektive Problemlösungen zusätzlichen Kundennutzen zu generieren, durch attraktive Leistungsangebote dem zunehmenden Wettbewerb erfolgreich zu begegnen und durch Kundenvernetzung ihre Wertschöpfung effizient zu gestalten. Ausgehend von dem aufgezeigten Handlungsbedarf aus der Praxis wurden Prinzipien zur Gestaltung von lebenszyklusorientierten Leistungssystemen im Werkzeugbau definiert. Anhand dieser Prinzipien konnten die wichtigsten problemrelevanten Ansätze aus wissenschaftlicher Sicht bewertet werden.

Die Analyse und Bewertung der Ansätze hat gezeigt, dass die Wissenschaft bereits eine Vielzahl von unterschiedlichen Ansätzen zur Gestaltung von Leistungssystemen hervorgebracht hat. Die definierten Prinzipien werden von diesen Ansätzen unterschiedlich gut erfüllt, wobei **fünf systematische Defizite** aufgezeigt werden können.

Die vorhandene oder beabsichtigte strategische Ausrichtung des Unternehmens wird bei der Gestaltung von Leistungssystemen nur in zwei Ansätzen hinreichend berücksichtigt. Eine Strukturierung der Sach- und Dienstleistungen wird nur in der Hälfte der Ansätze adressiert, wobei nur ein Ansatz einen definierten Ordnungsrahmen zur Gestaltung des Leistungssystems bietet. Mit Ausnahme eines Ansatzes finden Leistungen entlang des gesamten Lebenszyklus des Kernproduktes nicht explizit Berücksichtigung. Nur drei Ansätze beschreiben den Kunden als Akteur während der Leistungsgestaltung und -erstellung. Die spezifischen Rahmenbedingungen der Branche Werkzeugbau werden bis auf eine Ausnahme vollständig vernachlässigt. Im Hinblick auf den Unikatcharakter des Kernproduktes und die projektbezogene Auftragsabwicklung ist deren Berücksichtigung aber zwingend erforderlich.

Der abschließende Abgleich der Ansätze mit dem definierten Prinzipienkatalog hat gezeigt, dass keiner der betrachteten Ansätze jedes Prinzip vollständig erfüllt. **Daher besteht Handlungsbedarf aus der Theorie.**

3.6 Konkretisierung der Forschungsfrage

In den Kapiteln 2.4 und 3.5 wurde der Handlungsbedarf aus der Praxis und der Theorie im Rahmen der Themenstellung „lebenszyklusorientierte Leistungssysteme im Werkzeugbau“ aufgezeigt, sodass der bereits in der Zielsetzung dargestellte Forschungsbedarf begründet werden konnte. Dieser wurde als handlungsleitende Forschungsfrage zusammengefasst:

Wie sind lebenszyklusorientierte Leistungssysteme im Werkzeugbau zu gestalten?

Ausgehend von der formulierten Forschungsfrage lassen sich weitere Fragen ableiten, welche die Beantwortung der übergeordneten Forschungsfrage unterstützen.[398] Die heterogenen Rahmenbedingungen in der Branche Werkzeugbau mit unterschiedlichen Leistungsangeboten in unterschiedlichen Geschäftsfeldern erfordern die Beantwortung der Frage:

Wie kann die Individualität von Werkzeugbaubetrieben bei der Gestaltung von lebenszyklusorientierten Leistungssystemen berücksichtigt werden?

[398] Vgl. Kubicek (Heuristischer Bezugsrahmen), 1977, S. 17ff.

Aufbauend darauf muss zur Gestaltung des Leistungssystems in Konformität zur strategischen Ausrichtung des Werkzeugbaubetriebs die Frage beantwortet werden:

Wie können aus der strategischen Ausrichtung eines Werkzeugbaubetriebs strategiekonforme lebenszyklusorientierte Leistungen abgeleitet werden?

Zur Verhinderung eines unstrukturierten, ausufernden Leistungsangebots muss zudem die Frage beantwortet sein:

Wie können die Leistungen sinnvoll strukturiert werden?

Die Einbindung des Kunden in den Gestaltungsprozess ist Grundvoraussetzung für erfolgreiche Leistungssysteme. Die adäquate Begegnung seiner Anforderungen durch Problemlösungen ist daher von großer Wichtigkeit. Daher stellt sich die Frage:

Wie können auf Basis der spezifischen Kundenanforderungen kundenindividuelle lebenszyklusorientierte Leistungssysteme konfiguriert werden?

Das charakteristische Merkmal von Leistungssystemen sind die Wirkbeziehungen zwischen einzelnen Leistungen. Damit schaffen sie Vorteile beim Kunden und beim Unternehmen. Daher gilt es die folgende Frage zu beantworten:

Wie können einzelne Leistungsmodule zu einem lebenszyklusorientierten Leistungssystem integriert werden?

Schließlich soll die Wirtschaftlichkeit bedacht werden, welche die Gestaltung von lebenszyklusorientierten Leistungssystemen erst rechtfertigt. Folgende Frage muss daher beantwortet werden:

Wie kann ein hohes Nutzen-Aufwand-Verhältnis bei der Gestaltung von lebenszyklusorientierten Leistungssystemen sichergestellt werden?

Die zuvor aufgezeigten Fragestellungen sollen im Folgenden bei der Konzeption einer Methodik zur Gestaltung von lebenszyklusorientierten Leistungssystemen Berücksichtigung finden.

4 Konzeption der Methodik

Die im vorhergehenden Kapitel durchgeführte Betrachtung und Analyse bestehender Ansätze zur Gestaltung von Leistungssystemen hat gezeigt, dass keiner der Lösungsansätze die Prinzipien zur Gestaltung von lebenszyklusorientierten Leistungssystemen im Werkzeugbau hinreichend erfüllt. Die Handlungsbedarfe aus Theorie und Praxis führen im vierten Kapitel zur Konzeption einer Methodik, welche die handlungsleitende Forschungsfrage beantwortet und die definierten Prinzipien erfüllt.

Zunächst werden die Grundlagen der Systemtechnik und der Modelltheorie und deren Notwendigkeit für die Entwicklung der Methodik erläutert. Die Entwicklung eines geeigneten Ordnungsrahmens dient anschließend der systematischen Strukturierung der Methodik. Dies ermöglicht abschließend die Herleitung und Abgrenzung der Methodikschritte.

4.1 Grundlagen der Systemtechnik und der Modellierung

Die vorliegende Arbeit folgt dem Verständnis einer Methodik als System von definierten Modellen, Methoden und Hilfsmitteln.[399] Systemtechnik und Modelltheorie haben sich dabei als Hilfsmittel bei der Lösung komplexer Problemstellungen etabliert.[400] Grundlegende Begrifflichkeiten der Systemtechnik und der Modelltheorie werden daher im Folgenden erläutert.

4.1.1 Systemtechnik

Die Systemtechnik liefert Beschreibungsmodelle, Ansätze und Vorgehensweisen, die bei der Bearbeitung komplexer Problemstellungen innerhalb von Systemen verwendet werden.[401] Die Systemtechnik baut auf den Grundlagen der Systemtheorie und den Leitgedanken des Systemdenkens auf.[402]

Im Sinne der **Systemtheorie** nach PATZAK ist ein System die Menge von Elementen.[403] Diese Elemente besitzen gewisse Eigenschaften und sind innerhalb eines Systems durch wechselseitig beeinflussbare und zeitlich variable Beziehungen miteinander verknüpft.[404] Elemente wiederum können selbst als System betrachtet werden und Subsysteme aufweisen.[405] Die kleinste Einheit eines Systems ist das Systemelement.[406] Jedes System verfügt über eine definierte Systemgrenze gegenüber seiner Umgebung oder Umwelt. Befinden sich die Verknüpfungen der Elemente innerhalb dieser Systemgrenze, so handelt es sich um ein geschlossenes System. Weisen die Elemente nicht nur Beziehungen untereinander, sondern auch mit der Umwelt auf, spricht man von einem offenen System. Gewöhnlich sind die Beziehun-

[399] Vgl. Neuhausen (Modulare Produktionssysteme), 2002, S. 6
[400] Vgl. Neemann (Schutz gegen Produktimitationen), 2007, S. 33
[401] Vgl. Patzak (Systemtechnik), 1982, S. 15
[402] Vgl. Neemann (Schutz gegen Produktimitationen), 2007, S. 33
[403] Vgl. Patzak (Systemtechnik), 1982, S. 19
[404] Vgl. Bruns (Systemtechnik), 1991, S. 31
[405] Vgl. Haberfellner et al. (Systems Engineering), 1997, S. 5
[406] Vgl. Ulrich (Produktives soziales System), 1968, S. 107f.

gen der Elemente innerhalb des Systems wesentlich stärker ausgeprägt als zwischen System und Umwelt. Die Umwelt stellt ein Element außerhalb der Systemgrenze dar, welches das System beeinflussen kann oder welches durch das System beeinflusst wird.[407] Abbildung 46 zeigt den Aufbau und die Struktur eines Systems.

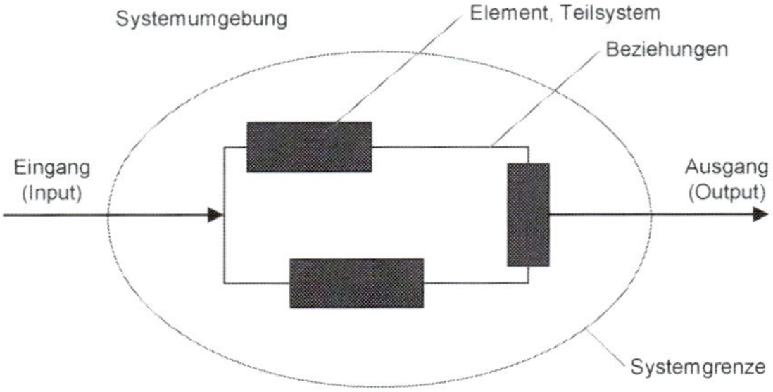

Abbildung 46: Aufbau und Struktur eines Systems[408]

Neben der Systemtheorie stellt der Leitgedanke des **Systemdenkens** den zweiten Grundpfeiler der Systemtechnik dar. Der Leitgedanke des Systemdenkens wird durch vier Grundprinzipien beschrieben:

- Das Prinzip vom Groben zum Detail beschreibt die schrittweise Konkretisierung und Eingrenzung des Problemfeldes. Dies verhindert eine zu frühzeitige zu detaillierte Betrachtung einzelner Elemente.[409]
- Das Prinzip der Variantenbildung besagt, dass Lösungsansätze für ein Problem erst identifiziert und strukturiert werden, bevor die Anzahl alternativer Lösungsansätze schrittweise reduziert wird.[410]
- Das Prinzip der Phasengliederung schreibt vor, den Lösungsweg in zeitlich handhabbare und logisch abgrenzende Schritte zu unterteilen.[411]
- Das Prinzip des Problemlösungsprozesses beschreibt einen problemneutralen und logischen Ablauf, der ausgehend von der Problemstellung eine Zielsuche, eine Lösungssuche und die damit verbundene Lösungsauswahl umfasst, um zu einem Ergebnis zu gelangen.[412]

Die hier beschriebenen Prinzipien ermöglichen die Übertragung ingenieurwissenschaftlicher Methoden auf Nachbargebiete und umgekehrt.[413] Damit stellt die Systemtechnik eine Grundlage für interdisziplinäre Problemlösungen dar. Der hohe Abs-

[407] Vgl. Haberfellner et al. (Systems Engineering), 1997, S. 6
[408] Vgl. Paulukuhn (Typologisierung von Entwicklungsprojekten), 2005, S. 5; Bruns (Systemtechnik), 1991, S. 34
[409] Vgl. Haberfellner et al. (Systems Engineering), 1997, S. 30
[410] Vgl. Haberfellner et al. (Systems Engineering), 1997, S. 33
[411] Vgl. Haberfellner et al. (Systems Engineering), 1997, S. 37
[412] Vgl. Haberfellner et al. (Systems Engineering), 1997, S. 30ff.
[413] Vgl. Bruns (Systemtechnik), 1991, S. 1

traktionsgrad der systemtechnischen Methoden erlaubt die Konzipierung und Detaillierung einer Methodik, wie sie für die vorliegende Arbeit verwendet wird.[414]

4.1.2 Modelltheorie

Die Modelltheorie behandelt die Generierung, Pflege und Deutung von Modellen. Ein **Modell** (ital. modello = Form, Muster, Entwurf, Vorbild)[415] beschreibt eine leicht verständliche und vereinfachte Abbildung der Realität.[416] Ein Modell hat zum Ziel, komplexe Zusammenhänge der Realität in vereinfachter Form darzustellen und Erkenntnisse über grundsätzliche Zusammenhänge und Prozesse herzustellen.[417] Nach STACHOWIAK besitzen Modelle drei grundlegende Eigenschaften:[418]

- Das Abbildungsmerkmal besagt, dass Modelle stets Abbildungen von natürlichen oder künstlichen Originalen sind, welche selbst wiederum Modelle sein können.
- Gemäß dem Verkürzungsmerkmal werden Modellaspekte, die dem Benutzer als irrelevant erscheinen, nicht mit in das Modell aufgenommen.
- Das pragmatische Merkmal fordert eine problemspezifische Darstellung und Beschreibung des Originals.

In der Literatur gibt es viele unterschiedliche Ansätze und Konzepte zur **Klassifizierung von Modellen**.[419] Die geläufigste Klassifizierung unterteilt Modelle in Beschreibungs-, Erklärungs-, Gestaltungs- und Meta-Modelle (s. Abbildung 47).[420] Jedoch ist eine eindeutige Zuordnung zu diesen Modelltypen nicht immer möglich.[421]

Beschreibungsmodelle werden auch als deskriptive Modelle, Monitormodelle oder Darstellungsmodelle bezeichnet. Sie dienen der präzisen Erfassung von Sachverhalten oder Phänomenen und versuchen diese auf verständliche Art abzubilden. Dabei wird nicht näher erläutert, unter welchen Prämissen die beschriebenen Zustände Gültigkeit haben und worin die Ursachen ihres Auftretens liegen.[422]

Erklärungsmodelle, auch als explikative Modelle bekannt, basieren auf Beschreibungsmodellen. Sie stellen Gesetzmäßigkeiten der beschriebenen Sachverhalte dar und untersuchen deren Ursache. Erklärungsmodelle können als Verbesserung der zugrunde liegenden Beschreibungsmodelle betrachtet werden (kausales Modell) oder als Vorhersage zukünftiger Zustände (Prognosemodell) dienen.[423]

---

[414] Vgl. Brandenburg (Technologische Produktinnovationen), 2002, S. 38
[415] Vgl. Ludewig (Software Engineering Modelle), 2002, S. 8
[416] Vgl. Patzak (Systemtechnik), 1982, S. 306f.
[417] Vgl. Wöhe & Döring (Betriebswirtschaftslehre), 2008, S. 12
[418] Vgl. Stachowiak (Allgemeine Modelltheorie), 1973, S. 131ff.
[419] Vgl. Patzak (Systemtechnik), 1982, S. 313ff.; Stachowiak (Allgemeine Modelltheorie), 1973, S. 157ff.
[420] Vgl. Patzak (Systemtechnik), 1982, S. 313ff.
[421] Vgl. Bandte (Komplexität in Organisationen), 2007, S. 205
[422] Vgl. Lehner et al. (Wirtschaftsinformatik), 2008, S. 30f; Patzak (Systemtechnik), 1982, S. 313
[423] Vgl. Lehner et al. (Wirtschaftsinformatik), 2008

Gestaltungsmodelle beinhalten Ansätze für einen zielgerichteten Einsatz möglicher Einflussgrößen, um Veränderungen der Realität zu bewirken. Gestaltungsmodelle können in sowohl normative Modelle, die eine Leitbildfunktion besitzen, als auch in präskriptive Modelle, die eine Vorbild- oder Musterfunktion einnehmen, unterteilt werden. Eine weitere Untergruppe der Gestaltungsmodelle bilden Entscheidungs- und Planungsmodelle, welche Hilfsmittel für Entscheidungsträger bei Planungen und Entscheidungen liefern.[424]

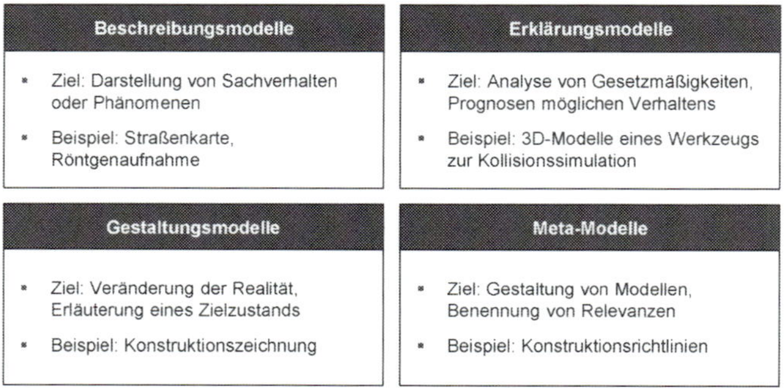

Abbildung 47: Grundlegende Modelltypen[425]

Meta-Modelle werden als generische Modelle oder Referenzmodelle bezeichnet und verfolgen ein übergeordnetes Ziel. Sie beschreiben nicht die Realität, sondern systematisch andere Modelle. Ein Meta-Modell kann als das Modell eines Modells aufgefasst werden. Es veranschaulicht, welche Aspekte und Komponenten bei der Gestaltung und Nutzung relevant sind und wie diese zusammenhängen.[426]

Als **Modellierung** wird das Erstellen von Modellen bezeichnet. Bei der Modellierung sollten bestimmte Grundsätze und Anforderungen beachtet werden. In dieser Hinsicht bieten die Grundsätze ordnungsgemäßer Modellierung ein weit verbreitetes Rahmenwerk:[427]

- Der Grundsatz der Richtigkeit soll die semantische und syntaktische Richtigkeit des Modells sicherstellen. So müssen die beschriebene Struktur (z. B. die Aufbauorganisation) und das beschriebene Verhalten (z.B. die Geschäftsprozesse) des zugrunde liegenden realen Systems unter Einhaltung der jeweiligen Notationsregeln korrekt dargestellt sein.

- Der Grundsatz der Relevanz fordert, alle relevanten Aspekte mit in das Modell aufzunehmen und zugleich sämtliche Aspekte unberücksichtigt zu lassen, die ohne Nutzenverlust aus dem Modell weggelassen werden können.

[424] Vgl. Lehner et al. (Wirtschaftsinformatik), 2008
[425] Vgl. Giehler (Planungsproduktivität), 2010, S. 78
[426] Vgl. Lehner et al. (Wirtschaftsinformatik), 2008
[427] Vgl. Rosemann et al. (Vorbereitung der Prozessmodellierung), 2008, S. 48ff.

- Ziel des Grundsatzes der Wirtschaftlichkeit ist ein angemessenes Kosten-Nutzen-Verhältnis des Modells.
- Durch den Grundsatz der Klarheit wird ein Modell sichergestellt, das für den Leser bzw. Nutzer verständlich ist, indem es strukturiert, übersichtlich und intuitiv lesbar ist.
- Die Berücksichtigung des Grundsatzes der Vergleichbarkeit ermöglicht eine modellübergreifend konforme Anwendung der Modellierungsempfehlungen, was besonders in umfangreichen Modellierungsprojekten von großer Bedeutung ist.
- Der Grundsatz des systematischen Aufbaus fordert definierte Schnittstellen zu korrespondierenden Modellen, da jedes Modell jeweils nur einen Teilaspekt eines realen Systems wiedergibt.

4.1.3 Methodikentwicklung mittels Systemtechnik und Modelltheorie

Die zuvor beschriebenen Grundlagen der Systemtechnik und Modelltheorie erlauben, ein genaueres Verständnis des Methodikbegriffs zu erlangen. Die in der vorliegenden Arbeit zugrunde gelegte Methodik basiert auf dem Verständnis eines Systems definierter Modelle, Methoden und Hilfsmittel (s. Abbildung 48).[428]

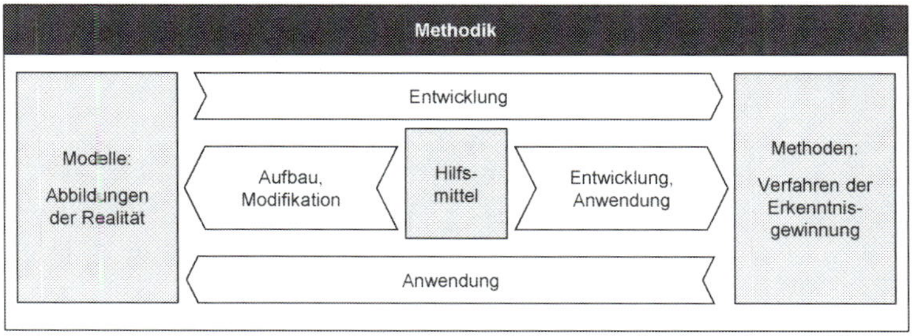

Abbildung 48: Methodik als System von Modellen, Methoden und Hilfsmitteln[429]

Als System einzelner Elemente erlaubt eine Methodik, die Möglichkeit der Elemente auszuschöpfen und zu kombinieren.[430] Die Methodik als „Kunst des planmäßigen Vorgehens" greift dabei auf die vier Grundprinzipien der **Systemtechnik** (vgl. Kapitel 4.1.1) zurück:

- Das erste Prinzip vom Groben ins Detail wird in der Methodik genutzt, indem der Lösungsraum für das unternehmensspezifische lebenszyklusorientierte Leistungssystem schrittweise eingeengt wird. Einzelne Leistungen werden dadurch nicht zu früh von der Betrachtung ausgeschlossen.

---

[428] Vgl. Neuhausen (Modulare Produktionssysteme), 2002, S. 6
[429] Vgl. Neuhausen (Modulare Produktionssysteme), 2002, S. 7
[430] Vgl. Giehler (Planungsproduktivität), 2010, S. 79

- Eine Typologisierung innerhalb der Methodik spiegelt das Prinzip der Variantenbildung wider. Für die entwickelten Typen gibt die Methodik spezifische Handlungsempfehlungen.
- Insgesamt besteht die Methodik aus mehreren, abgeschlossenen Schritten mit festgelegter Schrittfolge, was dem Prinzip der Phasengliederung entspricht.
- Das Prinzip des Problemlösungsprozesses ermöglicht die reproduzierbare Anwendung der einzelnen Schritte und stellt damit eine aufeinander abgestimmte Nutzung der Elemente der Methodik sicher.

Die **Modelltheorie** offeriert die Auswahl und den Einsatz zweckbezogener Modelle und hilft somit, die Methodikentwicklung zu unterstützen. Verkürzungen werden dann verwendet, wenn Aussagen über komplexe soziotechnische Systeme wie beispielsweise Unternehmen, in denen Menschen mit technischen Systemen interagieren, getroffen werden müssen.[431] Eine zielgerichtete Verkürzung erlaubt eine Fokussierung auf diejenigen Aspekte, die im Betrachtungsbereich der Planung komplexer Sachverhalte bedeutsam sind.[432]

Dabei sind Methodiken und Methoden voneinander abzugrenzen. Methodiken sind spezifische Verfahren zur Lösung theoretischer und praktischer Aufgaben.[433] Methoden hingegen stellen Verfahren dar, die zur Erkenntnisgewinnung und Erkenntnisdarstellung dienlich sind.[434] Hilfsmittel unterstützen Erstellung, Anwendung, Aufbau und Modifikation von Modellen und Methoden.

Aufgrund der beschriebenen Eigenschaften eignen sich die Systemtechnik und die Modelltheorie für den Aufbau einer Methodik im Sinne des Forschungsziels dieser Arbeit. Sie werden im Folgenden zur Strukturierung und Konzeptionierung der Methodik genutzt.

4.2 Ordnungsrahmen der Methodik

Für die Konzeption einer Methodik oder eines Systems hat es sich in der wissenschaftlichen Forschung als nützlich erwiesen, einen geeigneten Ordnungsrahmen zu gestalten. So können die einzelnen Systemelemente in einer Reihe, einer Rangordnung oder einer allgemeinen Rangfolge geordnet werden.[435] Der Ordnungsrahmen beschreibt Zusammenhänge auf einem hohen Abstraktionsgrad und verleiht der zu entwickelnden Methodik somit eine klare Struktur.

Die Untersuchung der in Kapitel 3.3 vorgestellten Ansätze zur Gestaltung von Leistungssystemen offenbart eine Analogie bezüglich des Ablaufs und des Inhalts der durchlaufenen Phasen. Dieses generische Phasenmodell dient den vorgestellten Ansätzen als methodische Grundlage und kann in die Phasen Analyse & Zieldefinition,

---

[431] Vgl. Giehler (Planungsproduktivität), 2010, S. 80
[432] Vgl. Bachthaler (Systemtechnik), 2000, S. 24f.
[433] Vgl. Bruns (Systemtechnik), 1991, S. 62
[434] Vgl. Neuhausen (Modulare Produktionssysteme), 2002, S. 7
[435] Vgl. Meise (Prozessorientierte Organisationsgestaltung), 2001, S. 59ff.

Konzeption Konfiguration und Ausgestaltung unterteilt werden. Eine Ausnahme bilden hier die Leistungssysteme im Werkzeug- und Formenbau nach EVERSHEIM ET AL. Da dieser Ansatz kein konkretes Ablaufmodell für die Gestaltung eines Leistungssystems beinhaltet, wird er von der folgenden Betrachtung ausgeschlossen.

Sämtliche Ablaufmodelle der vorgestellten Ansätze beginnen mit einer Phase zur **Analyse und Zieldefinition**. Gehen die Ansätze nach BAUER und BECKERT ET AL. dabei von einem zu analysierenden und zu lösenden Problem aus, basiert der Ansatz nach STEINBACH auf einer Analyse eines bereits bestehenden Leistungssystems, welches es zu verbessern gilt. SPATH & DEMUß, KORTMANN sowie STARK & MÜLLER analysieren zunächst die Kundenanforderungen, um das Leistungssystem darauf auszurichten, wohingegen BELZ, UHLMANN & BOCHNING, AURICH und ebenfalls BAUER strategische Aspekte in die Analyse und Zieldefinition einfließen lassen.

Als zweite generische Phase kann die **Konzeption** des Leistungssystems erfasst werden. Bei BELZ ET AL., SPATH & DEMUß, UHLMANN & BOCHNIG, STARK & MÜLLER sowie AURICH ET AL. beinhaltet diese die hybride Produktkonzeption, die auf einer Funktionsmodellierung im Rahmen einer Generierung und Bewertung von Leistungsideen basiert. Daraufhin werden Spezifikationen für jede einzelne Funktion erstellt und zu einem Gesamtkonzept aggregiert. In sämtlichen Ansätzen steht die Konzeptionsphase für einen ersten, undetaillierten und kundenunspezifischen Aufbau einer Leistungskombination.

Die dritte generische Phase bildet die **Konfiguration**. Teil dieser Phase ist bei allen Ansätzen mit Ausnahme dessen von STEINBACH eine Überprüfung oder Bewertung des Konzepts hinsichtlich seiner Einsetzbarkeit beim Kunden. Als Ergebnis der Konfiguration wählt der Kunde die für ihn relevante und passende Leistungskombination. BECKERT ET AL. beschreiben die Phase der Konfiguration als Teil eines iterativen Problemlösezyklus. Dabei beschreiben die Schritte Lösungsfindung bis Lösungsauswahl die Phase der Konfiguration.

Die vierte generische Phase hat schließlich die **Ausgestaltung** des Leistungssystems zum Inhalt. In sämtlichen Ansätzen werden im Zuge der entsprechenden Phase die konfigurierten Leistungen ausgestaltet und zu einem System verknüpft. Die in einigen Ansätzen aufgeführte Realisierung, Implementierung oder Lieferung des Leistungssystems ist gleichbedeutend mit der Erbringung der Leistungen und damit nicht Teil der Gestaltung eines Leistungssystems im engeren Sinne.

Abbildung 49 zeigt in aggregierter Form die zentralen Phasen der neun betrachteten Ansätze zur Gestaltung von Leistungssystemen sowie die daraus resultierende Ableitung der vier Phasen Analyse & Zieldefinition, Konzeption, Konfiguration und Gestaltung. Diese generischen Phasen zur Gestaltung von Leistungssystemen ergeben den Ordnungsrahmen für die Konzeption der Methodik zur Gestaltung von lebenszyklusorientierten Leistungssystemen im Werkzeugbau.

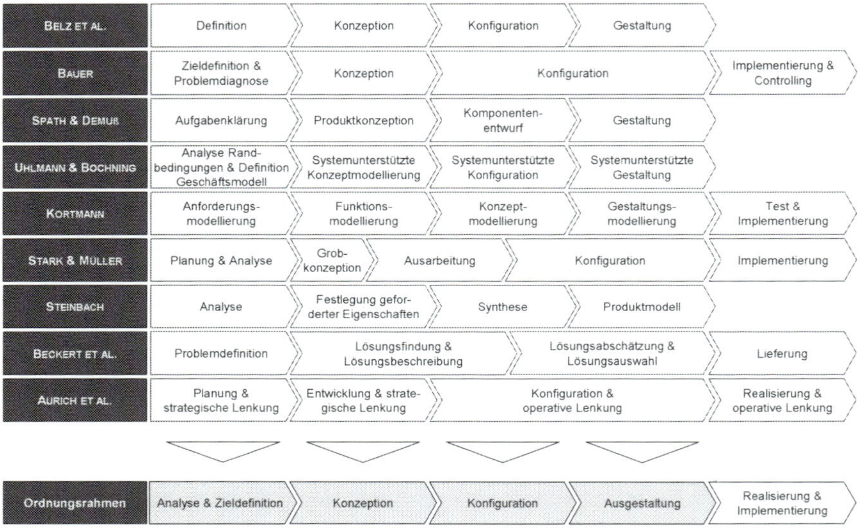

Abbildung 49: Die vier generischen Phasen zur Gestaltung von Leistungssystemen

4.3 Grobkonzept der Methodik

Lebenszyklusorientierte Leistungssysteme bergen durch die Bündelung von Leistungen entlang des Werkzeuglebenszyklus unbestrittenes Potenzial für Werkzeugbaubetriebe zur erfolgreichen Begegnung der aktuellen Herausforderungen der Branche (vgl. Kapitel 2.4). Allerdings erweist sich ebenso die Gestaltung von Leistungssystemen selbst als Herausforderung für Werkzeugbaubetriebe. So führt das zumeist reaktive Angebot von Leistungen zu einem ausufernd unstrukturierten und nicht standardisierten Leistungsangebot. Nachhaltig erfolgreiche Leistungssysteme sollten daher aktiv entwickelt werden, basierend auf der eigenen strategischen Ausrichtung und abgestimmt auf den Kundennutzen (vgl. Kapitel 2.1.2.2).

Im Hinblick auf die beschriebene Ausgangssituation erfolgt im ersten Teil der Methodik zur Gestaltung von lebenszyklusorientierten Leistungssystemen im Werkzeugbau zunächst eine **Analyse** der strategischen Ausrichtung des anwendenden Werkzeugbaubetriebs, um den Zielkorridor des lebenszyklusorientierten Leistungssystems zu definieren und damit dessen Strategiekonformität sicherzustellen. Aufbauend darauf findet im zweiten Teil der Methodik die eigentliche **Gestaltung** von lebenszyklusorientierten Leistungssystemen in Kongruenz zu den Phasen Konzeption, Konfiguration und Gestaltung des entwickelten Ordnungsrahmens statt (s. Abbildung 50).

Ziel der Gestaltung ist ein zusammen mit dem Kunden ausgestaltetes lebenszyklusorientiertes Leistungssystem. Dabei wird das Leistungssystem um ein spezifisches Werkzeug gestaltet und dient dann als Pilotanwendung für weitere Projekte mit dem Kunden. Der Aufbau der Methodik orientiert sich damit an den vier generischen Phasen jenes Ordnungsrahmens (vgl. Kapitel 4.2).

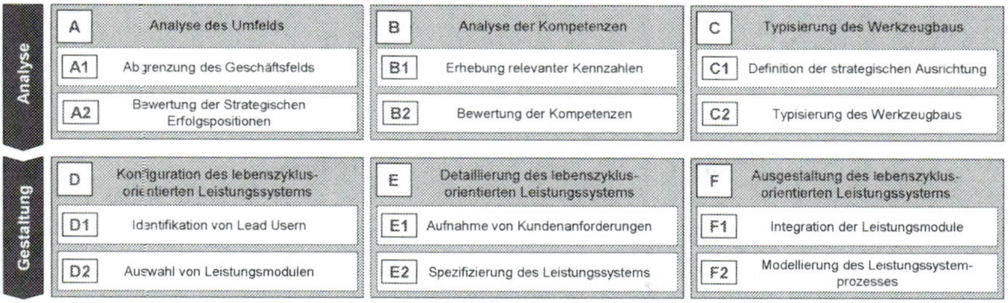

Abbildung 50: Grobkonzept der Methodik zur Gestaltung von lebenszyklusorientierten Leistungssystemen im Werkzeugbau

4.3.1 Konzeption der Analyse

Im ersten Teil der Methodik erfolgt eine Analyse der strategischen Ausrichtung des Werkzeugbaubetriebs, in dem die Methodik zur Gestaltung von lebenszyklusorientierten Leistungssystemen angewendet wird. Damit wird die Voraussetzung zur strategiekonformen Gestaltung im zweiten Teil der Methodik geschaffen. Dazu werden im Rahmen einer Umfeldanalyse des Werkzeugbaubetriebs zunächst die Strategischen Erfolgspositionen des betrachteten Geschäftsfelds identifiziert und gewichtet. Daraufhin erfolgt im Rahmen einer Kompetenzanalyse eine Bewertung der Kompetenzen des Werkzeugbaubetriebs. Nach einer Zusammenführung der Ergebnisse aus Umfeld- und Kompetenzanalyse wird die strategische Ausrichtung des Werkzeugbaubetriebs definiert. Individuelle strategische Ausrichtungen der Unternehmen der Branche Werkzeugbau machen eine entsprechende Typisierung im Hinblick auf die strategiekonforme Gestaltung der lebenszyklusorientierten Leistungssysteme notwendig. Dies ermöglicht eine typspezifische Gestaltung im zweiten Teil der Methodik.

Der erste Schritt **(Schritt A)** der Methodik ist die Analyse des Umfelds des Werkzeugbaubetriebs (s. Abbildung 51). Nach einer Abgrenzung des Geschäftsfelds als Betrachtungsgegenstand der Leistungssystemgestaltung erfolgt die Identifikation der Strategischen Erfolgspositionen des betrachteten Geschäftsfelds. Die genaue Kenntnis der Strategischen Erfolgspositionen ist notwendige Voraussetzung für eine marktorientierte strategische Ausrichtung des Unternehmens im Sinne des Market-Based View.

Im ersten Detailschritt **(Schritt A1)** erfolgt die Abgrenzung des im weiteren Verlauf der Methodik betrachteten Geschäftsfelds, da in jedem Geschäftsfeld per Definition spezifische Leistungen erbracht werden. Die Bestimmung der Systemgrenzen erfolgt dabei aus Markt- und Ressourcensicht.[436] So sind ausgehend von den bedienten Märkten und Kunden einerseits und den angebotenen Werkzeugen und weiteren Leistungen andererseits die einzelnen Geschäftsfelder des Werkzeugbaus zu definieren. Anschließend gilt es für jedes Geschäftsfeld die angebotenen Sach- und Dienstleistungen und die dazugehörigen Kunden aufzunehmen. Aus diesen Ge-

[436] Vgl. Gaus (Geschäftsmodell im Werkzeugbau), 2010, S. 126

schäftsfeldern wird schließlich dasjenige ausgewählt, in dem lebenszyklusorientierte Leistungssysteme gestaltet werden sollen.

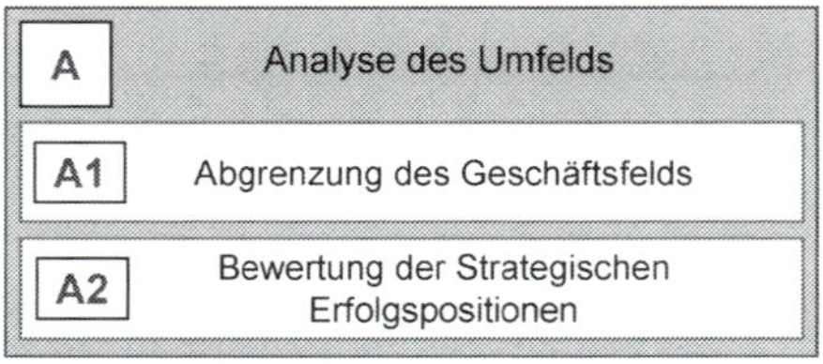

Abbildung 51: Schritt A – Analyse des Umfelds

Der zweite Detailschritt **(Schritt A2)** befasst sich mit der Bewertung der Strategischen Erfolgspositionen des ausgewählten Geschäftsfelds. Strategische Erfolgspositionen erlauben es einem Unternehmen, im Vergleich zum Wettbewerb überdurchschnittliche Ergebnisse zu erzielen und werden durch den Aufbau von wichtigen Fähigkeiten bewusst geschaffen.[437] Im Werkzeugbau werden diese überdurchschnittlichen Ergebnisse in der Regel durch leistungsbezogene und funktionale Strategische Erfolgspositionen wie etwa Termintreue, Produktionssicherheit und Innovationskraft erzielt. Jedes Geschäftsfeld ist durch individuelle Strategische Erfolgspositionen charakterisiert. Die Bewertung der Strategischen Erfolgspositionen des Geschäftsfelds ist notwendige Voraussetzung für die strategische Ausrichtung des Werkzeugbaubetriebs unter Berücksichtigung der Rahmenbedingungen des Marktes. So werden die Strategischen Erfolgspositionen identifiziert, durch paarweisen Vergleich bewertet und schließlich gewichtet.

Der zweite Schritt **(Schritt B)** der Methodik beinhaltet die Analyse der Kompetenzen des Werkzeugbaubetriebs (s. Abbildung 52). Die genaue Kenntnis der eigenen Kompetenzen ist notwendige Voraussetzung für eine ressourcenorientierte Ausrichtung des Unternehmens im Sinne der Resource-Based View. Nach der Erhebung von relevanten Kennzahlen erfolgt die kennzahlenbasierte objektive Bewertung der eigenen Kompetenzen. Im Hinblick auf eine notwendige Zusammenführung von Market- und Resource-Based View zur strategiekonformen Gestaltung von Leistungssystemen werden jene Kompetenzen bewertet, die die identifizierten und gewichteten strategischen Erfolgspositionen adressieren.

Im ersten Detailschritt **(Schritt B1)** werden Kennzahlen zur Bewertung der Kompetenzen des Werkzeugbaubetriebs in Bezug auf die im vorangegangenen Schritt identifizierten Strategischen Erfolgspositionen definiert und erhoben. Kennzahlen eignen sich dazu besonders, lassen sie doch per Definition aus einer Menge von Informationen gezielte und ausgewogene Informationen erstellen.[438] Dabei wird zwischen absoluten Kennzahlen und Verhältniskennzahlen unterschieden. Aufgrund der fehlenden Bezugsgröße und damit der beschränkten Aussagekraft von absoluten Kennzah-

[437] Vgl. Pümpin (Das SEP-Konzept), 1986, S. 34
[438] Vgl. Bomm (Investitionscontrolling), 1992, S. 23

len im direkten Vergleich zueinander bieten sich insbesondere Verhältniskennzahlen im Hinblick auf die im nächsten Detailschritt folgende Kompetenzbewertung an.

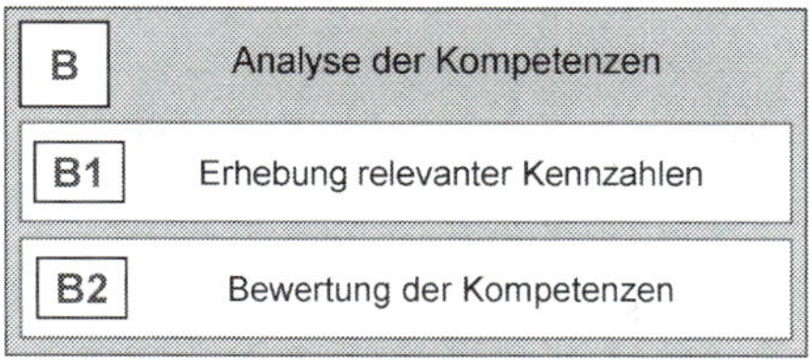

Abbildung 52: Schritt B – Analyse der Kompetenzen

Im zweiten Detailschritt **(Schritt B2)** folgt schließlich die Bewertung der Kompetenzen des Werkzeugbaubetriebes auf Basis der zuvor definierten Kennzahlen. Aufgrund der Auswahl von Kennzahlen zur Bewertung jener Kompetenzen, die die leistungsbezogenen und funktionalen Strategischen Erfolgspositionen des Geschäftsfelds adressieren, werden mit diesem Vorgehen ausschließlich die outputorientierten und transformatorischen Kompetenzen des Werkzeugbaubetriebs bewertet. Zur objektiven Bewertung werden zunächst die Kennzahlenwerte der definierten Kennzahlen des Werkzeugbaubetriebs ermittelt. Ein darauf folgendes externes Benchmarking lässt die Position im Vergleich zum Wettbewerb und damit die Kompetenzen des Werkzeugbaubetriebs ermitteln.

Im dritten Schritt **(Schritt C)** der Methodik erfolgt eine Typisierung des Werkzeugbaubetriebs in Bezug auf dessen strategische Ausrichtung (s. Abbildung 53). Dazu wird nach einer Gegenüberstellung der bewerteten Kompetenzen mit den gewichteten Strategischen Erfolgspositionen zunächst die strategische Ausrichtung des Werkzeugbaubetriebs definiert. Daraufhin findet eine Zuordnung des untersuchten Unternehmens zu einem vordefinierten Typen statt. Da das Leistungssystem in Konformität zur strategischen Ausrichtung des Werkzeugbaubetriebs zu gestalten ist, werden abhängig vom jeweiligen Typen im weiteren Verlauf der Methodik individuelle Leistungssysteme gestaltet werden.[439]

Im ersten Detailschritt **(Schritt C1)** wird die strategische Ausrichtung des Werkzeugbaubetriebs definiert. Die Definition der strategischen Ausrichtung basiert auf der Zusammenführung der Analyseergebnisse aus den Perspektiven des Market-Based und Resource-Based View. Damit werden einerseits die Rahmenbedingungen des Geschäftsfeldes und andererseits die eigenen Kompetenzen berücksichtigt. Der Market-Based View wurde bereits durch Identifikation der strategischen Erfolgspositionen im betrachteten Geschäftsfeld adressiert (Schritt A). Der Resource-Based View wurde durch die bewerteten Kompetenzen charakterisiert (Schritt B). Nun werden die bewerteten Kompetenzen den gewichteten Strategischen Erfolgspositionen gegenübergestellt und gegen diese abgeglichen. Ergebnis dieses Abgleichs ist eine transparente Darstellung über den Fit zwischen Market-Based und Resource-Based

[439] Vgl. Eversheim (Produktion und Management), 1996, S. 1ff.

View und den Status-quo der strategischen Ausrichtung. Darauf aufbauend kann nun die beabsichtigte strategische Ausrichtung definiert werden, in dem diejenigen Strategischen Erfolgspositionen ausgewählt werden, die zukünftig durch den Werkzeugbaubetrieb fokussiert adressiert werden sollen.

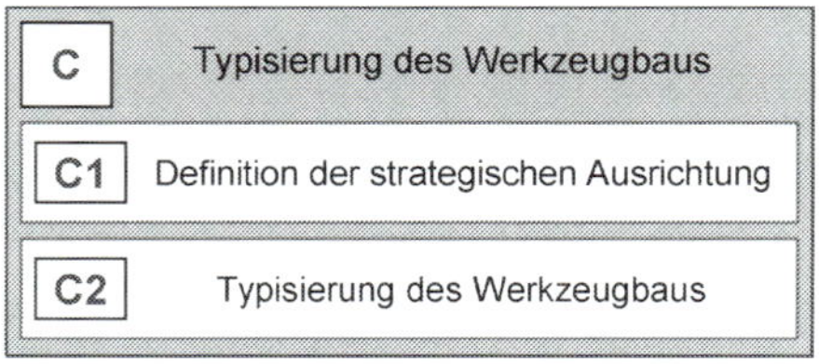

Abbildung 53: Schritt C – Typisierung des Werkzeugbaus

Im zweiten Detailschritt **(Schritt C2)** erfolgt die Typisierung des Werkzeugbaubetriebs, um im weiteren Verlauf der Methodik eine individuelle, aber dennoch handlungsgeleitete Gestaltung von lebenszyklusorientierten Leistungssystemen vornehmen zu können. Typen sind durch eine Typologie zusammengefasste ähnliche Bündel von Ausprägungen in vorher festgelegten Dimensionen.[329] Die Entwicklung dieser Typologie berücksichtigt die relevanten Unterschiede von Werkzeugbaubetrieben in Bezug auf ihre strategische Ausrichtung und damit auch ihre anzubietenden Leistungen. So grenzen sich die entsprechenden Typen über ihre unterschiedlichen Anforderungen an lebenszyklusorientierte Leistungssysteme gegeneinander ab. Diese Anforderungen sind in erster Linie durch die uneingeschränkte Ausrichtung der Leistungen auf den Kundennutzen charakterisiert. Der Kundennutzen wird daher als Kriterium der Typologie herangezogen. Nach FRICK treten in der Branche Werkzeugbau vier zentrale Kundennutzenpotenziale auf, welche erfolgreiche Werkzeugbaubetriebe über ihr Leistungsangebot adressieren: Innovationsbeitrag, Komplexitätsreduktion, Zeitersparnis und Einstandskosten.[440] Diese vier zentralen Kundennutzenpotenziale bilden die vier Typen zur typspezifischen Gestaltung von strategiekonformen lebenszyklusorientierten Leistungssystemen in der Gestaltungsphase. Da die Leistungen von Unternehmen durch ihre Strategischen Erfolgspositionen an den Kundennutzenpotenzialen ausgerichtet werden,[441] bilden die im vorangegangenen Schritt ausgewählten Strategischen Erfolgspositionen jene Merkmale, mittels derer die Typisierung des untersuchten Unternehmens gelingt.

Das Ergebnis des dritten Schritts und damit des ersten Teils der Methodik ist der identifizierte Typ des Werkzeugbaubetriebs im Hinblick auf das adressierte Kundennutzenpotenzial. Die Typisierung ermöglicht eine handlungsgeleitete Gestaltung eines strategiekonformen lebenszyklusorientierten Leistungssystems im zweiten Teil der Methodik. Dennoch muss der erste Teil der Methodik nicht für jedes zu gestaltende lebenszyklusorientierte Leistungssystem erneut durchlaufen werden.

---

[440] Vgl. Frick (Geschäftsmodelle im Werkzeugbau), 2006, S. 185ff.
[441] Vgl. Pümpin & Amann (Strategische Erfolgspositionen umsetzen), 2005, S. 28

4.3.2 Konzeption der Gestaltung

Ausgehend vom identifizierten Typ im ersten Teil der Methodik dient der zweite Teil der Methodik der Gestaltung von lebenszyklusorientierten Leistungssystemen. Dazu werden eingangs die relevanten Kunden identifiziert, um daraufhin die Methodik für jeden ausgewählten Kunden individuell zu durchlaufen. Durch Auswahl von Leistungsmodulen aus einem typspezifischen Leistungsbaukasten konfiguriert der Kunde zunächst ein individuelles lebenszyklusorientiertes Leistungssystem um ein spezifisches Werkzeug als Piloten. Auf Basis der Anforderungen des jeweiligen Kunden an die ausgewählten Leistungsmodule werden diese daraufhin spezifiziert und das Leistungssystem damit detailliert. Schließlich erfolgen die Integration der Leistungsmodule und die finale Ausgestaltung des lebenszyklusorientierten Leistungssystems.

So beinhaltet der vierte Schritt **(Schritt D)** der Methodik die Konfiguration des lebenszyklusorientierten Leistungssystems (s. Abbildung 54). Da nicht unmittelbar für alle Kunden des Werkzeugbaubetriebs individuelle Leistungssysteme gestaltet werden sollten, erfolgt zunächst die Identifikation von Lead Usern. Im folgenden kundenspezifischen Durchlauf der Methodik konfiguriert der Kunde daraufhin ein individuelles lebenszyklusorientiertes Leistungssystem.

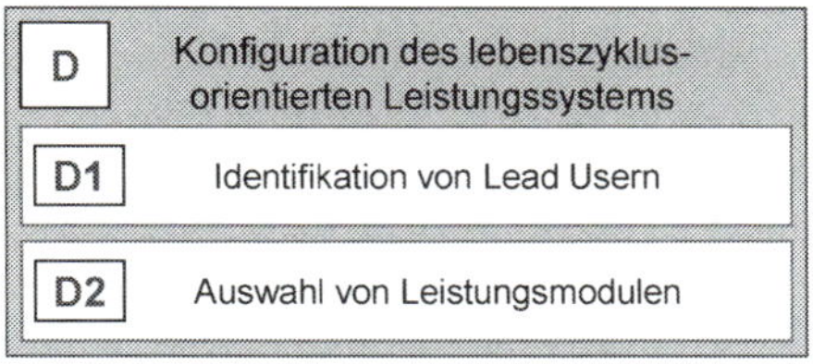

Abbildung 54: Schritt D – Konfiguration des lebenszyklusorientierten Leistungssystems

Im ersten Detailschritt **(Schritt D1)** werden die für die Gestaltung relevanten Kunden identifiziert. Im Sinne eines hohen Nutzen-Aufwand Verhältnisses der Methodik ist nicht für jeden aktiven oder potenziellen Kunden des Werkzeugbaubetriebs ein individuelles Leistungssystem zu entwickeln. Vielmehr werden unter den Kunden zunächst Lead-User für eine Zusammenarbeit bei der Gestaltung von individuellen Leistungssystemen ausgewählt. Die mit den jeweiligen Lead-Usern im weiteren Verlauf der Methodik individuell gestalteten Leistungssysteme können dann auf andere Kunden, ggf. modifiziert, übertragen werden.

Im zweiten Detailschritt **(Schritt D2)** wird das lebenszyklusorientierte Leistungssystem konfiguriert. Die Basis der Konfiguration bildet der typspezifische Leistungsbaukasten. Der Leistungsbaukasten ist durch zwei Dimensionen matrixorientiert strukturiert. Die erste Dimension bildet der Werkzeuglebenszyklus unterteilt in diskrete Lebenszyklusphasen. Die zweite Dimension ist durch den Integrationsgrad der Leistung in die Wertschöpfungsprozesse des Kunden charakterisiert. Analog zum Leistungssystem nach BELZ ET AL. werden diskrete Leistungsschalen um das Werkzeug als Kernleistung angeordnet (vgl. Kapitel 2.1.3). Jeder Leistungsschale sind entlang der Phasen des Werkzeuglebenszyklus Leistungsmodule zugeordnet. Leistungsmodule können sowohl industrielle Sachleistungen als auch industrielle Dienstleistungen sein. Der Leistungsbaukasten enthält je nach Typ unterschiedliche Leistungsmodule. Er stellt damit eine strategiekonforme Maximalkonfiguration von Leistungsmodulen für den entsprechenden Typ dar. Durch die zur Verfügung gestellte Maximalkonfiguration wird einerseits ein ausuferndes Leistungsangebot verhindert. Die Strukturierung des Leistungsbaukastens und die Abstimmung auf die strategische Ausrichtung stellen andererseits den Kundennutzen sicher. Die Konfiguration des lebenszyklusorientierten Leistungssystems selbst erfolgt durch Auswahl von Leistungsmodulen aus dem typspezifischen Leistungsbaukasten durch den Kunden.

Als Ergebnis aus Schritt D liegt dem Werkzeugbaubetrieb ein konfiguriertes lebenszyklusorientiertes Leistungssystem vor. Dieses Leistungssystem setzt sich aus Leistungsmodulen strukturiert entlang des Werkzeuglebenszyklus und in Leistungsschalen um das Werkzeug zusammen. Die Leistungsmodule und damit das Leistungssystem sind mit der strategischen Ausrichtung des Werkzeugbaubetriebs abgestimmt und durch den Kunden ausgewählt.

Im fünften Schritt **(Schritt E)** der Methodik erfolgt die Detaillierung des lebenszyklusorientierten Leistungssystems (s. Abbildung 55). Dazu werden zunächst die Anforderungen des Kunden aufgenommen. Deren Berücksichtigung sind per Definition notwendige Bedingung für die Gestaltung von Leistungssystemen (vgl. Kapitel 2.1.4). Wurde durch die Typisierung nach Nutzenpotenzialen sichergestellt, dass das Werkzeugbauunternehmen durch seine Leistungen Bedürfnisse des Geschäftsfeldes im Allgemeinen trifft, ist nun auf die individuellen Anforderungen einzelner Kunden einzugehen.

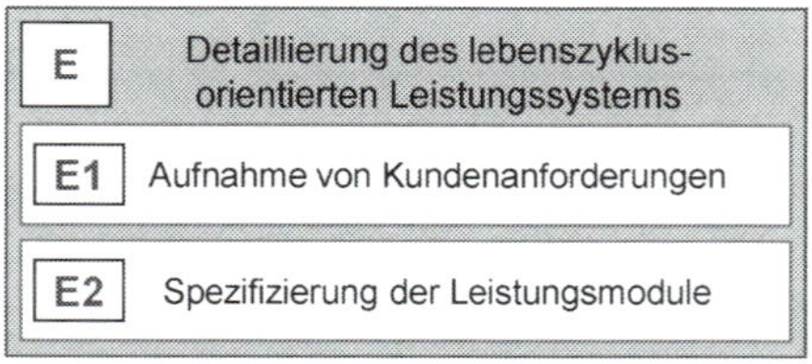

Abbildung 55: Schritt E – Detaillierung des lebenszyklusorientierten Leistungssystems

Der erste Detailschritt **(Schritt E1)** beinhaltet die Aufnahme der Anforderungen des Kunden an die von ihm ausgewählten Leistungsmodule. Dazu werden zunächst in einem Kundenprofil sämtliche dem Werkzeugbaubetrieb bekannte Informationen über den Kunden gesammelt und dokumentiert. Diese Informationen können über unterschiedliche Kanäle systematisch oder unsystematisch generiert werden. Sämtliche Informationen dienen als Basis für einen gemeinsam mit dem Kunden durchgeführten Anforderungsworkshop, in dem die individuellen Kundenanforderungen an die von ihm ausgewählten Leistungsmodule aufgenommen werden. Bei Dienstleistungsmodulen werden zunächst die Anforderungen in Bezug auf das jeweilige Leistungsergebnis aufgenommen, die als Basis zur Aufnahme der Anforderungen an den jeweiligen Leistungsprozess dienen. Bei Sachleistungsmodulen artikuliert der Kunde lediglich seine Anforderungen in Bezug auf das Leistungsergebnis, welche dann vonseiten des Werkzeugbaubetriebs in Anforderungen an den Leistungsprozess transformiert werden. Schließlich werden sämtliche Anforderungen in einem Anforderungskatalog strukturiert entlang des Werkzeuglebenszyklus dokumentiert.

Im zweiten Detailschritt **(Schritt E2)** wird das lebenszyklusorientierte Leistungssystem weiter spezifiziert. Dazu werden je Leistungsmodul zunächst Prozessschritte im Sinne von Aktivitäten definiert, die den identifizierten Kundenanforderungen begegnen können. Je Leistungsmodul werden die jeweiligen Prozessschritte sodann den Anforderungen an das Leistungsmodul in einer Anforderungs-Prozess Matrix gegenübergestellt. Zudem werden inhaltliche Abhängigkeiten in Form von Schnittstellen zwischen Prozessschritten innerhalb eines Leistungsmoduls, aber auch über die Grenzen der Leistungsmodule hinweg identifiziert. Mit Hilfe der Anforderungs-Prozess Matrix werden dann iterativ die Anforderungen und die Prozessschritte schrittweise verfeinert, bis jede Kundenanforderung durch mindestens einen hinreichend detaillierten Prozessschritt adressiert wird.

Im sechsten und letzten Schritt **(Schritt F)** der Methodik erfolgt schließlich die Ausgestaltung des lebenszyklusorientierten Leistungssystems zu einem durchgängigen Leistungssystemprozess (s. Abbildung 56). Dazu werden zunächst die einzelnen Leistungsmodule zu einem System entlang sämtlicher Phasen des Werkzeuglebenszyklus integriert. Daraufhin erfolgt die Modellierung des detaillierten Leistungssystemprozesses. Die Modellierung des Leistungssystemprozesses ermöglicht eine detaillierte zeitliche und inhaltliche Abstimmung jeder Aktivität zur effektiven und effizienten Erbringung der Leistungen.

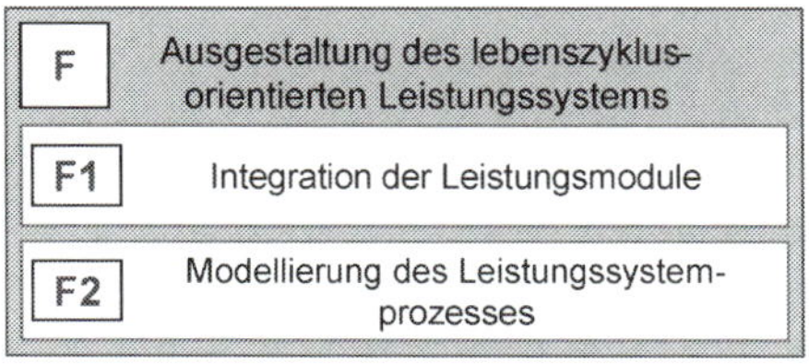

Abbildung 56: Schritt F – Ausgestaltung des lebenszyklusorientierten Leistungssystems

Der erste Detailschritt **(Schritt F1)** beinhaltet die Integration der einzelnen Leistungsmodule zu einem Leistungssystem. Dazu werden zunächst die Leistungsmodule als Black-Boxes definiert, wodurch der Fokus der Betrachtung lediglich auf den jeweiligen Inputs und Outputs der Leistungsmodule liegt. Darauf aufbauend werden die Schnittstellen zwischen den Leistungsmodulen sowie zwischen Leistungsmodulen und externen Kunden- oder Werkzeugbauprozessen definiert. Schließlich gilt es die Schnittstellen inhaltlich und zeitlich aufeinander abzustimmen und zu standardisieren. Die Standardisierung der Schnittstellen ermöglicht eine spätere Modifikation oder Übertragung des Leistungssystems auf andere Kunden.

Im Rahmen des zweiten Detailschritts **(Schritt F2)** erfolgt die Modellierung eines detaillierten Leistungssystemprozesses über alle Phasen des Werkzeuglebenszyklus.

Dabei ermöglicht die Prozessmodellierungssprache aixperanto die transparente Darstellung des Prozesses über eine intuitiv verständliche Syntax. So wird zunächst ein Prozessmodell auf Ebene der bereits definierten Prozessschritte modelliert. Dabei wird das Hauptaugenmerk auf die Verantwortlichkeiten entlang des Werkzeuglebenszyklus sowie die jeweiligen Schnittstellen, zur Verfügung stehende Hilfsmittel und die Durchlaufzeit der Prozessschritte gelegt. Darauf aufbauend wird in höherem Detaillierungsgrad ein Prozessmodell auf Detailprozessschrittebene erstellt. So sind in der Regel mehrere Detailprozessschritte innerhalb eines Prozessschrittes zu durchlaufen. Das Hauptaugenmerk bei der Modellierung wird auf den Wertschöpfungsbeitrag sowie den Standardisierungsgrad jedes Detailprozessschrittes gelegt. Zudem werden im Prozessplan die Leistungsergebnisse eines jeden Leistungsmoduls als Meilensteine eingetragen.

Als Ergebnis liegt dem Werkzeugbaubetrieb ein ausgestalteter Leistungssystemprozess vor, der die einzelnen Leistungsmodule zu einem integrierten lebenszyklusorientierten Leistungssystem verknüpft. Das Leistungssystem ist um ein spezifisches Werkzeug für einen spezifischen Kunden gestaltet und dient als Pilotanwendung für weitere Projekte mit dem Kunden.

4.4 Zwischenfazit

Aufbauend auf der Systemtechnik und Modellierung wurde eine Methodik zur Gestaltung lebenszyklusorientierter Leistungssysteme im Werkzeugbau konzeptioniert. Das Konzept der Methodik folgt dem entwickelten Ordnungsrahmen mit den generischen Phasen Analyse & Zieldefinition, Konzept, Konfiguration sowie Gestaltung und beinhaltet die zwei übergeordneten Teile Analyse und Gestaltung. Das einmalige Durchlaufen des ersten Teils der Methodik ist Grundvoraussetzung für das Durchlaufen des zweiten Teils für jedes zu gestaltende Leistungssystem. Der erste Teil besteht aus den drei Schritten Analyse des Umfelds, Analyse der Kompetenzen und Typisierung des Werkzeugbaus. Der zweite Teil der Methodik beinhaltet die Schritte Konfiguration, Detaillierung und Ausgestaltung des lebenszyklusorientierten Leistungssystems. Das Konzept der Methodik adressiert sowohl die definierten Prinzipien zur Gestaltung von lebenszyklusorientierten Leistungssystemen im Werkzeugbau (vgl. Kapitel 3.2) als auch die daraus abgeleiteten Forschungsfragen (vgl. Kapitel 3.6). Eine entsprechende Übersicht zeigt Abbildung 57.

Die **allgemeinen Prinzipien**, Effizienzprinzip, Praktikabilitätsprinzip und Sequenzprinzip werden erfüllt. Praktikabilitäts- und Sequenzprinzip werden durch einen transparenten Aufbau aus klar definierten, logisch aufeinander aufbauenden Teilschritten und den konkreten Ablauf der Methodik erfüllt. Dem Effizienzprinzip wird durch das nur einmalig notwendige Durchlaufen des ersten Teils der Methodik begegnet. Der eher geringe Aufwand der eigentlichen Gestaltung des Leistungssystems im zweiten Teil steht dem hohen Nutzen von Leistungssystemen gegenüber.

Die **leistungsbezogenen Prinzipien** Strategieprinzip, Strukturprinzip, Lebenszyklusprinzip, Partizipationsprinzip und Integrationsprinzip werden erfüllt. Das Strategieprinzip wird durch die Berücksichtigung der aktuellen und beabsichtigten strategischen Ausrichtung des anwendenden Werkzeugbaubetriebs erfüllt. Der zur Verfügung gestellte in Leistungsschalen entlang des Werkzeuglebenszyklus strukturierte Leistungsbaukasten begegnet dem Strukturprinzip. Das Lebenszyklusprinzip findet durch die typspezifischen Maximalkonfigurationen entlang des gesamten Werkzeuglebenszyklus Berücksichtigung. Durch die detaillierte Aufnahme und Berücksichtigung der Kundenanforderungen sowie die enge workshopbasierte Zusammenarbeit mit dem Kunden wird das Partizipationsprinzip erfüllt. Die Integration der Leistungsmodule zu einem System adressiert das Integrationsprinzip.

	Prinzipien	Forschungsfragen	Erfüllung in der Methodik
Allgemeine Prinzipien	▪ Effizienzprinzip ▪ Praktikabilitätsprinzip ▪ Sequenzprinzip	▪ Wie kann ein hohes Nutzen-Aufwand-Verhältnis bei der Gestaltung von lebenszyklusorientierten Leistungssystemen sichergestellt werden?	▪ Kein notwendiges Durchlaufen aller Schritte bei jeder Anwendung ▪ Aufbau aus klar definierten, logisch aufeinander aufbauenden Teilschritten ▪ Konkreter Ablauf der Methodik
Leistungsbezogene Prinzipien	▪ Strategieprinzip ▪ Strukturprinzip ▪ Lebenszyklusprinzip ▪ Partizipationsprinzip ▪ Integrationsprinzip	▪ Wie können aus der strategischen Ausrichtung eines Werkzeugbaubetriebs strategiekonforme Leistungen abgeleitet werden? ▪ Wie können die Leistungen sinnvoll strukturiert werden? ▪ Wie können auf Basis der spezifischen Kundenanforderungen kundenindividuelle lebenszyklusorientierte Leistungssysteme konfiguriert werden? ▪ Wie können einzelne Leistungsmodule zu einem lebenszyklusorientierten Leistungssystem integriert werden?	▪ Berücksichtigung der strategischen Ausrichtung des Unternehmens ▪ Strukturierter Leistungsbaukasten ▪ Maximalkonfigurationen mit Leistungsmodulen entlang des Werkzeuglebenszyklus ▪ Detaillierte Aufnahme und Berücksichtigung der individuellen Kundenanforderungen ▪ Integration von Leistungsmodulen zu einem System
Branchenbezogene Prinzipien	▪ Generizitätsprinzip ▪ Individualitätsprinzip	▪ Wie kann die Individualität von Werkzeugbaubetrieben bei der Gestaltung von lebenszyklusorientierten Leistungssystemen berücksichtigt werden?	▪ Typisierung der Werkzeugbaubetriebe ▪ Branchenspezifische Leistungsmodule im Leistungsbaukasten ▪ Berücksichtigung der unternehmensindividuellen strategischen Ausrichtung und Kompetenzen

Abbildung 57: Abgleich des Konzepts mit Prinzipien und Forschungsfragen

Die **branchenbezogenen Prinzipien** Generizitätsprinzip und Individualitätsprinzip werden erfüllt. Das Generizitätsprinzip wird durch die Typisierung der Werkzeugbaubetriebe in Bezug auf den adressierten Kundennutzen sowie die branchenspezifischen Leistungsmodule im Leistungsbaukasten erfüllt. Dem Individualitätsprinzip wird durch die Berücksichtigung der unternehmensindividuellen strategischen Ausrichtung und Kompetenzen begegnet.

Mit der Konzeption der Methodik ist die Grundlage geschaffen, um im folgenden Kapitel die Detaillierung der Methodik zur Gestaltung von lebenszyklusorientierten Leistungssystemen im Werkzeugbau vorzunehmen.

5 Detaillierung der Methodik

In Kapitel 1 wurde eine Methodik zur Gestaltung von lebenszyklusorientierten Leistungssystemen im Werkzeugbau konzeptioniert und beschrieben. Das Grobkonzept sieht eine Zweiteilung der Methodik in die Phasen Analyse und Gestaltung vor. Im ersten Teil erfolgt eine Umfeld- und Kompetenzanalyse zur Definition der strategischen Ausrichtung und Typisierung des Werkzeugbaubetriebs. Damit wird die notwendige Voraussetzung für die strategiekonforme Gestaltung von lebenszyklusorientierten Leistungssystemen im zweiten Teil der Methodik geschaffen. Beide Teile der Methodik beinhalten jeweils drei Schritte und weitere Detailschritte und bilden damit eine konkrete Vorgehensweise (s. Abbildung 58).

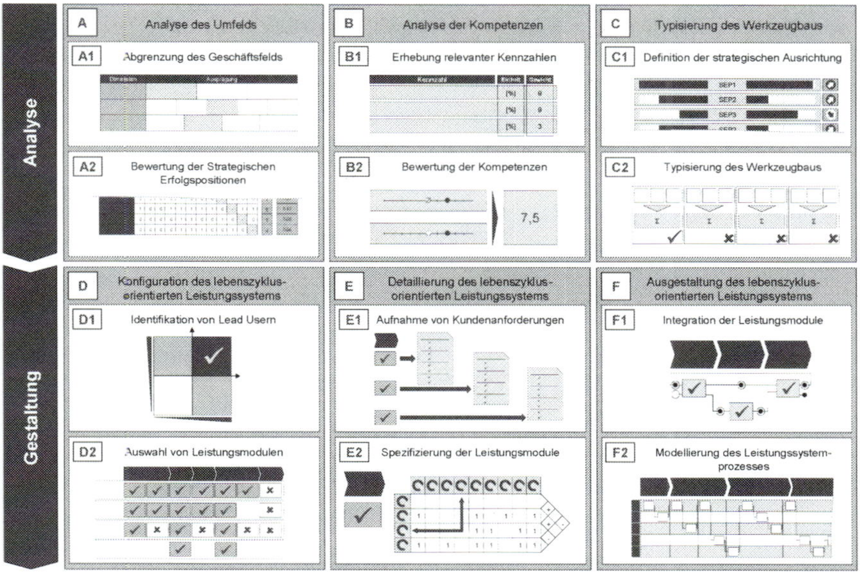

Abbildung 58: Methodik zur Gestaltung von lebenszyklusorientierten Leistungssystemen im Werkzeugbau

Im vorliegenden Kapitel werden die einzelnen Schritte und Detailschritte der Methodik des Grobkonzepts detailliert beschrieben. Zu jedem der Schritte werden die notwendigen theoretischen Grundlagen gelegt, woraufhin die Beschreibung des praktischen Vorgehens erfolgt. Das Kapitel schließt mit einer Integration der Methodikschritte zu einer abgeschlossenen Methodik.

5.1 Detaillierung der Analyse

Der erste Teil der Methodik beinhaltet drei Schritte. Zunächst wird in Schritt A das Umfeld des Werkzeugbaubetriebs im Sinne des Market-Based View analysiert. Dazu werden die Strategischen Erfolgspositionen des betrachteten Geschäftsfelds identifiziert und gewichtet. Daraufhin erfolgt in Schritt B im Sinne des Resource-Based View eine Analyse der outputorientierten Kompetenzen des Werkzeugbaubetriebs. In Schritt C wird durch Vereinigung von Market-Based und Resource-Based View die strategische Ausrichtung des Werkzeugbaubetriebs definiert. Darauf aufbauend wird eine Typisierung des Werkzeugbaubetriebs vorgenommen, die eine typspezifische Gestaltung von lebenszyklusorientierten Leistungssystemen im zweiten Teil der Methodik ermöglicht.

5.1.1 Schritt A: Analyse des Umfelds

Im ersten Schritt der Methodik zur Gestaltung von lebenszyklusorientierten Leistungssystemen erfolgt eine Umfeldanalyse des Werkzeugbaubetriebs. Die Analyse des Umfelds im Sinne des Market-Based View ist notwendige Voraussetzung zur Definition der strategischen Ausrichtung und einer entsprechenden Typisierung des Werkzeugbaubetriebs. Dazu werden die notwendigen Grundlagen beschrieben, auf Basis derer das betrachtete Geschäftsfeld abgegrenzt und die Strategischen Erfolgspositionen des Geschäftsfeldes identifiziert und schließlich gewichtet werden.

5.1.1.1 Grundlagen

Die Umfeldanalyse stellt den ersten Schritt zur Identifikation der strategischen Ausrichtung des Werkzeugbaubetriebs dar. Zum Begriff **Strategie** finden sich in der Literatur sehr unterschiedliche Definitionen.[442] Zunächst wurde er als Kunst der Staatsführung genutzt, anschließend etablierte er sich im Militär.[443] Erst Mitte des 20. Jahrhunderts wurde der Begriff mit der Spieltheorie auch in der Betriebswirtschaftslehre verwendet und entwickelte sich um 1960 zu einer wissenschaftlichen Disziplin.[444] Dabei ist vor allem der Ansatz nach CHANDLER, der Strategie als langfristige Ziele einer Unternehmung und den Weg zu deren Erreichung versteht, weit verbreitet.[445] Die Zielerreichung wird durch eine Vielzahl von bewusst geplanten und untereinander verknüpften Einzelentscheidungen erwirkt. Im Gegensatz dazu sehen andere Ansätze eine Strategie als Grundmuster von Entscheidungen und Aktivitäten im Unternehmen, wodurch das Handeln zur Strategie selbst wird. Dabei werden „geplante Strategien“, „nicht realisierte Strategien“ und „unbeabsichtigte Strategien“ unterschieden.[446] Neben den explizit formulierten Strategien werden so auch andere Ursachen von bzw. Gründe für Wettbewerbsvorteile erklärt.[447] Allerdings besteht dadurch die Gefahr, alle Entscheidungen im Unternehmen als strategisch zu identifizieren.[448] Im Rahmen dieser Arbeit wird dem Verständnis von Strategie als ein ge-

---

[442] Vgl. Zohm (Management von Diskontinuitäten), 2004, S. 58; Welge & Al-Laham (Strategisches Management), 2003, S. 12
[443] Vgl. Kreikebaum (Strategische Unternehmensplanung), 1997, S. 17
[444] Vgl. Frick (Geschäftsmodelle im Werkzeugbau), 2006, S. 53; Müller-Stewens & Lechner (Strategisches Management), 2003, S. 152; Selznick (Leadership in administration), 1984; Chandler (Strategy and structure), 1962; Ansoff (Corporate Strategy), 1965; Andrews (Concept of corporate strategy), 1987
[445] Vgl. Chandler (Strategy and structure), 1962, S. 23
[446] Vgl. Frick (Geschäftsmodelle im Werkzeugbau), 2006, S. 53
[447] Vgl. Zohm (Management von Diskontinuitäten), 2004, S. 60
[448] Vgl. Welge & Al-Laham (Strategisches Management), 2003, S. 18

plantes Maßnahmenbündel zur idealtypischen Strategieformulierung gefolgt.[449] Dabei wird unter einer **strategischen Ausrichtung** das geplante Verhaltensmuster verstanden, in dem ein Unternehmen unter Berücksichtigung der Unternehmensrandbedingungen einen langfristigen Nutzen gegenüber seinen Anspruchsgruppen durch Aktivitäten gewährleistet.[450]

Seit Etablierung des Begriffs Strategie in der Betriebswirtschaftslehre werden Versuche unternommen, erfolgreiche strategische Ausrichtungen zu erklären. So haben sich aus der Strategieforschung zahlreiche Ansätze zur Erklärung von Unternehmenserfolg herausgebildet. Obwohl es keinem der Ansätze gelang, den Erfolg von Unternehmen konsistent zu begründen, etablierte sich insbesondere der **Market-Based View**. Der Ansatz des Market-Based View ist geprägt vom Structure-Conduct-Performance-Paradigma nach BAIN.[451] Demnach ist der Wettbewerbsvorteil eines Unternehmens (Performance, z.B. Rente, Outputwachstum) abhängig von einigen wesentlichen Branchencharakteristika (Structure, z.B. Produktdifferenzierung, Kostenstruktur), die wiederum das Unternehmensverhalten (Conduct, z.B. Forschung und Entwicklung, Preispolitik) beeinflussen.[452] Im Ansatz des Market-Based View rückt das Umfeld des Unternehmens als zentrales Untersuchungsobjekt in den Mittelpunkt der Betrachtungen.[453] Dabei wird angenommen, dass die strategisch relevanten Ressourcen der Unternehmen identisch bzw. über die Branche homogen verteilt sind und das Unternehmensumfeld relativ stabil und wenig komplex ist. [454] Die Sichtweise der Unternehmen ist von „außen nach innen“ (Outside-In) gerichtet.[455] Durch die Fokussierung auf die Kundenbedürfnisse und den Markt sowie den Versuch, das Leistungsangebot optimal am Markt zu positionieren, ist das Unternehmen unmittelbar an die Kundenbedürfnisse des entsprechenden Marktes gebunden und lässt die eigene Leistungsfähigkeit unberücksichtigt.[456]

Im Hinblick auf die Ausrichtung eines Unternehmens im Sinne des Market-Based View führt PÜMPIN den Begriff **Strategische Erfolgsposition** ein. Danach ist eine Strategische Erfolgsposition eine Voraussetzung, die einerseits einem Unternehmen erlaubt, im Vergleich zur Konkurrenz langfristig überdurchschnittliche Ergebnisse zu erzielen und andererseits durch den Aufbau von wichtigen Fähigkeiten bewusst geschaffen wurde.[457] Sie bündelt Aktivitäten und Kompetenzen, um zielgerichtet einen definierten, wahrgenommenen Kundennutzen zu stiften. Eine Strategische Erfolgsposition kann stets nur von einem Unternehmen besetzt werden.[458] Je nach Perspek-

[449] Vgl. Frick (Geschäftsmodelle im Werkzeugbau), 2006, S. 53f.; Macharzina (Unternehmensführung), 2003, S. 240f.
[450] Vgl. Zohm (Management von Diskontinuitäten), 2004
[451] Vgl. Bain (Barriers to new competition), 1956
[452] Vgl. Müller-Stewens & Lechner (Strategisches Management), 2003, S. 145
[453] Vgl. Peschl (Strategisches Management), 2010, S. 46
[454] Vgl. Porter (Competitive Strategy), 1980; Porter (Competitive Advantage), 1985
[455] Vgl. Binder & Kantowsky (Technologiepotenziale), 1996, S. 24
[456] Vgl. Hertweck (Strategische Erneuerung), 2002, S. 137
[457] Vgl. Pümpin (Das SEP-Konzept), 1986, S. 34
[458] Vgl. Gaus (Geschäftsmodell im Werkzeugbau), 2010, S. 143

tive können Strategische Erfolgspositionen in folgende Kategorien unterteilt werden:[459]

- **Leistungsbezogene** Strategische Erfolgspositionen bestehen darin, bedürfnisgerechte Leistungen in einer vom Kunden gewünschten Qualität zu marktgerechten Preisen anzubieten.
- **Marktbezogene** Strategische Erfolgspositionen ermöglichen Erfolg durch eine besondere Stellung im Marktumfeld.
- **Funktionale** Strategische Erfolgspositionen basieren auf Fähigkeiten des Unternehmens, bestimmte Funktionen überlegen ausführen zu können.

5.1.1.2 Vorgehen zur Abgrenzung des Geschäftsfelds

Seit Beginn der 1960er Jahre ist eine zunehmende Diversifikation von Unternehmen in heterogene Einheiten zu beobachten. Diese Entwicklung mündet in unterschiedlichen strategischen Ausrichtungen und somit angebotenen Leistungen der einzelnen Einheiten.[460] Das individuelle Leistungsangebot macht die unternehmerische Einheit per Definition zu einem Geschäftsfeld.[461] So sind strategische Geschäftsfelder als gedankliche Konstrukte definiert, welche das gesamte Tätigkeitsfeld eines Unternehmens in einzelne Aktionsbereiche gliedern und eigenständige Strategische Erfolgspositionen verfolgen.[462] Dabei wird einem definierten Kundenkreis in einem spezifischen Marktsegment ein spezifisches Leistungsangebot offeriert.[463] Im Umkehrschluss ist für die Definition der strategischen Ausrichtung und die darauf aufbauende Gestaltung von Leistungssystemen die Abgrenzung des betrachteten Geschäftsfelds unabdingbar.

Je nach Anzahl der Abgrenzungskriterien können Geschäftsfelder ein- oder mehrdimensional abgegrenzt werden.[464] Unter Berücksichtigung der Heterogenität der Branche Werkzeugbau und dem Generizitätsprinzip folgend (vgl. Kapitel 3.2.3) baut der vorliegende Methodikschritt auf die dreidimensionale Abgrenzung von Geschäftsfeldern.[465] Es besteht sonst die Gefahr der Vernachlässigung von abgrenzungskritischen Dimensionen bei einzelnen Werkzeugbaubetrieben. Der Kern eines Leistungssystems im Werkzeugbau ist immer das Werkzeug selbst. Für die Methodik werden daher die drei Dimensionen Werkzeugtechnologie, Werkzeugkomplexität und Kundenbranche zur Abgrenzung der einzelnen Geschäftsfelder definiert.

---

[459] Vgl. Michel & Pifko (Marketingkonzept), 2012, S. 62f.
[460] Vgl. Meffert et al. (Marketing), 2008, S. 223f.
[461] Vgl. Gaus (Geschäftsmodell im Werkzeugbau), 2010, S. 134
[462] Vgl. Bea & Haas (Strategisches Management), 2005, S. 141f.
[463] Vgl. Gaus (Geschäftsmodell im Werkzeugbau), 2010, S. 133
[464] Vgl. Abell & Hammond (Strategic market planning), 1979, S. 30; Bea & Haas (Strategisches Management), 2005; Hooley et al. (Marketing strategy), 2008; Meffert et al. (Marketing), 2008; Sander (Marketing-Management), 2004; Ansoff & McDonnell (Implementing strategic management), 1990
[465] Vgl. Gaus (Geschäftsmodell im Werkzeugbau), 2010, S. 134

Werkzeugbaubetriebe verfügen zumeist nicht über definiert abgegrenzte Geschäftsfelder. Daher sind im Workshop mit Experten unterschiedlicher Bereiche wie Vertrieb, Mechanische Fertigung und Montage zunächst alle im Werkzeugbaubetrieb vorkommenden Ausprägungen der Dimensionen aufzunehmen und zu dokumentieren. Zur Abgrenzung der Geschäftsfelder sind die Dimensionen und deren Ausprägungen in einen morphologischen Kasten einzutragen (s. Abbildung 59).[466]

Dimension	Ausprägungen				
Werkzeugtechnologie	Spritzgießform		Blechumformwerkzeug	...	
Werkzeugkomplexität	A	B	C	...	...
Werkzeugabmessungen	< 250mm x 250mm		≥ 250mm x 250mm < 500mm x 500mm	...	...
Kundenbranche	Automobilindustrie		Medizintechnik	...	

Abbildung 59: Morphologischer Kasten zur Abgrenzung der Geschäftsfelder

Darauf aufbauend werden all jene morphologischen Kombinationen als Geschäftsfelder identifiziert, die aktuell durch Leistungen adressiert werden. Abhängig von der Größe und der Heterogenität des Leistungsspektrums des Werkzeugbaubetriebs empfiehlt sich an dieser Stelle ggf. eine weitere Spezifizierung der Morphologie durch Hinzunahme von weiteren Dimensionen oder Untergliederung der bestehenden Dimensionen. Der Heterogenität der Geschäftsfelder in Bezug auf die Dimensionen zum Trotz sollten die einzelnen Geschäftsfelder hinsichtlich der Aufbau- und Ablauforganisation jedoch weitestgehend homogen gestaltet sein.[467]

Anschließend gilt es jedes Geschäftsfeld charakteristisch zu benennen und die jeweils angebotenen Sach- und Dienstleistungen sowie die dazu gehörigen Kunden aufzunehmen. Aus den abgegrenzten Geschäftsfeldern wird schließlich dasjenige ausgewählt, für das lebenszyklusorientierte Leistungssysteme gestaltet werden sollen.[468] Dabei empfiehlt es sich, ein Geschäftsfeld auszuwählen, welches einen großen Umsatzanteil am Gesamtumsatz des Werkzeugbaubetriebs einnimmt. Weiterhin bieten sich insbesondere Geschäftsfelder mit komplexen Werkzeugen zur Auswahl an, da diese großes Potenzial für lebenszyklusbegleitende Dienstleistung bieten.

Zusammenfassend liegen dem Anwender nach Abschluss der **Abgrenzung des Geschäftsfeldes** folgende Ergebnisse vor:

- Identifizierte Ausprägungen der Abgrenzungsdimensionen Werkzeugtechnologie, Werkzeugkomplexität und Kundenbranche
- Ausgewähltes abgegrenztes Geschäftsfeld zur Gestaltung von lebenszyklusorientierten Leistungssystemen

[466] Vgl. Zwicky (Morphologische Forschung), 1989
[467] Vgl. Gaus (Geschäftsmodell im Werkzeugbau), 2010, S. 134
[468] Vgl. Gaus (Geschäftsmodell im Werkzeugbau), 2010, S. 126f.

5.1.1.3 Vorgehen zur Bewertung der Strategischen Erfolgspositionen

Jedes Geschäftsfeld ist in einem individuellen Marktumfeld verortet. Gegenstand der Umfeldanalyse im vorliegenden Schritt A der Methodik ist damit das Marktumfeld des ausgewählten Geschäftsfelds. Das Marktumfeld kann durch spezifische Strategische Erfolgspositionen charakterisiert werden. Inhalt der Umfeldanalyse ist daher die Identifikation und Bewertung der Strategischen Erfolgspositionen des Geschäftsfelds. Strategische Erfolgspositionen ermöglichen einem Unternehmen, sich gegenüber seinen Wettbewerbern zu differenzieren.[469] Die genaue Kenntnis der Strategischen Erfolgspositionen des Geschäftsfelds ist daher notwendige Voraussetzung für eine marktorientierte strategische Ausrichtung des Unternehmens im Sinne des Market-Based View. Werkzeugbaubetriebe definieren ihre strategische Ausrichtung heute zumeist über die angebotenen Werkzeuge oder die Leistungsfähigkeit ihrer Wertschöpfung (vgl. Kapitel 2.3.3.2). Im Rahmen der Analyse der aktuellen strategischen Ausrichtung des Werkzeugbaubetriebs zur strategiekonformen Gestaltung von Leistungssystemen sind daher im Besonderen die leistungsbezogenen und funktionalen Strategischen Erfolgspositionen im betrachteten Geschäftsfeld zu identifizieren. Im Folgenden werden die typischen leistungsbezogenen und funktionalen Strategischen Erfolgspositionen im Werkzeugbau aufgezeigt und eindeutig gegeneinander abgegrenzt.[470]

Der Werkzeugbau ist innerhalb der Wertschöpfungskette produzierender Unternehmen das Bindeglied zwischen Produktentwicklung und Serienfertigung und bestimmt auf dem Weg zum Endkunden die Time-to-Market entscheidend mit. Die **Schnelligkeit** wird damit zur Strategischen Erfolgsposition. Sie wird insbesondere durch die realisierbare Durchlaufzeit des Auftrags bestimmt. Die Durchlaufzeit setzt sich aus Rüst-, Bearbeitungs- und Liegezeiten zusammen.

Der Werkzeugbau befindet sich darüber hinaus zumeist auf dem zeitkritischen Pfad der industriellen Wertschöpfungskette. Die Einhaltung der vereinbarten Lieferzeit und damit **Termintreue** bedeutet Planungssicherheit für den Kunden. Durch eine hohe Termintreue kann sich der Werkzeugbau als verlässlicher Partner profilieren. Dagegen führt das Überziehen des Termins zu ungeplanten Produktionsverzögerungen und damit Wettbewerbsnachteilen auf Kundenseite.

Die Verkürzung der Produkt- und Entwicklungslebenszyklen auf Kundenseite führt zu kurzzyklischen volatilen Werkzeugbedarfen bei einer hohen Änderungshäufigkeit. Die Befähigung des Kunden, kurzfristig neue Produktreihen anbieten oder späte Entwicklungsänderungen einbringen zu können, gelingt durch die flexible Anpassung des Kapazitätsangebots und stellt damit eine Strategische Erfolgsposition dar. Diese **Flexibilität** eines Werkzeugbaubetriebs wird insbesondere durch flexibel vorgehaltene Ressourcen und eine enge Zusammenarbeit mit Wertschöpfungspartnern zur kurzfristigen Auslagerung von Wertschöpfungsumfängen positiv beeinflusst.

---

[469] Vgl. Bleicher (Integriertes Management), 1999, S. 463

[470] Vgl. Differenzierungskriterien nach Klocke et al. (Zukunftsstudie Werkzeug- und Formenbau), 2005, S. 30

Einhergehend mit der Umsetzung von Lean-Prinzipien sind die Bestände in der Produktion deutlich reduziert worden.[471] Bedingt durch die hohen Kosten werden Betriebsmittel nur in den seltensten Fällen redundant ausgelegt.[472] Eine hohe **Produktionssicherheit** realisiert durch das Werkzeug als Unikat ist daher von zentraler Bedeutung und reduziert das Risiko eines Produktionsausfalls auf Kundenseite. Produktionssicherheit wird insbesondere beeinflusst durch eine hohe Werkzeugqualität.

Der Unikatcharakter der Werkzeuge verhindert einen effektiven Lernprozess hinsichtlich einer optimalen Werkzeugauslegung. Werkzeugbaubetriebe sind dadurch in der Regel in jedem Werkzeugprojekt gefordert, auf Basis des Lastenheftes des Kunden ein von Grund auf neues Werkzeug zu entwickeln. Vor dem Hintergrund des eigenen und kundenseitigen Qualitätsanspruchs werden dabei die Anforderungen der Kunden zumeist deutlich übererfüllt. Ein exaktes Treffen der Kundenanforderungen würde dagegen niedrigere Herstellkosten nach sich ziehen. Die **Anforderungsgerechtheit** von Werkzeugen wird damit zum Strategischen Erfolgsfaktor.

Kennzeichen einer traditionellen handwerklichen Werkzeugherstellung sind hohe Bestände und hohe Steuerungsaufwände bei langen Durchlaufzeiten. Standardisierte Produkte und aufbauend darauf standardisierte Prozesse charakterisieren dagegen einen industrialisierten Werkzeugbau (vgl. Kapitel 2.3.5.1). Vor dem Hintergrund des Unikatcharakters der Branche stellt die **Standardisierung** eine Strategische Erfolgsposition dar. Dabei werden standardisierte Werkzeugkomponenten auf Basis von Richtlinien, Standardkonstruktionen und Methodenstandards in unternehmensspezifischen Katalogen entwickelt. Ferner werden Wiederholhäufigkeiten in der Fertigung erreicht, die sich in standardisierten Fertigungsprozessfolgen widerspiegeln. Überdies werden standardisierte durchgängige CAx Ketten genutzt. Der Kunde profitiert durch standardisierte Schnittstellen zum Werkzeugbau.

Dem zunehmenden Kostendruck in der Branche Werkzeugbau (vgl. Kapitel 1.1) ist durch eine Reduzierung der Einstandspreise für die hochqualitativen Werkzeuge deutscher Werkzeugbaubetriebe nicht zu begegnen.[473] Vielmehr gilt es die Lebenszykluskosten des Werkzeugs, also die aggregierten Beschaffungs-, Besitz- und Entsorgungskosten,[474] zu betrachten. Dadurch lassen sich höhere Einstandspreise über insgesamt geringere Lebenszykluskosten rechtfertigen. Voraussetzung für eine entsprechende Vermarktung der Werkzeuge ist eine hohe **Werkzeugverfügbarkeit** in Form von kurzen Stillstandzeiten. Die durch den Werkzeugbau beeinflussbare Werkzeugverfügbarkeit ist abhängig von der Werkzeugqualität, der Effektivität von Wartungsmaßnahmen und der Reaktionszeit in Bezug auf die Instandsetzung.

Vor dem Hintergrund des Kostendrucks in der Branche stellt die Kenntnis über Art und Höhe der im Werkzeugbaubetrieb anfallenden Kosten die Grundvoraussetzung für eine erfolgreiche Geschäftstätigkeit dar. Dementsprechend ist **Kostentranspa-**

[471] Vgl. Womack et al. (Machine that Changed the World), 1991
[472] Vgl. Frick (Geschäftsmodelle im Werkzeugbau), 2006, S. 187
[473] Vgl. Schuh et al. ("Low-cost" tools), 2014, S. 530
[474] Vgl. o.V. (DIN 60300-3-3), 2005

renz eine zentrale Strategische Erfolgsposition. Kosten können in unterschiedlichem Detaillierungsgrad nach unterschiedlichen Aktivitäten, Organisationseinheiten und Leistungen eines Werkzeugbaubetriebs aufgenommen und dadurch bewertet und beherrscht werden. Kostentransparenz wird durch strukturierte organisatorische Prozesse, leistungsfähige IT-Systeme und letztendlich Disziplin hinsichtlich der Dokumentation der geleisteten Stunden und entstandenen Kosten begünstigt.

Über langfristige Entwicklungstrends hinausgehend führen konjunkturelle Entwicklungen in der produzierenden Industrie zu volatilen Auftragseingängen. Diese münden in der Regel in schwankenden Auslastungen der maschinellen Ressourcen und Mitarbeiter. Schwach ausgelastete maschinelle Ressourcen und Mitarbeiter ziehen hohe Stundensätze und damit hohe Kosten nach sich.[475] **Auslastungsstabilität** ermöglicht konstant hohe Auslastungen bei gleichzeitig seltener Über- oder Unterlast und ist damit als Strategische Erfolgsposition Voraussetzung für unternehmerischen Erfolg. Mittels einer hohen Auslastungsstabilität können die Stundensätze eines Werkzeugbaubetriebs und somit seine Kosten verringert werden.

Die Leistungsfähigkeit des Werkzeugs determiniert die Leistungsfähigkeit der Serienproduktion. Dabei ist die Leistungsfähigkeit des Werkzeugs direkt abhängig von der jeweiligen Verfahrenstechnologie. Die Verfahrenstechnologie entspricht der Fertigungstechnologie der mit dem Werkzeug gefertigten Produkte.[476] Wichtigste Verfahrenstechnologien sind heute das Tiefziehen, verschiedene Schneidverfahren, die Massivumformung, das Spritzgieß- sowie das Druckgießverfahren (vgl. Kapitel 2.3.3.1). Innovationen in Bezug auf die bestehenden Verfahrenstechnologien oder innovative Verfahrenstechnologien selbst bergen großes Potenzial zur Steigerung der Leistungsfähigkeit der Serienproduktion und stellen damit als **verfahrenstechnologische Innovationskraft** eine Strategische Erfolgsposition dar.

Die Leistungsfähigkeit des Werkzeugs ist darüber hinaus direkt von der Werkzeugtechnologie abhängig. Unter der Werkzeugtechnologie werden all jene Technologien zusammengefasst, die die technisch-wirtschaftliche Durchführung des Stoff verändernden Prozesses betreffen. Beispiele für Werkzeugtechnologien sind hochfeste Materialien, Schieber, Kühlung und Temperierung und die Integration von Funktionen im Werkzeug. Sie bestimmen die Herstellungsart des Produktes und legen somit die Form und die Eigenheiten des Werkzeugs fest. Innovationen in bestehenden Werkzeugtechnologien oder innovative Werkzeugtechnologien selbst können die Leistungsfähigkeit des Werkzeugs steigern. Diese **werkzeugtechnologische Innovationskraft** als Strategische Erfolgsposition setzt großes werkzeugspezifisches Know-how und viel Erfahrungswissen der Mitarbeiter in der Werkzeugentwicklung voraus.

Der Werkzeugbau als know-how-intensive Branche ist besonders stark vom demografischen Wandel in Deutschland betroffen. Ein effektiver und effizienter Umgang mit **spezifischem Wissen** spielt daher eine entscheidende Rolle, um bestehende Wettbewerbsvorteile sichern und weiter ausbauen sowie neue erschließen zu kön-

[475] Vgl. Schuh et al. (Management of Resource Efficiency), 2013, S. 321
[476] Vgl. Schleyer (Kooperationsmanagement im Werkzeugbau), 2006, S. 34ff.

nen.[477] Ein systematisches Wissensmanagement kann dabei die Lücke zwischen steigendem Wissensbedarf und der gleichzeitigen Abwanderung von Wissen schließen.[478] Dafür benötigt der Werkzeugbau ein ganzheitliches Wissensmanagementsystem mit den zentralen Bausteinen Wissensgenerierung, Wissenstransfer, Wissensnutzung und Wissensbewahrung.[479]

Auf Basis der vorliegenden Definitionen ist die Bedeutung der leistungsbezogenen Strategischen Erfolgspositionen im ausgewählten Geschäftsfeld zu bewerten. Da sich die Bedeutung von Strategischen Erfolgspositionen aufgrund von sich ändernden Rahmenbedingungen im Laufe der Zeit verändert hat und die Leistungssysteme im Rahmen der Methodik nachhaltig gestaltet werden sollen, ist die zukünftige Bedeutung der Strategischen Erfolgspositionen vor einem mittelfristigen Zeithorizont von etwa drei Jahren zu bewerten. Diese Aufgabe obliegt aufgrund ihres strategischen Fokus insbesondere den Führungskräften des Werkzeugbaubetriebs. Dennoch können auch die marktspezifische Expertise von Vertriebsmitarbeitern bzw. die technologische Expertise von Fertigungsmitarbeitern hinzugezogen werden.

Die Bedeutung einer Strategischen Erfolgsposition richtet sich nach ihrem Einfluss auf den Erfolg von Unternehmen der Branche im jeweiligen Geschäftsfeld. Da die Bedeutung der Strategischen Erfolgspositionen im Hinblick auf ihren Einfluss auf den Unternehmenserfolgs nicht quantifizierbar ist, bietet sich die Methode des paarweisen Vergleichs zur Bewertung und Gewichtung an. Der paarweise Vergleich findet häufige Verwendung bei der Bewertung von qualitativen Kriterien und lässt bei geringem Aufwand eine aussagekräftige Bewertung zu. Die Zerlegung von komplexen zu bewertenden Systemen in einzelne wenig komplexe Teilsysteme im Zuge des paarweisen Vergleichs adressiert das Effizienzprinzip der Methodik (vgl. Kapitel 3.2.1).[480]

Zur Bewertung der Strategischen Erfolgspositionen werden alle identifizierten Strategischen Erfolgspositionen des Geschäftsfelds zunächst jeweils in die Zeilen und Spalten einer Dominanzmatrix eingetragen (s. Abbildung 60). Daraufhin wird zeilenweise jeweils die Strategische Erfolgsposition in der Zeile der Dominanzmatrix mit den jeweils anderen Strategischen Erfolgspositionen in den Spalten der Dominanzmatrix in Bezug auf ihre Bedeutung für den Unternehmenserfolg im Geschäftsfeld verglichen. Dazu wird jeweils die Frage gestellt:

Ist die Strategische Erfolgsposition mittelfristig von höherer Bedeutung für den Unternehmenserfolg im betrachteten Geschäftsfeld?

Ist die Strategische Erfolgsposition in der Zeile von höherer Bedeutung für den Unternehmenserfolg als die Strategische Erfolgsposition in der Spalte, so ist in die entsprechende Zelle der Bewertungsmatrix eine „1", im gegenteiligen Fall eine „0" einzutragen. Indifferente Entscheidungen werden durch die vorliegende Binärlogik verhindert.

---

[477] Vgl. Pitsch (Kompetenzfeldbasierte Vernetzung), 2014, S. 54
[478] Vgl. Pitsch & Schippers (Wissensmanagement), 2012, S. 54
[479] Vgl. Probst et al. (Wissensmanagement), 2000, S. 32
[480] Vgl. Breiing & Knosala (Bewerten technischer Systeme), 1997, S. 76ff.

	Schnelligkeit	Termintreue	Flexibilität	Produktionssicherheit	Anforderungsgerechtheit	Standardisierung	Werkzeugverfügbarkeit	Kostentransparenz	Auslastungsstabilität	Verfahrenstechn. Inno.-kraft	Werkzeugtechn. Inno.-kraft	Spezifisches Wissen	Zeilensumme	Normierte Zeilensumme
Schnelligkeit	-	0	1	0	1	1	0	1	1	1	1	1	8	**0,12**
Termintreue	1	-	1	1	1	1	1	1	1	1	1	1	11	**0,17**
Flexibilität	0	0	-	0	1	1	1	1	1	1	1	1	8	**0,12**
Produktionssicherheit	1	0	1	-	1	1	0	1	1	1	1	1	9	**0,13**
Anforderungsgerechtheit	0	0	0	0	-	0	0	0	0	1	1	0	2	**0,03**
Standardisierung	0	0	0	0	1	-	0	0	0	0	0	0	1	**0,02**
Werkzeugverfügbarkeit	1	0	0	1	1	1	-	1	0	1	1	1	8	**0,12**
Kostentransparenz	0	0	0	0	1	1	0	-	1	0	0	0	3	**0,05**
Auslastungsstabilität	0	0	0	0	1	1	1	0	-	1	0	0	4	**0,06**
Verfahrenstechn. Inno.-kraft	0	0	0	0	0	1	0	1	0	-	1	1	4	**0,06**
Werkzeugtechn. Inno.-kraft	0	0	0	0	0	1	0	1	1	0	-	1	4	**0,06**
Spezifisches Wissen	0	0	0	0	1	1	0	1	1	0	0	-	4	**0,06**
Spaltensumme													66	1,00

Abbildung 60: Beispielhaft ausgefüllte Dominanzmatrix zur Bewertung der Strategischen Erfolgspositionen

Die Zeilensumme einer Strategischen Erfolgsposition ergibt schließlich ihre aggregierte Bedeutung für den Unternehmenserfolg im betrachteten Geschäftsfeld. Im Sinne einer intuitiven Interpretierbarkeit der Ergebnisse wird abschließend eine Normierung der Zeilensummen vorgenommen, indem alle Zeilensummen jeweils durch die Gesamtsumme der Zeilensumme dividiert werden.

Dem Anwender liegen nach Abschluss der **Bewertung der Strategischen Erfolgspositionen** folgende Ergebnisse vor:

- Identifizierte Strategische Erfolgspositionen im ausgewählten Geschäftsfeld
- Bewertete und gewichtete Strategische Erfolgspositionen in Bezug auf den Beitrag zum Unternehmenserfolg

5.1.2 Schritt B: Analyse der Kompetenzen

Der zweite Schritt der Methodik zur Gestaltung von lebenszyklusorientierten Leistungssystemen im Werkzeugbau beinhaltet die Analyse der Kompetenzen des Werkzeugbaubetriebs. Die Analyse der Kompetenzen im Sinne des Resource-Based View ist nach der Umfeldanalyse die zweite notwendige Voraussetzung zur Definition der strategischen Ausrichtung und einer entsprechenden Typisierung des Werkzeugbaubetriebs. Dazu wird in die Grundlagen zum Resource-Based View und zu Kompetenzen eingeführt. Darüber hinaus werden Grundlagen in den Bereichen Kennzahlen und Benchmarking vorgestellt, da innerhalb des Methodikschrittes Kennzahlen zur Bewertung der Kompetenzen des Werkzeugbaubetriebs erhoben und anschließend durch ein Benchmarking bewertet werden.

5.1.2.1 Grundlagen

Die Perspektive des Market-Based View sieht im Umfeld des Unternehmens die wesentliche Determinante des Unternehmenserfolgs und missachtet damit das Innenleben, die Ressourcen und Fähigkeiten des Unternehmens.[481] Der Ansatz bietet daher allein keine Grundlage für nachhaltige Wettbewerbsvorteile.[482] Die Bestrebungen von Unternehmen, sich am Umfeld auszurichten und dabei zu versuchen, die Rahmenbedingungen des Wettbewerbs zum eigenen Vorteil zu ändern, können den langfristigen Fortbestand des Unternehmens nicht garantieren.[483]

Aufgrund der beschriebenen Unzulänglichkeiten des Market-Based Views rückte Mitte der 1980er Jahre der **Resource-Based View** verstärkt in den Blickpunkt der Strategieforschung.[484] Im Gegensatz zum marktorientierten Ansatz liegt beim Resource-Based View das Augenmerk auf den unternehmensspezifischen Ressourcen. Die Herausforderung der Unternehmensführung besteht dabei darin, die zur Verfügung stehenden Ressourcen zu identifizieren und ständig weiter zu entwickeln. Diese Inside-out Perspektive geht auf die Theorie von PENROSE zurück, die die Einzigartigkeit einer Unternehmung auf die Heterogenität seiner Ressourcen zurückführt.[485] Dabei machen Effizienzunterschiede im Wettbewerb in Bezug auf die einzelnen Ressourcen den Unternehmenserfolg aus.[486] Im Rahmen des Resouce-Based View beschränken PRALAHAD & HAMEL die wettbewerbsrelevanten Ressourcen eines Unternehmens auf bestimmte Kompetenzen.[487]

Trotz der grundlegend unterschiedlichen Betrachtungsperspektiven wird der Resource-Based View heute nicht im Widerspruch zum Market-Based View, sondern vielmehr als notwendiges Komplement angesehen.[488] Keiner der beiden entsprechenden Strategieansätze vermag allein zu einer sicheren Wettbewerbsposition führen.[489] Einerseits lassen sich potenzialträchtige Marktpositionen und Wettbewerbsvorteile nur auf Basis von überlegenen Fähigkeiten einnehmen und auf Dauer erhal-

---

[481] Vgl. Peschl (Strategisches Management), 2010, S. 47
[482] Vgl. Burr & Stephan (Dienstleistungsmanagement), 2006, S. 78
[483] Vgl. Friedrich & Hinterhuber (Führung um Kernkompetenzen), 1995, S. 37
[484] Vgl. Peschl (Strategisches Management), 2010, S. 48
[485] Vgl. Penrose & Pitelis (Theory of growth), 2009, S. 65; Bea & Haas (Strategisches Management), 2005, S. 28
[486] Vgl. Müller-Stewens & Lechner (Strategisches Management), 2011, S. 357
[487] Vgl. Prahalad & Hamel (Core Competence), 1990
[488] Vgl. Peschl (Strategisches Management), 2010, S. 51
[489] Vgl. Burr & Stephan (Dienstleistungsmanagement), 2006, S. 78

ten. Andererseits sind diese Fähigkeiten nutzlos, wenn sie nicht die Bedürfnisse des Marktes adressieren.[490] Die beiden Strategieansätze ergänzen sich in der gleichsam notwendigen Außen- und Innenorientierung und sind symbiotisch weiter zu entwickeln.[491] In neueren Ansätzen, wie dem MOTION Konzept nach SCHUH,[492] werden daher Resource-Based und Market-Based View gleichermaßen berücksichtigt.

In der Literatur gibt es keine einheitliche Definition für den Begriff Ressource. Nach BARNEY sind Ressourcen alle Güter, Möglichkeiten, betriebliche Prozesse, Eigenschaften, Informationen, Kenntnisse, etc., die von einem Unternehmen kontrolliert werden und es ihm ermöglichen, eine Strategie zu konzipieren und zu implementieren, die die Effizienz und Effektivität verbessert.[493] Danach können auch **Kompetenzen** als Ressourcen verstanden werden. Dabei besitzen einzelne Personen, eine Organisationseinheit oder ein Unternehmen eine Kompetenz erst dann, wenn eine Aufgabe mehrmals sicher und erfolgreich erfüllt worden ist.[494] Kompetenzen im Kontext von Unternehmen werden von LADO, BOYD und WRIGHT definiert. Entlang der Wertschöpfungskette unterteilen sie Kompetenzen in ressourcenorientierte, transformatorische und outputorientierte Kompetenzen:[495]

- **Ressourcenorientierte Kompetenzen** beziehen sich auf die Fähigkeit von Unternehmen, durch den Einsatz von Ressourcen, wie beispielsweise Maschinen, Mitarbeiter oder Kapital, Produkte herzustellen.
- **Transformatorische Kompetenzen** ermöglichen die effiziente Umwandlung von Inputs in Outputs im Unternehmen.
- **Outputorientierte Kompetenzen** basieren auf intangiblen Vermögenswerten des Unternehmens wie beispielsweise Reputation und Image sowie Produkt- und Servicequalität.

Grundsätzlich befähigen sowohl die ressourcenorientierten als auch die transformatorischen Kompetenzen den internen Leistungserstellungsprozess eines Unternehmens, wohingegen die outputorientierten Kompetenzen die Außendarstellung und die Wahrnehmung des Kunden positiv beeinflussen.[496] Zur Schaffung eines einheitlichen Begriffsverständnisses für Kompetenzen eines Unternehmens vereinte das European Institute for Advanced Studies in Management mehrere Definitionsansätze zu folgender Definition: „Unter der Kompetenz eines Unternehmens wird das Können (...) verstanden, den koordinierten Einsatz der verfügbaren Aktivposten und Fähigkeiten (...) dauerhaft zu gewährleisten, dass sie dem Unternehmen hilft, seine Ziele zu erreichen."[497]

---

[490] Vgl. Mahoney & Pandjan (Resource-Based View), 1992, S. 371
[491] Vgl. Zahn & Foschinat (Interorganisationale Kooperation), 2000, S. 501
[492] Vgl. Schuh (Change Management), 2006, S. 19ff.; MOTION = Model for Transforming, Identifying and Optimizing Core Processes
[493] Vgl. Barney (Firm Ressources), 1991, S. 101; Daft (Organization theory), 1983
[494] Vgl. Homp (Aufbau von Kernkompetenzen), 2000, S. 11
[495] Vgl. Lado et al. (Competency-Based Model), 1992, S. 82ff.
[496] Vgl. Pitsch (Kompetenzfeldbasierte Vernetzung), 2014, S. 15
[497] Vgl. Rose (Dynamische Kernkompetenzen), 2000, S. 34

Zur Messung von Kompetenzen bieten sich insbesondere **Kennzahlen** an. So werden Kennzahlen als Hilfsmittel zur Analyse betrachtet, welche die Wirtschaftlichkeit bzw. die finanzielle Sicherheit des Betriebes erkennen lassen sollen. Unter Verwendung der synonymen Begriffe Kontrollgröße, Messgröße, Kennziffer oder Kenngröße beschäftigten sich Autoren wie BOUFFIER, STAEHLE[498], KAPLAN & NORTON[499] und HORVATH[500] ebenfalls mit diesem Thema.[501] Kennzahlen lassen sich in die zwei Arten absolute Kennzahlen und Verhältniskennzahlen gliedern (s. Abbildung 61).

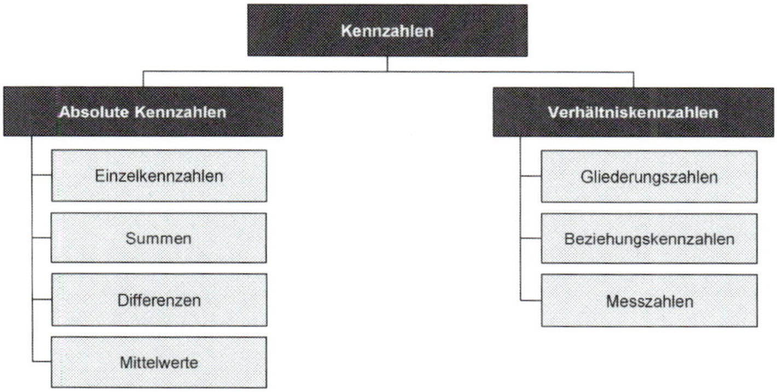

Abbildung 61: Arten von Kennzahlen

Absolute Kennzahlen sind Einzelkennzahlen, Summen, Differenzen und Mittelwerte. Unter Verhältniskennzahlen werden Gliederungszahlen, Beziehungskennzahlen und Messzahlen verstanden.[502] Absolute Kennzahlen haben aufgrund des fehlenden relativen Charakters eine beschränkte Aussagekraft im direkten Vergleich zueinander.[503] Dagegen wirken bei Verhältniskennzahlen mehrere Komponenten gemeinsam und eignen sich daher für den inner- und außerbetrieblichen Leistungsvergleich.[504]

Eine Methode zum Leistungsvergleich stellt das **Benchmarking** dar.[505] Der Begriff Benchmarking wurde in den 1970er Jahren vom amerikanischen Unternehmen Xerox geprägt. KEARNS als ehemaliger CEO von Xerox beschreibt das Benchmarking als „kontinuierlichen Prozess, Produkte, Dienstleistungen und Praktiken gegen den stärksten Mitbewerber oder die Firmen, die als Industrieführer angesehen werden, zu messen".[506] CAMP definiert Benchmarking als „kontinuierliche, systematische Suche nach verbesserten Lösungen für Produkte, Serviceleistungen oder Arbeitsprozesse

[498] Vgl. Staehle (Kennzahlen und Kennzahlensysteme), 1967, S. 62
[499] Vgl. Kaplan & Norton (Balanced Scorecard), 1996, S. 93
[500] Vgl. Horváth (Controlling), 2002, S. 568
[501] Vgl. Kühn & Komorek (Kennzahlen- und Zielsysteme), 2012, S. 8
[502] Vgl. Kozielski (Integratives Kennzahlensystem), 2013, S. 52
[503] Vgl. Bomm (Investitionscontrolling), 1992, S. 23
[504] Vgl. Pitsch (Kompetenzfeldbasierte Vernetzung), 2014, S. 114
[505] Vgl. Weber & Wertz (Benchmarking Excellence), 1999, S. 12f.
[506] Vgl. Camp (Benchmarking), 1994, S. 13

innerhalb der Industrie".[507] Dabei lassen sich zwei Arten des Benchmarkings unterscheiden (s. Abbildung 62).

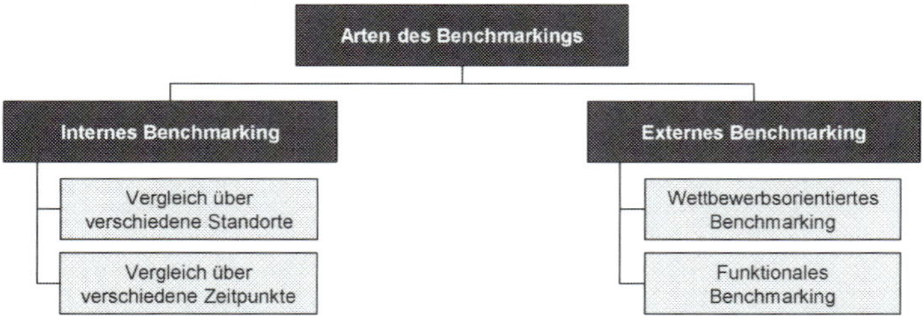

Abbildung 62: Arten des Benchmarkings

Beim internen Benchmarking werden ausgewählte Objekte über verschiedene Standorte oder Zeitpunkte unternehmensintern verglichen. Das externe Benchmarking führt einen Vergleich mit externen Unternehmen auf wettbewerbsorientierter oder funktionaler Ebene durch. Werden im Rahmen eines wettbewerbsorientierten Benchmarkings die Benchmarkingobjekte mit direkten Konkurrenten der selben Branche verglichen, erfolgt der Vergleich im funktionalen Benchmarking branchenübergreifend über bestimmte Unternehmensfunktionen.[508]

5.1.2.2 Vorgehen zur Erhebung relevanter Kennzahlen

Zur Analyse des Werkzeugbaubetriebs aus dem Resource-Based View sind im vorliegenden Prozessschritt Kennzahlen zur Bewertung der Kompetenzen zu definieren und zu erheben. In Anlehnung an das Vorgehen zur Identifikation von Unternehmenskompetenzen nach BULLINGER gilt es dabei jene Kompetenzen zu bewerten, die die Strategischen Erfolgspositionen des Marktumfelds adressieren.[509] Damit wird implizit ein Zusammenführen des Resource-Based View mit dem Market-Based View initiiert.

Die im vorangegangenen Schritt bewerteten Strategischen Erfolgspositionen lassen sich entsprechend der Definition aus Kapitel 5.1.1.1 in leistungsbezogene und funktionale Strategische Erfolgspositionen kategorisieren (s. Abbildung 63). Im Abgleich dazu können die in Kapitel 5.1.2.1 aufgezeigten Kompetenzarten per Definition den Kategorien der Strategischen Erfolgspositionen eindeutig zugeordnet werden. So sollten die leistungsbezogenen Strategischen Erfolgspositionen durch outputorientierte Kompetenzen adressiert werden, wohingegen die funktionalen Strategischen Erfolgspositionen durch transformatorische Kompetenzen belegt werden.

Ein Werkzeugbaubetrieb kann die aufgezeigten Strategischen Erfolgspositionen durch disjunkte outputorientierte und transformatorische Kompetenzen erreichen: Die Darstellung des Leistungsspektrums am Markt und damit die Adressierung der leis-

[507] Vgl. Camp (Benchmarking), 1994, S. 27
[508] Vgl. Camp (Benchmarking), 1994, S. 79
[509] Vgl. Bullinger (Integrierte Produktentwicklung), 1995, S. 194ff.

tungsbezogenen Strategischen Erfolgspositionen erfolgt durch die **outputorientierten Kompetenzen** Durchlaufzeit, interne und externe Termintreue, Qualität, anforderungsgerechte Werkzeuge und Lebenszykluskosten. Damit sind die klassischen Zielgrößen der Produktionstechnik Zeit, Qualität und Kosten hinreichend charakterisiert. Stehen kurze Durchlaufzeiten und eine hohe Termintreue für die Zielgröße Zeit, entsprechen neben der Werkzeugqualität selbst die Anforderungsgerechtheit der Werkzeuge der Zielgröße Qualität.[510] Schließlich spiegeln am Hochlohnstandort immer mehr die Lebenszykluskosten eines Werkzeugs die Zielgröße Kosten wider.

Abbildung 63: Gegenüberstellung von Strategischen Erfolgspositionen und Kompetenzen

Die effiziente Umwandlung von Inputs in Outputs und damit die Wertschöpfung im Werkzeugbau entspricht einer Belegung der funktionalen Strategischen Erfolgspositionen. Als entsprechende **transformatorische Kompetenzen** ergeben sich verfahrenstechnologische und werkzeugtechnologische Innovationsfähigkeit, Werkzeug- und Prozessstandardisierung, langfristige und kurzfristige Kapazitätsplanung, Kostencontrolling sowie Wissensgenerierung und -bewahrung. Diese Kompetenzen werden für eine effektive und effiziente Wertschöpfung im Hinblick auf die funktionalen Strategischen Erfolgspositionen im Werkzeugbaubetrieb benötigt.

Um die Kompetenzen in Bezug auf ihre Leistungsfähigkeit bewerten zu können, bedarf es aussagekräftiger und messbarer Kennzahlen.[511] Dabei sind wenige Kennzah-

[510] Vgl. Schuh et al. (High Quality Tools), 2014, S. 2
[511] Vgl. Kühn & Komorek (Kennzahlen- und Zielsysteme), 2012, S. 9

len logisch zusammenzustellen. Diese sind auf geeignete Art und Weise miteinander zu verknüpfen, um eine übergeordnete Bewertungsgröße je Kompetenz zu erhalten.[512] Zudem ist eine Gewichtung der Kennzahlen erforderlich, da sie unterschiedlich starken Einfluss auf die Bewertung der Kompetenz haben. So wird jede Kennzahl gemäß ihrem Einfluss auf die Bewertung der Kompetenz nach den Kategorien „gering" (Faktor 1), „mittel" (Faktor 3) und „hoch" (Faktor 9) gewichtet. Abschließend werden die Faktoren normiert, sodass ihre Summe insgesamt den Wert 1 ergibt.[513] Die outputorientierten Kompetenzen können per Definition zumeist direkt durch charakteristische und selbstsprechende Kennzahlen gemessen werden. Ein Beispiel ist hier die Messung der Kompetenz Termintreue durch die Kennzahl Termintreue. Eine Übersicht über die Kennzahlen zur Messung der outputorientierten Kompetenzen gibt Abbildung 64.

		Einheit	Gewicht	Beschreibung
Durchlaufzeit	Beschwerdeanteil Reaktionszeit	[%]	9	Anteil der Beschwerden an der Beschwerdeanzahl wegen langer Reaktionszeit.
	Wert pro Tag	[€/d]	9	Quotient aus dem durchschnittlichen Auftragswert und der durchschnittlichen Durchlaufzeit.
	Anzahl Musterungsschleifen	[..]	3	Anzahl der für einen Auftrag durchschnittlich benötigten Musterungsschleifen.
Interne/externe Termintreue	Beschwerdeanteil Lieferzeit	[%]	9	Anteil der vom Werkzeugbau erhaltenen Beschwerden wegen langer Lieferzeit an der gesamten Beschwerdeanzahl.
	Anteil Aufträge nach Liefertermin	[%]	9	Anteil der nach dem vereinbarten Liefertermin ausgelieferten Aufträge an der Summe aller Aufträge.
	Anteil Aufträge vor Liefertermin	[%]	1	Anteil der vor dem vereinbarten Liefertermin ausgelieferten Aufträge an der Summe aller Aufträge.
Qualität	Beschwerdeanteil, Qualität	[%]	9	Anteil der Beschwerden wegen mangelnder Qualität der Teile an der gesamten Beschwerdeanzahl.
	Beschwerdeanteil, Maßhaltigkeit	[%]	3	Anteil der Beschwerden wegen mangelnder Maßhaltigkeit der Teile an der gesamten Beschwerdeanzahl.
	Mitarbeiteranteil Qualitätssicherung	[%]	1	Anteil der Mitarbeiteranzahl in der Qualitätssicherung an der Gesamtanzahl Mitarbeiter.
Anforderungsg. WZ-auslegung	Beschwerdequote 2. Bemusterung	[%]	9	Anzahl Neuaufträge, die nach zweiter Musterungsschleife bei Auslieferung vom Kunden nicht als einwandfrei angenommen wurden.
	Fehlerkosten nach Auslieferung	[%]	3	Anteil der Kosten für die Fehlerbeseitigung nach Auslieferung der Werkzeuge am Umsatz.
	Übererfüllungsgrad	[%]	3	Quotient aus geschätzter realisierter Hub-/Schusszahl und vertraglich zugesicherter Hub-/Schusszahl.
Lebenszyklus-kosten	Lebenszykluskostenquote	[%]	9	Durchschnittliches Verhältnis aus den Lebenszykluskosten der Werkzeuge zu deren Einstandspreis.
	Standzeitgrad	[%]	3	Durchschnittliche Standzeit eines Werkzeugs im Verhältnis zur durchschnittlichen Lebenszeit eines Werkzeugs.
	Reaktionszeit, Störung	[h]	1	Zeit von der Meldung einer Störung an einem der ausgelieferten Werkzeuge bis zum Beginn der Problemlösung.

Abbildung 64: Kennzahlen zur Messung der outputorientierten Kompetenzen

[512] Vgl. Kaplan & Norton (Balanced Scorecard), 1996, S. 45
[513] Vgl. Kozielski (Integratives Kennzahlensystem), 2013, S. 139

Die **Durchlaufzeit** wird durch den Beschwerdeanteil, den Wert pro Tag sowie die Anzahl Musterungsschleifen gemessen. Die Beschwerden spiegeln direkt die vom Kunden wahrgenommene Zufriedenheit wider. Der Wert pro Tag steht für die Durchlaufzeit selbst und ermöglicht durch die Normierung über den Auftragswert einen Vergleich der Durchlaufzeiten unterschiedlicher Werkzeuge. Die häufig unplanbaren Musterungsschleifen nehmen einen Großteil der gesamten Durchlaufzeit ein und beeinflussen diese damit maßgeblich.

Der Beschwerdeanteil Lieferzeit sowie der Anteil von Aufträgen nach bzw. vor dem Liefertermin lassen die **Termintreue** messen. Die Kundenbeschwerden spiegeln die wahrgenommene Termintreue auf Kundenseite wider. Eine Lieferung nach dem vereinbarten Liefertermin charakterisiert die Termintreue selbst, wogegen auch eine Lieferung vor dem vereinbarten Liefertermin vom Kunden negativ wahrgenommen wird.

Die **Qualität** kann durch die Beschwerdeanteile in Bezug auf die Qualität und Maßhaltigkeit sowie den Mitarbeiteranteil in der Qualitätssicherung gemessen werden. Stehen der Beschwerdeanteil hinsichtlich Qualität (Werkzeug) bzw. Maßhaltigkeit (Produkt) für die vom Kunden wahrgenommene Qualität des Werkzeugs, stellt der Mitarbeiteranteil in der Qualitätssicherung einen befähigenden Faktor dar.

Die **anforderungsgerechte Werkzeugauslegung** wird durch die Beschwerdequote nach der zweiten Bemusterung, die Fehlerkosten nach Auslieferung sowie den Übererfüllungsgrad gemessen. Wieder spiegelt die Beschwerdequote die Kundenzufriedenheit und damit die Anforderungsgerechtheit direkt wider. Die Fehlerkosten repräsentieren eine Untererfüllung, der Übererfüllungsgrad die Übererfüllung der Kundenanforderung.

Der Lebenszykluskostenquotient, der Standzeitgrad und Reaktionszeit bei Störungen sind Indikatoren für die Kompetenz **Lebenszykluskosten**. Der Lebenszykluskostenquotient gibt Aufschluss über das Verhältnis der Lebenszykluskosten zum Einstandspreis und spiegelt direkt die kompetenzbezogene Leistungsfähigkeit wider. Der Standzeitgrad sowie die Reaktionszeit beeinflussen die Lebenszykluskosten direkt.

Die Messung der transformatorischen Kompetenzen gestaltet sich weniger intuitiv und wird über die Messung der entsprechenden Outputs oder der Befähiger der Transformation abgebildet. Abbildung 65 zeigt die Kennzahlen zur Messung der transformatorischen Kompetenzen.

Die **verfahrenstechnologische Innovationsfähigkeit** lässt sich über die Anzahl Patente, den Anteil Prozesssimulation und die Anzahl verfügbarer Verfahrenstechnologien messen. Die Anzahl der Patente sowie die Anzahl verfügbarer Verfahrenstechnologien sind die offensichtlichen Outputs der Innovationsfähigkeit. Die Prozesssimulation beispielsweise der Blechumformung ist hingegen ihr Befähiger.

Die **werkzeugtechnologische Innovationsfähigkeit** wird analog zur verfahrenstechnologischen Innovationsfähigkeit gemessen.

Die Gleichteilquote, die Datendurchgängigkeit und die Standardprozessquote sind Kennzahlen zur Messung der **Produkt- und Prozessstandardisierung**. Dabei ist die Gleichteilquote eines Werkzeugs Abbild des Werkzeugstandardisierungsgrades. Der Anteil der Standardarbeitsplatz- und -maschinenfolgen bilden die Prozessstandardisierung ab. Datendurchgängigkeit charakterisiert standardisierte IT-Systeme.

		Einheit	Gewicht	Beschreibung
Innovationsfähigkeit/ Verfahrenstechnologie	Anzahl Patente	[..]	9	Anzahl der vom Werkzeugbau gehaltenen Patente für Werkzeug- und Fertigungstechnologien.
	Anteil Prozesssimulation	[%]	3	Anteil der abgearbeiteten Neuwerkzeugaufträge mit Unterstützung durch Systemeinsatz zur Prozesssimulation (Blechumformung, Guss, ...).
	Anzahl verfügbarer Verfahrenstechnologien	[..]	9	Anzahl der im Unternehmen verfügbaren Verfahrenstechnologien.
Innovationsfähigkeit/ Werkzeugtechnologie	Anzahl Patente	[..]	9	Anzahl der vom Werkzeugbau gehaltenen Patente für Werkzeug- und Fertigungstechnologien.
	Anteil Werkzeugsimulation	[%]	3	Anteil der abgearbeiteten Neuwerkzeugaufträge mit Unterstützung durch Systemeinsatz zur Werkzeugsimulation (Bewegung Komponenten, etc.).
	Anzahl verfügbarer Werkzeugtechnologien	[..]	9	Anzahl der im Unternehmen verfügbaren Werkzeugtechnologien (z.B. Mehrkomponententechnik, Etagenwerkzeuge, etc.).
Produkt-/ Prozessstandardisierung	Gleichteilquote	[%]	9	Anteil der Gleichteile auf der Stückliste eines Werkzeugs an der Gesamtanzahl an Positionen auf der Stückliste.
	Datendurchgängigkeit	[%]	9	Anteil der Aufträge, in denen von Beginn der Konstruktion bis zur Montage kein manueller Eingriff in die Datenkette erfolgt.
	Standardprozessquote	[%]	9	Anteil der Aufträge, der über definierte und standardisierte Maschinen- und Arbeitsplatzfolgen abgebildet wird.
Langfristige Kapazitätsplanung	Maschinenauslastungsgrad	[%]	9	Anteil der produktiven Maschinenlaufzeit an der theoretisch möglichen Maschinenlaufzeit.
	Automatisierungsgrad	[%]	3	Anteil eingesetzter Automatisierungslösungen in der Fertigung an der Gesamtanzahl im Werkzeugbau relevanter Automatisierungslösungen.
	Verrechnungsstundensatz	[€/h]	3	Durchschnittlicher Stundensatz in der Fertigung, der dem Kunden in Rechnung gestellt wird.
Kurzfristige Kapazitätsplanung	Lieferanten mit Rahmenverträgen	[%]	3	Anteil der Lieferanten, die Rahmenverträge mit dem Werkzeugbauunternehmen abgeschlossen haben.
	Anteil Bedarfsmaschinen	[%]	9	Anteil der Maschinen mit einer jeweiligen Laufzeit von unter 750 h/a an der Gesamtanzahl Maschinen.
	Flexibilität Arbeitszeit	[%]	9	Maximal mögliche Schwankungsbreite der Arbeitszeitabweichung von der durchschnittlichen Arbeitszeit.
Kostencontrolling	Verrechnungsquote	[%]	9	Der Quotient aus den in den einzelnen Abteilungen des Werkzeugbaus tatsächlich geleisteten Stunden und den Kunden verrechneten Stunden.
	Gemeinkostenanteil	[%]	3	Anteil der Gemeinkosten des Werkzeugbaus an den angefallenen Gesamtkosten.
	Budgeteinhaltung	[%]	1	Anteil der Aufträge, bei denen das der Angebotskalkulation zugrunde gelegte Budget nicht überschritten wurde an Gesamtauftragszahl.
Wissensgenerierung und -bewahrung	Weiterbildungsgrad	[d]	3	Anzahl der in einer Betrachtungsperiode erfolgten Schulungstage pro Mitarbeiter.
	Bewertungsdauer eines Vorschlags	[d]	3	Durchschnittliche Dauer von der Einreichung eines Vorschlags bis zu dessen Bewertung durch das Management.
	Anteil Arbeitsstellen mit Job Enrichment/Job Rotation	[%]	3	Anteil der Arbeitsstellen mit Job Enrichment und/oder Job Rotation an der Gesamtanzahl Arbeitsstellen.

Abbildung 65: Kennzahlen zur Messung der transformatorischen Kompetenzen

Die **langfristige Kapazitätsplanung** wird durch die Kennzahlen Maschinenauslastungs- und Automatisierungsgrad sowie die Verrechnungsstundensätze gemessen.

Eine leistungsfähige langfristige Kapazitätsplanung schlägt sich direkt in einem hohen Maschinenauslastungsgrad und geringen Verrechnungsstundensätzen nieder. Automatisierungslösungen sind Befähiger eines hohen Auslastungsgrades.

Die **kurzfristige Kapazitätsplanung** wird über den Anteil an Bedarfsmaschinen, die Flexibilität der Arbeitszeit sowie die Anzahl der Lieferanten mit Rahmenverträgen gemessen. Jede dieser Kennzahlen ist Befähiger einer leistungsfähigen kurzfristigen Kapazitätsplanung. Kurzfristige Bedarfsspitzen können über Bedarfsmaschinen und flexible Arbeitszeiten intern sowie über externe Wertschöpfungspartner extern abgefangen werden.

Ein leistungsfähiges **Kostencontrolling** kann über die Verrechnungsquote entlang der Prozesskette, den Gemeinkostenanteil sowie die Budgeteinhaltung gemessen werden. Jede dieser Kennzahlen ist Output eines leistungsfähigen Kostencontrollings. So sollten möglichst viele Tätigkeiten direkt auf einen Auftrag verrechnet werden und sich in einem geringen Gemeinkostenanteil widerspiegeln. Die Einhaltung des Budgets kann entlang der Auftragsabwicklung ebenfalls durch das Kostencontrolling positiv beeinflusst werden.

Der Weiterbildungsgrad, die Bewertungsdauer eines Vorschlags und der Anteil von Arbeitsstellen mit Job Enrichment und Job Rotation sind gleichbedeutende Messgrößen für das **Wissensmanagement**. So befähigen Weiterbildung, Vorschlagswesen und Job Enrichment bzw. Rotation die Wissensgenerierung und -bewahrung.[514]

Zur **Erhebung der Kennzahlenwerte** der dargestellten Kennzahlen sind aufgrund ihrer Eigenschaft als Verhältniskennzahlen zunächst die Basisdaten der Kennzahlen im Werkzeugbaubetrieb zu ermitteln. Diese werden als Dividend bzw. Divisor aus dem betrieblichen internen und externen Rechnungswesen sowie dem betrieblichen Controlling erhoben. Dabei gilt zu berücksichtigen, dass die Aussagefähigkeit der Kennzahlen von der Fehlerfreiheit und Problemeignung der Basisdaten abhängt. Die Kennzahlen verlieren ihren Aussagewert, wenn sie zeitpunktbezogen ermittelt werden, aber veränderlich sind. Folgerichtig sollte der Zeitraum zwischen Kennzahlnutzung und Datenerhebung möglichst klein sein. Bei der Auswahl der Zeitpunkte ist zu beachten, dass saisonale bzw. zyklische Nachfrage- und Kapazitätsschwankungen und dadurch Kennzahlvarianzen ausgeblendet werden, überlagernde Trends und Tendenzen aber erkannt werden können.[515] Die Basisdaten werden schließlich im entsprechenden Quotienten verknüpft und zum Kennzahlenwert berechnet.

Dem Anwender liegen mit Abschluss der **Erhebung relevanter Kennzahlen** folgende Ergebnisse vor:

- Identifizierte outputorientierte und transformatorische Kompetenzen des Werkzeugbaubetriebs zur Adressierung der Strategischen Erfolgspositionen
- Bestimmte und gewichtete aussagekräftige Kennzahlen zur jeweiligen Bewertung der outputorientierten und transformatorischen Kompetenzen

[514] Vgl. Schuh et al. (Qualifizierte Mitarbeiter), 2011, S. 86
[515] Vgl. Kuhlmann (Gestaltung von Geschäftsprozessen), 2011, S. 108

- Erhobene Kennzahlenwerte zur jeweiligen Bewertung der outputorientierten und transformatorischen Kompetenzen

5.1.2.3 Vorgehen zur Bewertung der Kompetenzen

Die Bewertung der Kompetenzen des Werkzeugbaubetriebs basiert auf den im vorangegangenen Schritt erhobenen Kennzahlenwerten. Dazu erfolgt zunächst ein Benchmarking der erhobenen Kennzahlenwerte, dessen Ergebnis eine Normierung der Kennzahlen hinsichtlich der eigenen Position im Vergleich zum Wettbewerb zulässt. Schließlich werden die normierten Kennzahlen gewichtet und zur Bewertung der Kompetenzen zu einem aussagekräftigen Wert aggregiert (s. Abbildung 66).

Die isolierte Betrachtung der im vorangegangenen Methodikschritt erhobenen Kennzahlenwerte eignet sich noch nicht für die Bewertung der Kompetenzen. Da im Sinne des Resource-Based View der Unternehmenserfolg von der Nutzung überlegener Kompetenzen abhängt, gilt es die Kennzahlenwerte vielmehr in Relation zu jenen anderer Unternehmen zu setzen. Eine solche relative Bewertung erfolgt mit Hilfe eines **externen Benchmarkings**. Dabei stellt sich als Herausforderung des wettbewerbsorientierten Benchmarkings die Suche nach Teilnehmern aus dem Wettbewerbsumfeld des Geschäftsfeldes heraus. Da das funktionale Benchmarking dagegen über Geschäftsfeldgrenzen hinweg durchgeführt wird, gilt es hier die Vergleichbarkeit der Kennzahlen sicherzustellen. Grundsätzlich bietet sich im Hinblick auf die Bewertung der Kompetenzen in der vorliegenden Methodik sowohl das wettbewerbsorientierte als auch das funktionale Benchmarking an. Dennoch hat das wettbewerbsorientierte Benchmarking Vorzüge in Bezug auf die Kennzahlen der outputorientierten Kompetenzen bzw. die Kennzahlen zur Messung des Outputs der transformatorischen Kompetenzen. Die Kennzahlen zur Messung der Befähiger der transformatorischen Kennzahlen lassen sich auch über ein funktionales Benchmarking vergleichen.

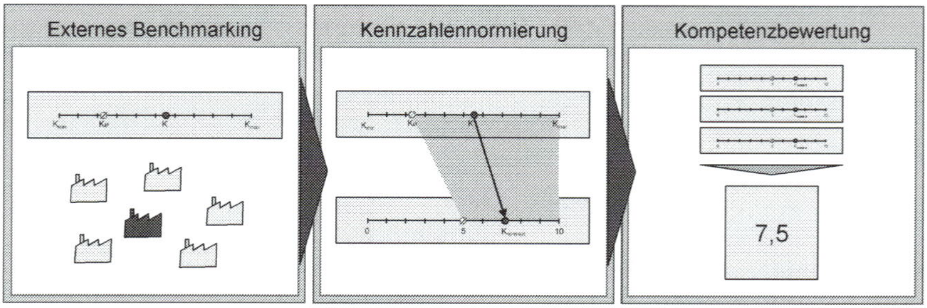

Abbildung 66: Vorgehen zur Bewertung der Kompetenzen

Im Rahmen des Benchmarkings werden je Kennzahl sämtliche Kennzahlenwerte der beteiligten Unternehmen erhoben und auf einer Skala vom geringsten (K_{min}) bis zum höchsten Wert (K_{max}) übersichtlich dargestellt. Zudem wird der Durchschnitt der Kennzahlenwerte aller beteiligten Unternehmen errechnet ($K_{\varnothing}$) und wie auch der eigene Kennzahlenwert (K) auf der Skala eingetragen (Abbildung 67).

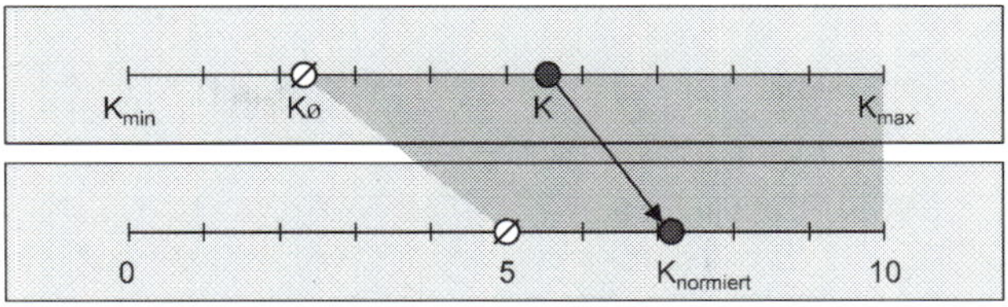

Für K_{max}=Benchmark und $K > K_ø$

$$K_{normiert} = 10 - 5 \times \frac{K_{max} - K}{K_{max} - K_ø}$$

Für K_{max}=Benchmark und $K < K_ø$

$$K_{normiert} = 5 \times \frac{K - Kmin}{K_ø - K_{min}}$$

Für K_{min}=Benchmark und $K > K_ø$

$$K_{normiert} = 5 \times \frac{K_{max} - K}{K_{max} - K_ø}$$

Für K_{min}=Benchmark und $K < K_ø$

$$K_{normiert} = 10 - 5 \times \frac{K - Kmin}{K_ø - K_{min}}$$

Abbildung 67: Schema zur Normierung der Kennzahlen

Es folgt die **Normierung der Kennzahlenwerte** zur Vorbereitung auf die folgende Kennzahlenaggregation und -bewertung. Dazu wird der Kennzahlenwert auf eine Skala von 1 (geringster Wert im Benchmarking) bis 10 (höchster Wert im Benchmarking) normiert ($K_{normiert}$), wobei der durchschnittliche Kennzahlenwert aller beteiligten Unternehmen stets den Wert 5 einnimmt. Das Berechnungsschema zur Normierung der Kennzahlenwerte ist Abbildung 67 zu entnehmen. Dabei ist zu beachten, ob K_{min} oder K_{max} den Benchmark darstellt.

Schließlich erfolgt zur Bewertung der Kompetenzen ($K_{Kompetenz}$) die **Aggregation von Bewertungskennzahlen** aus den jeweiligen normierten Kennzahlenwerten. Dazu werden die jeweiligen normierten Kennzahlenwerte einer Kompetenz mit den entsprechenden Gewichten multipliziert und schließlich addiert (s. Abbildung 68).

$$K_{Kompetenz} = K1_{normiert} \times Gewicht_{K1} + K2_{normiert} \times GewichtK_2 + K3_{normiert} \times Gewicht_{K3}$$

Abbildung 68: Schema zur Berechnung der Bewertungskennzahl

Als Ergebnis liegt dem Anwender der Methodik eine aggregierte Kennzahl je Kompetenz mit einem Kennzahlenwert zwischen 0 und 10 vor. Dabei bedeutet ein Kennzahlenwert kleiner als 5 eine unterdurchschnittliche Beherrschung der jeweiligen Kompetenz, wohingegen ein Kennzahlenwert größer als 5 auf eine überdurchschnittliche Beherrschung der Kompetenz hinweist. Kennzahlenwerte von 0 bzw. 10 sind gleichbedeutend mit der geringsten bzw. höchsten Leistungsfähigkeit in Bezug auf die entsprechende Kompetenz im Benchmarkingverbund.

Dem Anwender liegen mit Abschluss der **Bewertung der Kompetenzen** folgende Ergebnisse vor:

- Minimale, maximale und Durchschnittswerte des Benchmarkingverbundes je Kennzahl zur Bewertung der Kompetenzen

- Normierte Kennzahlenwerte je Kennzahl zur Bewertung der Kompetenzen auf einer Skala zwischen 0 und 10 bei einem Durchschnittswert von 5
- Je Kompetenz eine aggregierte Bewertungskennzahl auf einer Skala zwischen 0 und 10 bei einem Durchschnittswert von 5

5.1.3 Schritt C: Typisierung des Werkzeugbaus

Der dritte Schritt der Methodik zur Gestaltung von lebenszyklusorientierten Leistungssystemen im Werkzeugbau beinhaltet die Typisierung des Werkzeugbaubetriebs in Bezug auf seine strategische Ausrichtung. Im Folgenden werden zunächst die entsprechenden Grundlagen erörtert. Daraufhin erfolgt die Definition der strategischen Ausrichtung des Werkzeugbaubetriebs und schließlich die Typisierung auf Basis einer zuvor entwickelten Typologie.

5.1.3.1 Grundlagen

Unter der strategischen Ausrichtung eines Unternehmens wird das geplante Verhaltensmuster verstanden, in dem ein Unternehmen unter Berücksichtigung der Unternehmensrandbedingungen einen langfristigen Nutzen gegenüber seinen Anspruchsgruppen durch Aktivitäten gewährleistet (vgl. Kapitel 5.1.1.1).[516] Dabei sind die Unternehmensrandbedingungen durch Unsicherheit, Dynamik und Komplexität gekennzeichnet.[517] Vor diesem Hintergrund stellt sich die Frage, inwieweit eine strategische Ausrichtung von Unternehmen überhaupt bewusst und aktiv vorgenommen werden kann. Neben den beiden Extrema der synoptischen Totalplanung und der Gegenposition, dass die Entwicklung von Unternehmungen unsteuerbar ist, schlägt KIRSCH eine „geplante Evolution“ vor.[518] Diese geplante Evolution gelingt im Rahmen der **Potenzialtheorie** durch Vereinigung der Vorteile von Market-Based und Resource-Based View repräsentiert durch die Strategischen Erfolgspositionen im Geschäftsfeld bzw. die Kompetenzen des Unternehmens.[519]

Mit Strategischen Erfolgspositionen zielt ein Unternehmen darauf ab, strategische Positionen im Wettbewerb zu besetzen, indem es sich durch das Angebot bestimmter Leistungen am Markt profiliert. Aufgrund ihrer Orientierung an Kunden und Wettbewerb gleicht dies der Sichtweise des Market-Based View.[520] Die Kompetenzen des Unternehmens bilden gebündelt in Strategische Erfolgspotenzialen[521] hingegen die Voraussetzung dafür, dass Strategische Erfolgspositionen gegenüber Wettbewerbern gewonnen werden können.[522] Erst durch den operativen Einsatz der Kompetenzen werden Strategische Erfolgspositionen realisiert und führen damit im Laufe der Zeit zu einer veränderten Positionierung der Unternehmen am Markt.[523] Kompeten-

516 Vgl. Zohm (Management von Diskontinuitäten), 2004
517 Vgl. Müller-Stewens & Lechner (Strategisches Management), 2011, S. 19f.
518 Vgl. Müller-Stewens & Lechner (Strategisches Management), 2011, S. 26
519 Vgl. Kampker (Kompetenzbasierte Geschäftsausweitung), 2004, S. 71
520 Vgl. Pümpin (Strategische Erfolgspositionen), 1992, S. 28
521 Vgl. Gälweiler & Schwaninger (Strategische Unternehmensführung), 2005
522 Vgl. Binder & Kantowsky (Technologiepotenziale), 1996, S. 67
523 Vgl. Bleicher (Integriertes Management), 1999, S. 471

zen gebündelt in Strategischen Erfolgspotenzialen bilden ferner die interne Sichtweise des Resource-Based View ab. Zur strategischen Ausrichtung eines Unternehmens sollten folglich die vorhandenen Kompetenzen des Unternehmens in so genannten Strategischen Erfolgspotenzialen gebündelt und durch die Besetzung von Strategischen Erfolgspositionen an Nutzenpotenzialen ausgerichtet werden (s. Abbildung 69).

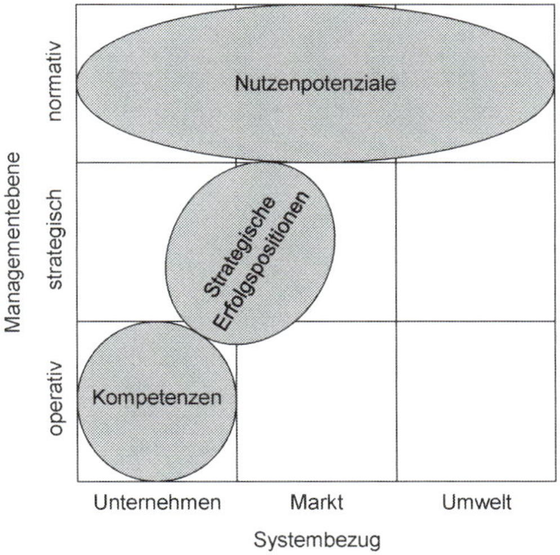

Abbildung 69: Strategische Ausrichtung von Unternehmen im Rahmen der Potenzialtheorie[524]

Dabei sind **Nutzenpotenziale** als eine in der Umwelt, im Markt oder in der Unternehmung latent oder effektiv vorhandene Konstellation zu verstehen, die zum Vorteil aller interner und externen Bezugsgruppen durch Aktivitäten des Unternehmens erschlossen werden kann.[525]

Unternehmen können durch individuelle strategische Ausrichtungen charakterisiert werden. Dennoch sind dabei häufig Grundformen oder Muster im Sinne von Typen zu erkennen.[526] Im Duden wird der Begriff **Typ** als eine durch bestimmte Merkmale gekennzeichnete Kategorie, Art von Dingen oder Personen definiert.[527] Typen enthalten stetige Merkmale, die durch Skalierung oder Abstufung messbar sind. Bei Betrachtung dieser Merkmale wird der jeweilige Untersuchungszweck deutlich.[528] So werden nicht alle potenziellen, sondern nur jene Merkmale erfasst, die im Hinblick auf den Untersuchungszweck erforderlich sind. Dieser Argumentation folgend werden Realtypen, Idealtypen und Allgemeintypen unterschieden:[529] Realtypen basieren

---

524 I.A.a. Binder & Kantowsky (Technologiepotenziale), 1996, S. 67
525 Vgl. Pümpin (Das Dynamik-Prinzip), 1989, S. 45ff.
526 Vgl. Kuckartz (Typenbildung), 2010, S. 555
527 Vgl. o.V. (Typ), 2015.
528 Vgl. Kuhlmann (Gestaltung von Geschäftsprozessen), 2011, S. 90
529 Vgl. Schierenbeck (Grundzüge der Betriebswirtschaftslehre), 2003, S. 27

auf quantifizierbaren Erscheinungen bzw. Ergebnissen. Idealtypen sind gedachte, empirisch nicht nachweisbare Gebilde und stehen immer nur für einen einzigen Gegenstand. Allgemeintypen erfassen hingegen eine Klasse von Erscheinungen.[530] Weiterhin lassen sich eindimensionale Typen, charakterisiert durch nur ein Merkmal, und mehrdimensionale Typen, die sich durch ein Bündel von Merkmalen auszeichnen, unterscheiden.[531] Der aufgezeigten Argumentation folgend können Unternehmen als allgemeine Realtypen mehrdimensionaler Art gesehen werden.

Der Begriff **Typologie** definiert die Grundgesamtheit aller Typen für einen bestimmten Untersuchungsbereich. Sie können helfen, die Komplexität der Umwelt zu reduzieren und für den Menschen handhabbar zu machen.[532] Typologien können nicht gut oder schlecht, vielmehr können sie mehr oder weniger relevant oder geeignet sein.[533] Der Begriff **Typologisierung** definiert die systematische Einteilung einer Grundgesamtheit in Typen.[534] Bei der Typologisierung ist zu beachten, dass jeder Typ in sich möglichst homogen ist. Dadurch wird das Gemeinsame und Charakteristische des Typen hervorgehoben. Dagegen sollten Typen untereinander möglichst heterogen sein. Auf diese Weise entsteht ein Überblick über die Fülle und Breite des Untersuchungsgebiets.[535] Die **Typisierung** beschreibt ferner die Einordnung eines konkreten Begriffs, Gegenstandes oder einer konkreten Erscheinung in eine bestehende Typologie. Zur Typologisierung von Industriebetrieben bietet sich nach Analyse ihrer technisch-ökonomischen Struktur eine Vielzahl von Merkmalen an.[536]

5.1.3.2 Vorgehen zur Definition der strategischen Ausrichtung

Wie in den Grundlagen des vorliegenden Kapitels aufgezeigt, bilden die Kompetenzen des Unternehmens die Voraussetzung zur Besetzung von Strategischen Erfolgspositionen. Erst durch Umsetzung der Kompetenzen werden Strategische Erfolgspositionen realisiert. Folglich wird die strategische Ausrichtung eines Unternehmens durch Kompetenzen definiert, die eine Besetzung der Strategischen Erfolgspositionen ausgerichtet auf Nutzenpotenziale ermöglichen. In diesem Sinne werden im vorliegenden Methodikschritt die bewerteten Kompetenzen den gewichteten Strategischen Erfolgspositionen gegenübergestellt und darüber die strategische Ausrichtung des anwendenden Werkzeugbaubetriebs definiert.[537]

Dazu werden zunächst die Strategischen Erfolgspositionen absteigend nach ihrer Gewichtung in Form von Balkendiagrammen dokumentiert (s. Abbildung 70). Damit sind die Strategischen Erfolgspositionen entsprechend ihrer Bedeutung für den wahrgenommenen Kundennutzen vor einem mittelfristigen Zeithorizont von etwa drei Jahren sortiert. Daraufhin werden den Strategischen Erfolgspositionen die entspre-

---

[530] Vgl. Kuhlmann (Gestaltung von Geschäftsprozessen), 2011, S. 90
[531] Vgl. Eckert (Sprachtypus und Geschichte), 1986, S. 44
[532] Vgl. Kelle & Kluge (Qualitative Sozialforschung), 2010, S. 7
[533] Vgl. Honer (Ethnographie), 1993, S. 111
[534] Vgl. o.V. (Typologisierung), 1994, S. 355
[535] Vgl. Castillo (Typologisieren), 2010, S. 1
[536] Vgl. Schierenbeck (Grundzüge der Betriebswirtschaftslehre), 2003, S. 38ff.
[537] Vgl. Bullinger (Integrierte Produktentwicklung), 1995, S. 200ff.

chenden bewerteten Kompetenzen ebenfalls in Form von Balkendiagrammen gegenübergestellt. Damit steht je einer gewichteten Strategischen Erfolgsposition je eine bewertete entsprechende Kompetenz gegenüber.

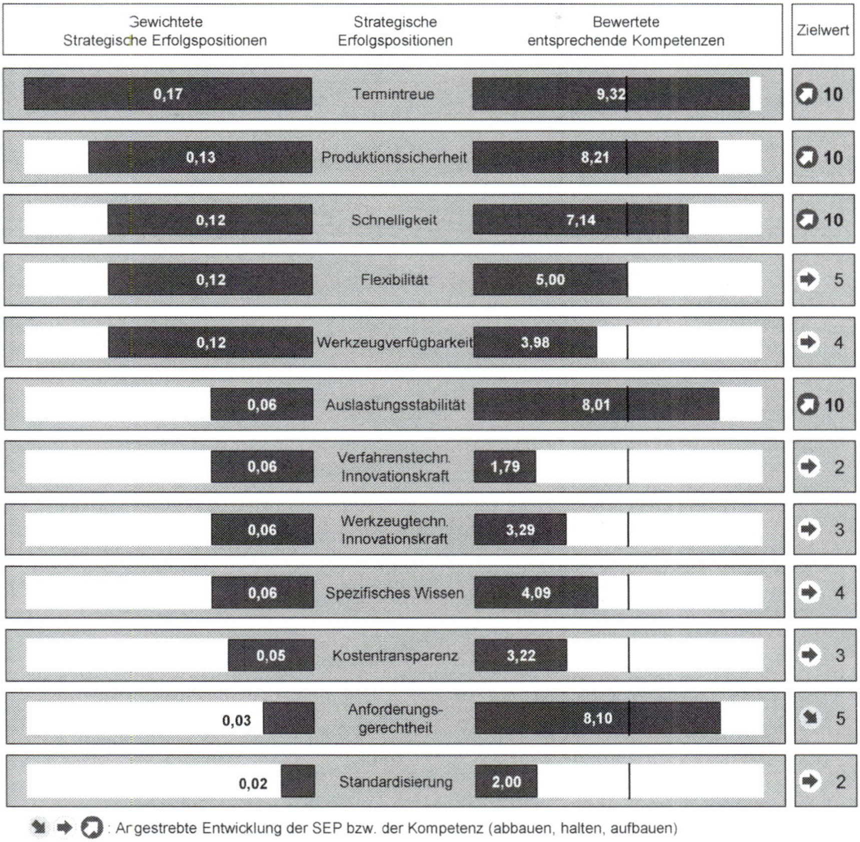

Abbildung 70: Beispielhafte Gegenüberstellung von Strategischen Erfolgspositionen und Kompetenzen

Die resultierende Darstellung gibt transparent und intuitiv Aufschluss über den strategischen Fit zwischen den Strategischen Erfolgspositionen des betrachteten Geschäftsfeldes und den Kompetenzen des Werkzeugbaubetriebs. So sollten erfolgreiche Werkzeugbaubetriebe die wichtigsten Strategischen Erfolgspositionen mit im Wettbewerb herausragenden Kompetenzen adressieren und damit die Strategischen Erfolgspositionen besetzen. Wenig erfolgreiche strategische Ausrichtungen sind durch einen Misfit zwischen Strategischen Erfolgspositionen und Kompetenzen charakterisiert. So werden die wichtigen Strategischen Erfolgspositionen nicht durch eigene herausragende Kompetenzen erfüllt und bzw. oder eigene herausragende Kompetenzen erfüllen nur die unwichtigen Strategischen Erfolgspositionen im Geschäftsfeld. Damit wird deutlich, bei welchen Strategischen Erfolgspositionen ein Kompetenzmangel vorliegt.[538]

Auf dieser Basis kann die strategische Ausrichtung definiert werden. Dazu werden jene Strategischen Erfolgspositionen festgelegt, die zukünftig besetzt werden sollen. Der Potenzialtheorie folgend sollten im Sinne einer Bündelung der Kräfte maximal vier Strategische Erfolgspositionen ausgewählt werden.[539] Dabei sollten vor dem Hintergrund der Vereinigung von Resource-Based und Market-Based View nach Möglichkeit einerseits wichtige Strategische Erfolgspositionen und andererseits jene Strategischen Erfolgspositionen ausgewählt werden, die aktuell bereits durch eigene überdurchschnittliche Kompetenzen adressiert werden. Da eine Strategische Erfolgsposition immer nur von einem Unternehmen im Geschäftsfeld besetzt werden kann, ist eine besetzte Strategische Erfolgsposition gleichbedeutend mit einer im Wettbewerb am besten beherrschten entsprechenden Kompetenz. Zielwert der entsprechenden Kompetenzen sollte demnach 10 sein (s. Abbildung 70). Im Sinne der Kräftebündelung sollten alle weiteren Strategischen Erfolgspositionen von einer aktiven Entwicklung ausgeklammert werden. Die Zielwerte dieser entsprechenden Kompetenzen sollten daher den aktuellen Werten gleichkommen oder bei einer ausgemachten deutlichen Übererfüllung herabgesetzt werden. Per Definition wird unter einer strategischen Ausrichtung das geplante Verhaltensmuster eines Unternehmens verstanden, in dem es durch Aktivitäten einen langfristigen Nutzen gegenüber seinen Anspruchsgruppen gewährleistet (vgl. Kapitel 5.1.1.1). Damit ist die im vorliegenden Methodikschritt definierte strategische Ausrichtung als Handlungsrahmen für die zukünftigen Aktivitäten des Werkzeugbaubetriebs zu sehen. Dazu zählt die Entwicklung des Werkzeugbaubetriebs in Bezug auf sämtliche Elemente der Wertschöpfung (vgl. Kapitel 2.3.5), im Hinblick auf die vorliegende Methodik aber insbesondere in Bezug auf die Leistungen des Werkzeugbaubetriebs.

Dem Anwender liegen mit Abschluss der **Definition der strategischen Ausrichtung** folgende Ergebnisse vor:

- Gegenüberstellung der gewichteten Strategischen Erfolgspositionen mit den bewerteten entsprechenden Kompetenzen
- Definierte strategische Ausrichtung durch ausgewählte zukünftig zu besetzende Strategische Erfolgspositionen mit quantifizierten Zielwerten

5.1.3.3 Vorgehen zur Typisierung des Werkzeugbaus

Die Branche Werkzeugbau ist überaus heterogen. Die hergestellten Werkzeuge sind unterschiedlichen Technologien zugehörig und weisen unterschiedlichste Komplexitäten auf. Die Werkzeugbaubetriebe sind durch unterschiedliche Kompetenzen charakterisiert. Ebenso ist das bediente Kundenspektrum heterogen. Die Heterogenität spiegelt sich in individuellen strategischen Ausrichtungen der Werkzeugbaubetriebe wider, die in ebenso individuell gestalteten Leistungssystemen münden sollten. Vor

[538] Vgl. Bullinger (Integrierte Produktentwicklung), 1995, S. 201
[539] Vgl. Pümpin (Strategische Erfolgspositionen), 1992, S. 49f.

diesem Hintergrund erscheint eine Definition von allgemeingültigen Richtlinien zur Gestaltung von lebenszyklusorientierten Leistungssystemen im Werkzeugbau unmöglich. Die Tatsache, dass eine entsprechende Methodik nur vorab definierte Gestaltungsempfehlungen geben und nicht auf alle Eigenschaften eines jeden Unternehmens eingehen kann, macht eine ausgewogene Aggregation der strategischen Ausrichtungen der Werkzeugbaubetriebe im Sinne einer Typologie notwendig.

Die strategische Ausrichtung von Unternehmen orientiert sich ausschließlich an Nutzenpotenzialen, die zum Vorteil aller internen und externen Bezugsgruppen durch Aktivitäten des Unternehmens erschlossen werden können.[290] Nach FRICK treten in der Branche Werkzeugbau vier zentrale Nutzenpotenziale auf, welche erfolgreiche Werkzeugbaubetriebe über ihr Leistungsangebot adressieren und sich daher als Typologisierungskriterien für strategische Ausrichtungen von Werkzeugbaubetrieben eignen: Zeitersparnis, Komplexitätsreduktion, Kostenreduktion und Innovationsbeitrag.[540] Diese Nutzenpotenziale ergeben sich insbesondere durch die Position des Werkzeugbaus in der industriellen Wertschöpfungskette (vgl. Kapitel 2.3.4).

Die Position des Werkzeugbaus auf dem kritischen Zeitpfad zwischen Produktentwicklung und Werkzeugbau und die damit einhergehende Abhängigkeit des Startzeitpunkts der Serienproduktion begründen das Nutzenpotenzial **Zeitersparnis**. Eine Zeitersparnis im Werkzeugerstellungsprozess verkürzt einerseits die time-to-market. Andererseits räumt sie dem Kunden mehr Flexibilität in Bezug auf späte Änderungen in der Produktentwicklung ein. Darüber hinaus kann der **Schnelligkeitsbefähiger** nach dem Werkzeugerstellungsprozess während der Serienproduktion Zeitersparnis generieren. So beeinflusst der Werkzeugbau die Werkzeugverfügbarkeit entscheidend mit und kann damit kurze Stillstandzeiten in der Serienproduktion realisieren.[541]

Eine zunehmende Komplexität der zu realisierenden Produkte und Produktionsprozesse und eine Fokussierung der Kunden des Werkzeugbaus auf ihre Kernkompetenzen bedingen das Nutzenpotenzial **Komplexitätsreduktion**. Die Leistungsfähigkeit des Werkzeugbaus determiniert die zu realisierende Produktkomplexität. Die Leistungsfähigkeit des Werkzeugs beeinflusst direkt die zu realisierende Prozesskomplexität und die Stabilität des Produktionsprozesses. Dabei beschränken sich die Kunden auf ihre Kernkompetenzen. Der Werkzeugbau wird damit zum exklusiven komplexitätsbezogenen Know-how-Träger über den gesamten Werkzeuglebenszyklus. Der **Komplexitätsreduzierer** kann Komplexität vom Kunden durch die Abnahme von Bearbeitungsumfängen übernehmen und die absolute Komplexität durch die Reduktion von Schnittstellen zwischen Werkzeugbau und Kunde verringern.[542]

Das Nutzenpotenzial **Kostenreduktion** ergibt sich in Bezug auf den Einstandspreis der Werkzeuge wie auch auf deren Lebenszykluskosten. So fallen beispielsweise bei einer durchschnittlichen Automobilbaureihe etwa 15% des Investitionsvolumens auf

[540] Vgl. Frick (Geschäftsmodelle im Werkzeugbau), 2006, S. 185ff.
[541] Vgl. Frick (Geschäftsmodelle im Werkzeugbau), 2006, S. 187
[542] Vgl. Frick (Geschäftsmodelle im Werkzeugbau), 2006, S. 187; Prahalad & Hamel (Core Competence), 1990, S. 79ff.

Werkzeuge.[543] Der werkzeugbezogene Produktionskostenanteil beläuft sich auf bis zu 30%, wenn zu den Investitionskosten ebenfalls Wartungs- und Instandhaltungskosten über die Nutzungsdauer des Werkzeugs hinzuaddiert werden. Laut Expertenschätzungen werden bis zu 60% der Lebenszykluskosten mittelbar oder unmittelbar während der Werkzeugauslegung festgelegt.[544] Damit kann der **Kostenreduzierer** die Wirtschaftlichkeit der späteren Serienfertigung maßgeblich beeinflussen.[545]

Einen **Innovationsbeitrag** kann der **Innovationsbefähiger** in Richtung der Produktentwicklung wie auch in Richtung der Serienproduktion leisten. So ist der Werkzeugbaubetrieb für die Umsetzung von Innovationen der Produktentwicklung verantwortlich. Eine industrielle Produktion wird überhaupt erst möglich, wenn der Werkzeugbaubetrieb in der Lage ist, die gewünschten Geometrien mit einem Werkzeug abzubilden. Darüber hinaus sind endkundenrelevante Parameter wie Design, Haptik, Gewicht und Kosten des Produktes direkt von den Kompetenzen des Werkzeugbaubetriebs abhängig. Durch die Realisation der Innovationen des Kunden ist der Werkzeugbaubetrieb Träger von spezifischem Know-how des Kunden und sichert damit dessen Wissen und Wissensvorsprung. In Richtung der Serienfertigung tragen Innovationen des Werkzeugbaus direkt zu einem optimierten Produktionsprozess bei. Durch höhere Standzeiten und verlängerte Wartungsintervalle lassen sich die Produktivität der Werkzeuge steigern und die Lebenszykluskosten senken.[546]

Jeder Werkzeugbaubetrieb lässt sich über seine strategische Ausrichtung und die damit verbundene Fokussierung auf ein Nutzenpotenzial einem der vier beschriebenen Typen Innovationsbefähiger, Komplexitätsreduzierer, Schnelligkeitsbefähiger und Kostenreduzierer zuordnen. Darunter ist allerdings nicht zu verstehen, dass die jeweils anderen Nutzenpotenziale gänzlich außer Acht gelassen werden.[547]

Zur empirischen Validierung dieses Sachverhalts wurden die 12 besten Werkzeugbaubetriebe des Wettbewerbs „Excellence in Production“ zum Werkzeugbau des Jahres 2014 in der Bewertungsdimension „Vision und Strategie“ ausgewertet.[548] Die entsprechenden Werkzeugbaubetriebe führen aus einer Liste von zwölf Argumenten jeweils bis zu drei an, mit denen sie gegenüber ihren Kunden auftreten, um einen Auftrag zu gewinnen (s. Anhang, Abbildung 110). Jeweils drei dieser Argumente lassen sich eindeutig einem der vier Nutzenpotenziale im Werkzeugbau zuordnen. Abbildung 71 zeigt auf, wie viele der bis zu drei angegebenen Hauptargumente dabei jeweils einem Nutzenpotenzial zugeordnet werden können. Es zeigt sich, dass diese Unternehmen jeweils klar auf ein Nutzenpotenzial fokussieren und damit eindeutig einem Typen zugeordnet werden können.

---

[543] Vgl. Ittner (Quantitative Bewertung), 2004, S. 17

[544] Vgl. Menezes (European Mold Making), 2004

[545] Vgl. Scheer & Cocchi (Product Lifecycle Management), 2006, S. 54

[546] Vgl. Eversheim & Klocke (Werkzeugbau mit Zukunft), 1998, S. 2; Frick (Geschäftsmodelle im Werkzeugbau), 2006, S. 185

[547] Vgl. Treacy & Wiersema (Marktführerschaft), 1995, S. 111f.

[548] Der Wettbewerb wird jährlich vom WZL der RWTH Aachen und dem Fraunhofer IPT durchgeführt und bewertet durch ein umfangreiches Benchmarking die Gesamtleistungsfähigkeit der teilnehmenden Werkzeugbaubetriebe

Eine anwendungsgerechte Typologie erfordert allerdings die Überführung der Typologisierungskriterien in quantifizierbare Merkmale. Da diese Merkmale die Realität abbilden und dabei ihre Komplexität reduzieren müssen, ist ihre Auswahl äußerst bedeutsam.[549] Es gilt Merkmale zu definieren, mit denen sich Ausprägungen der Nutzenpotenziale darstellen lassen. Wie bereits im Grundlagenkapitel thematisiert, müssen die Merkmale dazu messbar, d. h. abstufbar und skalierbar, sein.[550] Da die Leistungen von Unternehmen durch ihre Strategischen Erfolgspositionen an den Kundennutzenpotenzialen ausgerichtet werden, bilden die im vorangegangenen Schritt ausgewählten Strategischen Erfolgspositionen jene Merkmale.

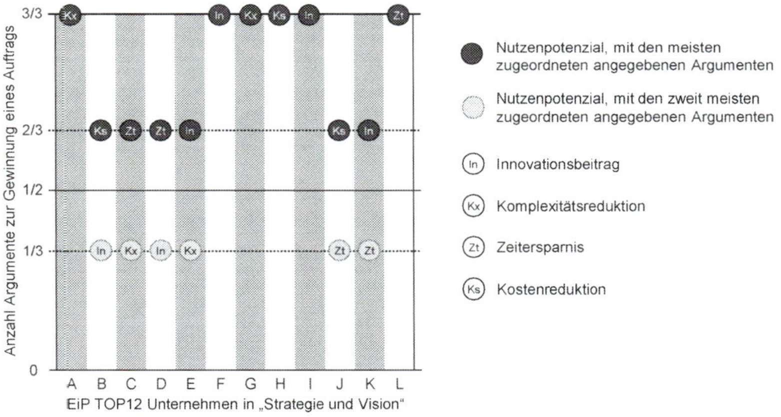

Abbildung 71: Fokus der EiP Top12 (Strategie und Vision) auf Nutzenpotenziale

Zur Nutzung der Strategischen Erfolgspositionen als Typisierungsmerkmale gilt es noch zu identifizieren, durch welche Strategischen Erfolgspositionen Werkzeugbaubetriebe sich auf welche der vier Nutzenpotenziale ausrichten. Im Zuge einer praxisorientierten Typologisierung[551] werden dazu die Strategischen Erfolgspositionen der oben genannten zwölf Werkzeugbaubetriebe entsprechend Schritt C1 identifiziert. Dabei zeigt sich, dass sich jeweils analog zum adressierten Nutzenpotenzial die drei Strategischen Erfolgspositionen mit den am höchsten bewerteten Kompetenzen entsprechen (s. Abbildung 72). So sind die drei wichtigsten Strategischen Erfolgspositionen der drei Unternehmen, die auf das Nutzenpotenzial Zeitersparnis fokussieren und damit dem Typ Schnelligkeitsbefähiger entsprechen, jeweils Schnelligkeit, Termintreue und Flexibilität. Die beiden Komplexitätsreduzierer fokussieren jeweils auf Produktionssicherheit, Anforderungsgerechtheit und Standardisierung, wohingegen die Kostenreduzierer ihr Hauptaugenmerk jeweils auf Werkzeugverfügbarkeit, Kostentransparenz und Auslastungsstabilität legen. Schließlich bewerten die Innovationsbefähiger ihre Kompetenzen zu den entsprechenden Strategischen Erfolgspositi-

549 Vgl. Paulukuhn (Typologisierung von Entwicklungsprojekten), 2005, S. 93
550 Vgl. Schierenbeck (Grundzüge der Betriebswirtschaftslehre), 2003, S. 27
551 Vgl. Paulukuhn (Typologisierung von Entwicklungsprojekten), 2005, S. 93

onen verfahrens- und werkzeugtechnologische Innovationskraft sowie spezifischem Wissen am besten. Diese Erkenntnisse spiegeln die Beschreibung der Strategischen Erfolgspositionen aus Kapitel 5.1.1.3 wider.

	Schnelligkeits-befähiger			Komplex.-reduzierer		Kosten-reduzierer			Innovations-befähiger			
SEP\Unternehmen	C	D	L	A	G	B	H	J	E	F	I	K
Schnelligkeit	9,19	8,49	8,74	5,32	5,34	5,51	3,81	6,13	4,23	6,30	5,17	4,58
Termintreue	8,94	9,43	9,23	6,44	4,54	6,06	6,02	6,03	5,73	6,41	2,18	6,30
Flexibilität	8,60	8,88	8,74	5,64	5,01	3,38	4,84	4,80	5,63	4,92	3,22	4,43
Produktionssicherheit	6,99	4,13	3,87	9,75	9,65	5,06	3,80	5,29	6,93	4,90	5,46	4,93
Anforderungsgerechtheit	7,03	6,95	8,23	9,43	9,60	4,48	7,81	7,26	7,91	7,42	7,71	6,62
Standardisierung	7,52	4,95	5,71	9,42	6,95	5,65	4,02	4,44	7,35	5,28	5,05	4,92
Werkzeugverfügbarkeit	8,25	3,41	5,00	3,18	0,91	7,50	8,75	7,50	6,75	7,25	2,05	5,00
Kostentransparenz	5,62	4,89	5,27	7,63	5,34	7,52	7,89	7,81	6,55	8,06	4,75	3,84
Auslastungsstabilität	7,50	4,11	2,73	8,97	6,62	6,80	7,90	7,34	3,84	4,44	1,63	6,16
Verfahrenstechn Inno.-kraft	5,85	3,45	3,96	6,61	3,96	4,91	4,96	6,19	8,90	8,31	7,80	7,80
Wekzeugtechn. Inno.-kraft	4,54	4,02	4,08	6,76	1,87	6,54	4,55	6,76	8,74	8,38	7,93	7,78
Spezifisches Wissen	5,91	4,32	3,44	6,57	6,38	4,67	3,69	5,10	8,77	9,02	7,86	6,77

Einer der drei höchsten Punktwerte des Unternehmens

Abbildung 72: Bewertete Strategische Erfolgspositionen der EiP TOP12 (Strategie und Vision)[552]

Zur Bestimmung des Typs der strategischen Ausrichtung des anwendenden Werkzeugbaubetriebs sind folgerichtig die in Schritt C1 bestimmten Zielwerte der Strategischen Erfolgspositionen hinzuzuziehen (s. Abbildung 73).

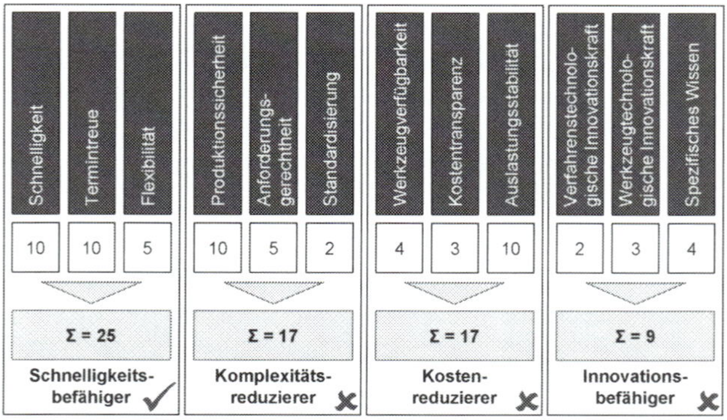

Abbildung 73: Typologisierung des Werkzeugbaubetriebs

552 Die detaillierte Auswertung ist im Anhang in Abbildung 111 dargestellt

Die Summen der Zielwerte jener drei Strategischen Erfolgspositionen, die einem Nutzenpotenzial zugeordnet sind, gibt Aufschluss über die Ausrichtung des Werkzeugbaubetriebs auf das entsprechende Nutzenpotenzial. Das Nutzenpotenzial mit der höchsten Summe steht schließlich für den entsprechenden Typ der strategischen Ausrichtung des Werkzeugbaubetriebs.

Nach Zuordnung der eigenen strategischen Ausrichtung zu einem der vier Typen ist der Werkzeugbaubetrieb in der Lage, strategiekonforme lebenszyklusorientierte Leistungssysteme zu entwickeln.

Dem Anwender liegen mit Abschluss der **Typisierung des Werkzeugbaus** folgende Ergebnisse vor:

- Zugeordneter Werkzeugbaubetrieb zu einem der vier Typen Innovationsbefähiger, Komplexitätsreduzierer, Schnelligkeitsbefähiger und Kostenreduzierer
- Vollständige analytische Grundlagen zur strategiekonformen Gestaltung von lebenszyklusorientierten Leistungssystemen

5.2 Detaillierung der Gestaltung

Ausgehend von der Analyse mit abschließender Typisierung des Werkzeugbaubetriebs im ersten Teil der Methodik erfolgt im zweiten Teil die Detaillierung der Gestaltung von lebenszyklusorientierten Leistungssystemen. Diese ist für jedes zu gestaltende Leistungssystem neuerlich zu durchlaufen. Dazu werden zunächst die Kunden ausgewählt, mit denen jeweils ein individuelles Leistungssystem gestaltet werden soll. Daraufhin wird auf Basis eines typspezifischen Leistungsbaukastens durch Auswahl der Leistungsmodule das Leistungssystem konfiguriert. Nach Aufnahme der Kundenanforderungen an die Leistungsmodule werden diese weiter spezifiziert und schließlich ausgestaltet und zu einem Leistungssystem integriert.

5.2.1 Schritt D: Konfiguration des lebenszyklusorientierten Leistungssystems

Im vorliegenden vierten Schritt der Methodik erfolgt zusammen mit dem Kunden die Konfiguration des entsprechenden lebenszyklusorientierten Leistungssystems. Nach einer Einführung in die Grundlagen zum Lead User Konzept, zur Mass Customization und zur Modularisierung wird die Vorgehensweise zur Auswahl derjenigen Kunden im betrachteten Geschäftsfeld beschrieben, für die ein lebenszyklusorientiertes Leistungssystem gestaltet werden soll. Schließlich wird die Zusammenstellung einer kundenindividuellen Auswahl von Leistungsmodulen aus einem typspezifischen Leistungsbaukasten erörtert.

5.2.1.1 Grundlagen

Der Kunde ist bei der Entwicklung innovativer Leistungen ein entscheidender Inputfaktor.[553] So basiert eine erfolgreiche innovative Leistung zunächst auf der Kenntnis von Kundenanforderungen bzw. -bedürfnissen und schließlich auf der Entwicklung

[553] Vgl. Günther (Lead User-Konzept im Innovationsmanagement), 2008, S. 1

von Leistungen, die diese Bedürfnisse treffen. Dabei geben Kunden entscheidende Einblicke in deren Bedürfnisse und darüber hinaus häufig in mögliche Lösungen zur Befriedigung der Bedürfnisse.[554] In diesem Zusammenhang finden die von v. HIPPEL eingeführten **Lead User** Anwendung. So sind Lead User einerseits als besonders fortschrittliche Nutzer definiert, die als Instrument zur Entwicklung von Leistungen eingesetzt werden. Andererseits entwickeln sie aufgrund ihrer Bedürfnisse auch selbstständig innovative Lösungen.[555] Zudem ziehen sie einen ökonomischen Nutzen aus der Lösung ihrer Probleme, die die aktuell am Markt angebotenen Leistungen nicht bewältigen können. Der Lead User hat somit einen wirtschaftlichen Anreiz und ein entsprechendes Interesse, aktiv an der Leistungsentwicklung mitzuwirken.[556] Die Zusammenarbeit zwischen Lead User und Anbieter kann sich entweder auf die Entwicklung einer spezifischen innovativen Leistung beziehen oder darüber hinaus in einer projektübergreifenden Partnerschaft widerspiegeln. Zahlreiche Studien belegen, dass Unternehmen dieses Potenzial bereits für sich nutzen und von den radikalen neuen Ideen der Lead User profitieren.[557]

Leistungssysteme sind individuell auf Kunden zuzuschneiden. Allerdings scheint diese Individualisierung im grundsätzlichen Widerspruch zu den Anstrengungen von Unternehmen zu stehen, Rationalisierungspotenziale durch Standardisierung, Lernkurveneffekte und Skaleneffekte zu heben. Das Zielbild der **Mass Customization** besteht dabei in der Aufhebung dieses Widerspruchs. So sollen kundenindividuelle Leistungen angeboten und gleichzeitig Skaleneffekte durch Standardisierung ausgenutzt werden können. Der von DAVIS[558] geprägte Begriff Mass Customization als Zusammensetzung aus den Begriffen Mass Production und Customization spiegelt dieses Zielbild wider.[559] Während die generischen Wettbewerbsstrategien durch eine eindeutige Ausrichtung auf Kostenführerschaft oder Differenzierung charakterisiert sind, liefert das Konzept der Mass Customization einen Ansatz, neben einer Differenzierung durch Leistungsbündel auch Kostenvorteile zu erzielen.[560] Eine schlussfolgernde Definition bietet schließlich PILLER, der Mass Customization als Produktion von Gütern und Leistungen für einen (relativ) großen Absatzmarkt definiert, welche die unterschiedlichen Bedürfnisse jedes einzelnen Nachfragers dieser Produkte zu Kosten treffen, die in etwa denen einer massenhaften Fertigung eines zugrunde liegenden Standardproduktes entsprechen.[561] Als Lösungsidee sind beim Mass Customization Grundprodukte zu entwickeln, die jeweils kundenindividuell anpassbar sind.[562] Dabei wird zwischen einem Teil der auftragsneutralen und damit standardisierten Entwicklung und einem Teil der kundenspezifischen und damit individuellen

[554] Vgl. Urban & Hippel (Lead User Analysis), 1988, S. 569
[555] Vgl. Hippel (Lead Users), 1986, S. 791
[556] Vgl. Bullinger (Service Engineering), 2006, S. 158f.
[557] Vgl. Lilien et al. (Lead User Idea-Generation Process), 2002
[558] Vgl. Davis (Future perfect), 1987.
[559] Vgl. Piller (Mass Customization), 2000, S. 201
[560] Vgl. Büttgen & Ludwig (Mass Customization), 1997, S. 857f.; Speth (Industrielle Dienstleistungen), 2001
[561] Vgl. Piller (Kundenindividuelle Massenproduktion), 1998, S. 65
[562] Vgl. Piller (Mass Customization), 2000, S. 207

Entwicklung der Grundprodukte unterschieden. Beide Teile folgen sequenziell aufeinander und treffen sich zum Zeitpunkt der Auftragserteilung durch den Kunden.[563] Das Vorgehen bei der Mass Customization von industriellen Dienstleistungen ist ebenfalls zweistufig. So werden in einem ersten Schritt zunächst ex ante Dienstleistungen definiert, die in einem zweiten Schritt ex post kundenindividuell angepasst werden, indem diese mit kundenindividuellen Schnittstellen versehen werden. Dadurch kann dem Kunden keine nach seinen Spezifikationen zusammengestellte Leistung angeboten werden, die für das Unternehmen vollkommen neu ist.[564] Vielmehr kann dem Kunden aus vordefinierten Modulen eine individuelle, anforderungsgerechte Konfiguration geboten werden. Der Auswahlprozess des Kunden basiert dabei auf einem Leistungsbaukasten bestehend aus einzelnen Leistungsmodulen.

Jene modularen Leistungsarchitekturen dienen der Strukturierung von Gesamtleistungen in **Module**, die sich als funktional und physisch beschreibbare Einheiten definieren und von den restlichen Modulen weitestgehend unabhängig sind.[565] Die Verknüpfung der Module erfolgt über standardisierte Schnittstellen, sodass die Module unabhängig voneinander ausgetauscht und kombiniert werden können.[566] Um Module für eine Leistung zu entwickeln, ist der eigentliche Prozess der **Modularisierung** erforderlich, der allgemein zu den Produktstrukturierungsansätzen gezählt wird. Unter Modularisierung versteht SCHUH die geeignete Gliederung eines Produktes durch Verringerung der Abhängigkeiten zwischen den Elementen bzw. Modulen und Reduktion der Schnittstellenvarianten.[567] In Analogie dazu definiert GÖPFERT die Modularisierung als eine Gestaltung von Systemen aus relativ unabhängigen Subsystemen bzw. Modulen.[568] Da die Beziehungen zwischen den Modulen deutlich schwächer ausgeprägt sind als die Beziehungen innerhalb der Module, resultiert aus diesem Zusammenhang die Unabhängigkeit der Module.[569]

Nach PILLER gibt es unterschiedliche Ausprägungen der Modularisierung, die an dieser Stelle auf die Modularisierung von Leistungssystemen übertragen und in Abbildung 74 veranschaulicht werden.[570] Bei der generischen Modularisierung setzt sich das Leistungssystem stets aus der gleichen Anzahl von standardisierten Leistungsmodulen zusammen, die als Ergänzung zu einer Kernleistung das endgültige Leistungssystem bestimmen. Die quantitative Modularisierung erweitert die generische Modularisierung, da die Anzahl der verwendeten standardisierten Leistungsmodule variieren kann. Bei der individuellen Modularisierung ergänzen aufbauend auf der Kernleistung kundenindividuelle Module die standardisierten Leistungsmodule. Die freie Modularisierung, bei der auf die Kernleistung verzichtet wird, kommt für die Modularisierung von Leistungssystemen per Definition nicht in Frage.

---

563 Vgl. Peschl (Strategisches Management), 2010, S. 84
564 Vgl. Peschl (Strategisches Management), 2010, S. 85
565 Vgl. Baumgart (Modularisierung von Produkten), 2005
566 Vgl. Böhmann & Kremar (Modulare Servicearchitekturen), 2006, S. 378
567 Vgl. Schuh (Produktkomplexität), 2005, S. 130
568 Vgl. Boos (Modulare Werkzeuge), 2008, S. 19
569 Vgl. Göpfert (Modulare Produktentwicklung), 2009, S. 267
570 I.A.a. Piller (Mass Customization), 2000, S. 260

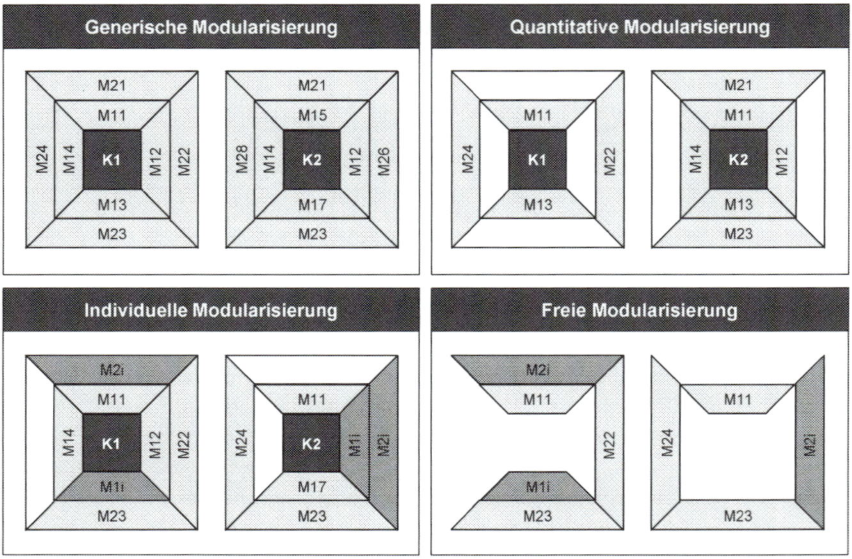

Abbildung 74: Ausprägungen von Modularisierungen von Leistungssystemen[571]

5.2.1.2 Vorgehen zur Identifikation von Lead Usern

Im ersten Teil der Methodik wurde durch die Typisierung die Voraussetzung dafür geschaffen, dass der anwendende Werkzeugbaubetrieb seine Leistungssysteme auf Basis seiner Kompetenzen über Strategische Erfolgspositionen generisch auf den Kundennutzen im betrachteten Geschäftsfeld ausrichtet. Im vorliegenden Methodikschritt wird nun die Grundlage zur kundenspezifischen Gestaltung der Leistungssysteme geschaffen.

Im Sinne eines hohen Nutzen-Aufwand Verhältnisses der Methodik ist nicht für jeden aktiven oder potenziellen Kunden des Werkzeugbaubetriebs im betrachteten Geschäftsfeld ein individuelles Leistungssystem zu entwickeln. Vielmehr sind einige wenige Kunden auszuwählen, für die bzw. mit denen zusammen jeweils ein lebenszyklusorientiertes Leistungssystem gestaltet werden soll, welches dann auf andere Kunden modifiziert übertragen werden kann. Zur Auswahl bieten sich daher Lead User an. Lead User sind als fortschrittliche Nutzer definiert, die einen ökonomischen Nutzen aus der Lösung ihrer Probleme ziehen und dadurch ein eigenes Interesse an einem aktiven Mitwirken an der Leistungserstellung haben.

Leistungssysteme im Werkzeugbau mit industriellen Sachleistungen und Dienstleistungen um das Werkzeug als Kernprodukt entlang des Werkzeuglebenszyklus tragen selbst vielfältig zur Problemlösung auf Kundenseite bei. Aus diesem Blickwinkel bieten sich für die gemeinsame Gestaltung von lebenszyklusorientierten Leistungssystemen als Lead User insbesondere jene Kunden des Werkzeugbaubetriebs an, die

[571] I.A.a. Piller (Mass Customization), 2000, S. 260

einen Großteil ihrer eingesetzten Werkzeuge vom anwendenden Werkzeugbaubetrieb beziehen. Der Werkzeugbaubetrieb tritt damit als Problemlöser bei einem Großteil der Produktionstätigkeiten des Kunden auf. Auf der anderen Seite hat der Werkzeugbaubetrieb ein Interesse, insbesondere für jene Kunden individuelle Leistungssysteme zu entwickeln, die einen Großteil seiner Werkzeuge abnehmen. Folgerichtig kommen im Werkzeugbau jene Kunden als Lead User in Frage, mit denen der Werkzeugbaubetrieb in einem gegenseitigen Abhängigkeitsverhältnis steht.

Zur **Identifikation der Kunden, von denen der Werkzeugbaubetrieb abhängig** ist, bietet sich die klassische ABC-Analyse an. In Werkzeugbaubetrieben trägt häufig eine relativ kleine Anzahl Kunden den überwiegenden Anteil zum Gesamtumsatz bei.[572] In diesem Fall hilft die ABC-Analyse diese Kunden zu identifizieren. Dazu werden zunächst die kundenspezifischen Umsätze des Werkzeugbaubetriebs mit allen in Schritt A aufgenommenen Kunden identifiziert. Als Betrachtungsperiode bieten sich dabei die beiden letzten abgeschlossenen Geschäftsjahre an. Dann werden die Kunden entsprechend ihrem Umsatzbeitrag zum Gesamtumsatz des Werkzeugbaubetriebs absteigend sortiert und auf der x-Achse eines zweidimensionalen Diagramms eingetragen (s. Abbildung 75). Auf die y-Achse werden schließlich die kumulierten Umsatzanteile mit den einzelnen Kunden aufgetragen. Als A-Kunden werden jene Kunden bezeichnet, die zusammen einen kumulierten Umsatzanteil von über 80% des Gesamtumsatzes des Werkzeugbaubetriebs einnehmen. B-Kunden stehen für die nächsten 15%, C-Kunden für die letzten 5%. Aufgrund ihres überwiegenden Anteils am Gesamtumsatz ist der Werkzeugbaubetrieb von den A-Kunden abhängig.

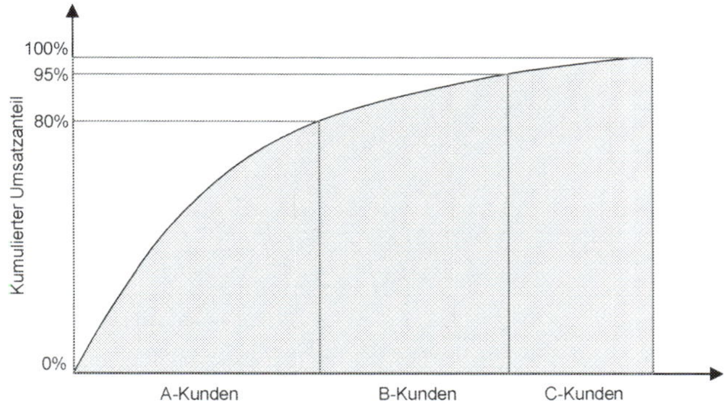

Abbildung 75: ABC-Analyse der Kunden des Werkzeugbaubetriebs

In ähnlicher Weise erfolgt die **Identifikation der Kunden, die abhängig vom Werkzeugbaubetrieb** sind. Es gilt also aufzudecken, für welche Kunden der Werkzeugbaubetrieb A-Lieferant in Bezug auf die entstandenen Kosten für Werkzeuge ist. Da aufseiten des Werkzeugbaubetriebs keine Transparenz über die Kosten auf Kunden-

[572] Vgl. WZL/IPT (Datenbank zum Werkzeugbau), 2015; Laut Datenbank sind durchschnittlich 6,5 Kunden für einen kumulierten Umsatzanteil von 75% verantwortlich

seite besteht, gilt es qualifizierte Schätzungen vorzunehmen. Häufig haben die Vertriebsmitarbeiter das nötige Erfahrungswissen, um abzusehen, für welche Kunden der Werkzeugbaubetrieb A-Lieferant ist. Diese Kunden sind vom Werkzeugbaubetrieb abhängig.

In Bezug auf das gegenseitige Abhängigkeitsverhältnis zwischen Werkzeugbaubetrieb und Kunden ergeben sich schließlich vier Kundentypen (s. Abbildung 76). Die Kunden, mit denen eine gegenseitige Abhängigkeit besteht, werden als Lead User definiert. Die **Auswahl der Kunden**, mit denen ein lebenszyklusorientiertes Leistungssystem entwickelt werden soll, beschränkt sich auf die Gruppe der Lead User. Kunden mit einer lateralen Abhängigkeit sind Following User. Zur Erhöhung der Abhängigkeit der Kunden vom Werkzeugbau bzw. zur Erhöhung des Umsatzes mit diesen Kunden sollten für diese Kunden mittelfristig ebenfalls Leistungssysteme ausgestaltet werden. Dazu ist eine Modifikation der mit den Lead Usern gestalteten Leistungssysteme zunächst aber ausreichend. Besteht lediglich eine bilateral geringe Abhängigkeit, so sollte im Sinne einer Fokussierung auf Erfolg versprechende Kunden zunächst von einer individuellen Gestaltung von Leistungssystemen für diese Kunden abgesehen werden.

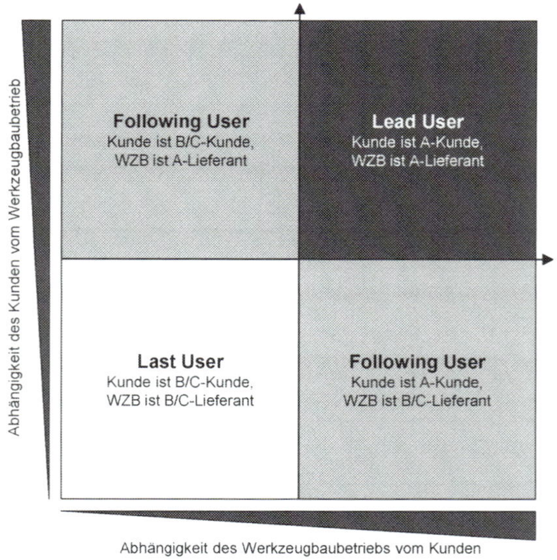

Abbildung 76: Kundentypen in Bezug auf das Abhängigkeitsverhältnis

Dem Anwender liegen mit Abschluss der **Identifikation von Lead Usern** folgende Ergebnisse vor:

- Identifizierte gegenseitige Abhängigkeiten zwischen Werkzeugbaubetrieb und Kunden im betrachteten Geschäftsfeld

- Identifizierte Lead User im Geschäftsfeld, mit denen im weiteren Verlauf der Methodik lebenszyklusorientierte Leistungssysteme entwickelt werden

5.2.1.3 Vorgehen zur Auswahl von Leistungsmodulen

Zusammen mit einem Lead User wird nun das lebenszyklusorientierte Leistungssystem konfiguriert. Die Basis der Konfiguration bildet der typspezifische Leistungsbaukasten, der eine Maximalkonfiguration des lebenszyklusorientierten Leistungssystems darstellt. Der Leistungsbaukasten besteht aus einzelnen Leistungsmodulen, durch deren Auswahl das Leistungssystem konfiguriert wird.

Die quantitative Modularisierung erfolgt dabei entlang zweier Dimensionen. Mit der **Orientierung am Werkzeuglebenszyklus** bildet im lebenszyklusorientierten Leistungssystem eben dieser, unterteilt in diskrete Lebenszyklusphasen, die erste Dimension der Modularisierung. Der Werkzeuglebenszyklus kann aus Sicht des Werkzeugbaus (Hersteller), des Werkzeugs (Produkt) oder des Kunden (Betreiber) betrachtet werden (vgl. Kapitel 2.2). Da das Werkzeug den Kern des im weiteren Verlauf der Methodik zu gestaltenden Leistungssystems bildet, wird ausschließlich der produktbezogene Werkzeuglebenszyklus betrachtet (s. Abbildung 77).

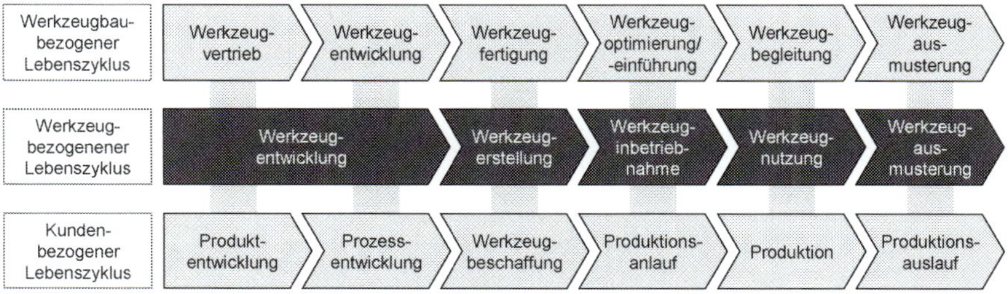

Abbildung 77: Generischer Lebenszyklus eines Werkzeugs

Der lineare Produktlebenszyklus unterteilt sich üblicherweise in die Phasen Vorproduktherstellung, Produktherstellung, Nutzung und Entsorgung (vgl. Kapitel 2.2.4). Eine Besonderheit im Werkzeugbau ist jedoch die auf die Werkzeugerstellung folgende Phase der Inbetriebnahme des Werkzeugs. Der produktbezogene Werkzeuglebenszyklus besteht demnach aus den fünf Phasen Werkzeugentwicklung, Werkzeugerstellung, Werkzeuginbetriebnahme, Werkzeugnutzung und Werkzeugausmusterung. Den Startpunkt der Werkzeugentwicklung bildet die Initiative des Kunden, ein neues Produkt zu entwickeln. Fester Bestandteil der Produktentwicklung ist die Produktkalkulation, in die auch die Betriebsmittel- respektive Werkzeugkosten einfließen. Dazu sind Angebote von Werkzeugbaubetrieben einzuholen, womit der Vertriebsprozess aufseiten des Werkzeugbaus beginnt. Nachdem der Werkzeugbaubetrieb den Zuschlag erhalten hat, wird das Werkzeug integrativ mit dem Produkt bzw. Produktionsprozess entwickelt. Die Werkzeugentwicklung endet mit Ende der Konstruktion des Werkzeugs (vgl. Kapitel 2.3.4). Darauf folgt die Phase der Werkzeugerstellung, in der der Werkzeugbau das Werkzeug fertigt. In dieser Phase liegt der Werkzeugbau auf dem zeitkritischen Pfad, weshalb der Kunde großen Zeitdruck auf den Werkzeugbau ausübt. Die Werkzeugerstellung endet mit Beendigung der Erstmontage des Werkzeugs, woraufhin die Werkzeuginbetriebnahme beginnt. Erst hier stellt sich heraus, ob die werkzeugfallenden Teile den Qualitätsansprüchen der Kunden genügen. Ist noch kein betriebsbereiter Zustand erreicht, sind zeitaufwendige Optimierungsschleifen die Folge. Erst mit Abnahme des Werkzeugs durch den Kunden endet die Inbetriebnahme und die Werkzeugnutzung beginnt mit der Produktion von Teilen. Aus Sicht des Werkzeugbaus findet hier die Produktionsbegleitung durch Sicherstellung der Funktionsfähigkeit des Werkzeugs statt. Ist der Produktlebenszyklus beendet, so folgt die Werkzeugausmusterung. Häufig wird dabei das Werkzeug zur Ersatzteilherstellung eingelagert oder in eine Nachfolgevariante umgebaut.

Die zweite Dimension der Modularisierung bildet in Analogie zum Leistungssystem nach BELZ ET AL. der **Integrationsgrad** in die Wertschöpfungsprozesse des Kunden (vgl. Kapitel 2.1.3). Der Integrationsgrad steigt mit zunehmender Entfernung der Leistungsschale von der Kernleistung. Mit zunehmendem Integrationsgrad definieren BELZ ET AL. insgesamt sieben Leistungsschalen um das Kernprodukt. Die Schalen Produktsystem (1), Sortiment (2), Dienstleistung (3), Integration der Leistung (4) und Integriertes Projektmanagement (5) sind unabhängig vom Werkzeuglebenszyklus definiert. Damit bietet sich hier der Werkzeuglebenszyklus als zweite Dimension zur Bildung von phasenspezifischen Modulen an. Die Schale Innovative Zusammenarbeit (6) ist dagegen abhängig vom Werkzeuglebenszyklus, da kernproduktspezifische Innovationen im Werkzeugbau per Definition in der Phase Werkzeugentwicklung entstehen. In diesem Fall ist die Schale Innovative Zusammenarbeit bereits durch die Phase Werkzeugentwicklung im Werkzeuglebenszyklus repräsentiert. Nach BELZ ET AL. überlagert die Schale emotionales Profil und Kundenerlebnis (7) sämtliche anderen Schalen. Im lebenszyklusorientierten Leistungssystem im Werkzeugbau wird diese Schale als ein Ergebnis des Leistungssystems gesehen und beinhaltet daher keine charakteristischen Leistungsmodule.

Durch die beiden definierten Dimensionen wird eine zweidimensionale Matrix als lebenszyklusorientiertes Leistungssystem aufgespannt, in deren Zellen die Leistungsmodule eingeordnet sind (s. Abbildung 78).

In jeder Leistungsschale des lebenszyklusorientierten Leistungssystems wird in jeder Phase des Werkzeuglebenszyklus ein Leistungsmodul definiert. Leistungsmodule können dabei sowohl industrielle Sachleistungen als auch industrielle Dienstleistungen sein. Für den Kunden sind insbesondere das Leistungsergebnis von industriellen Sachleistungen und der Leistungsprozess von industriellen Dienstleistungen relevant. Im Folgenden wird daher das Leistungsergebnis bzw. der Leistungsprozess der definierten Leistungsmodule je Schale entlang der Phasen des Werkzeuglebenszyklus vorgestellt.

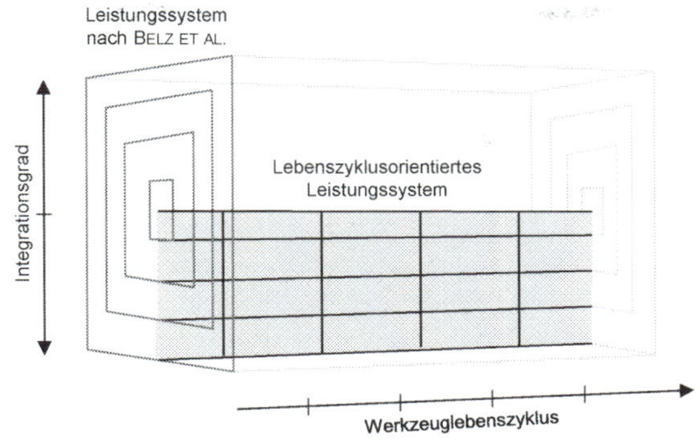

Abbildung 78: Lebenszyklusorientiertes Leistungssystem als Erweiterung zu BELZ ET AL.

Das Produktsystem in Bezug auf das Werkzeug ist durch Eigenschaften des Werkzeugs charakterisiert, die über die eigentliche Funktion eines Betriebsmittels hinausgehen. Abbildung 79 zeigt die Produktsysteme im Werkzeugbau, die über den gesamten Lebenszyklus mit dem Kernprodukt verknüpft sind.

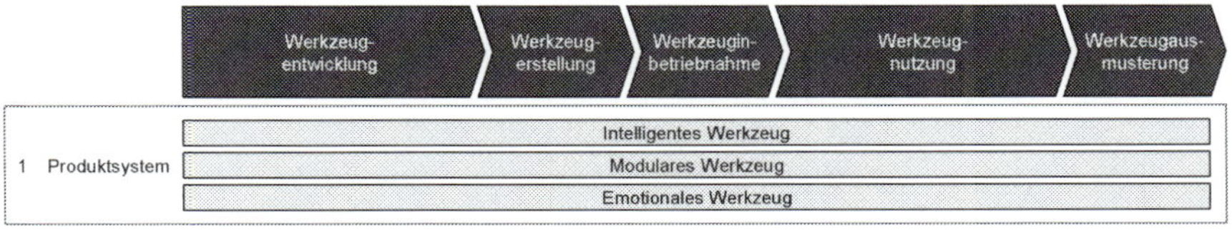

Abbildung 79: Lebenszyklusorientierte Leistungsmodule der Schale Produktsystem

Ein **intelligentes Werkzeug** ist ein Werkzeug ausgestattet mit Sensorik zur Erfassung von Daten aus der Werkzeugnutzung. Damit können Informationen über das Nutzungsverhalten des Werkzeugs generiert werden. Die Informationen können genutzt werden, um Prozessparameter während der Nutzung des Werkzeugs anzupassen und damit die Serienproduktion effizienter zu gestalten. Darüber hinaus können die Informationen in die Werkzeugentwicklung zurückgespielt werden, um ähnliche Werkzeuge im Hinblick auf eine effiziente Produktion bereits auszulegen.[573]

Ein **modulares Werkzeug** besteht zu einem Teil aus standardisierten und damit bereits konstruierten oder sogar auf Lager gefertigten Komponenten oder Baugruppen. Der Werkzeugbau ist damit in der Lage, das Werkzeug aus einem modularen Baukasten durchlaufzeitminimal zu fertigen bzw. zu montieren. Dem Kunden ermöglicht der modulare Aufbau geringe Lagerhaltungskosten sowie ein schnelles Umrüsten der Produktionsmaschinen, da er lediglich die formgebenden Module des Werkzeugs vorhalten bzw. austauschen muss.[574]

[573] Intelligente Werkzeuge sind Teil der Leistungen der Volkswagen AG Werkzeugbau Fahrzeuge
[574] Modulare Werkzeuge sind Teil der Leistungen der Fritz Stepper GmbH & Co.KG Präzisions-Werkzeuge

Ein **emotionales Werkzeug** ist durch Designelemente charakterisiert, die Emotionen beim Kunden respektive Werkzeugnutzer wecken. In der Konsumgüterindustrie sind emotionalisierte Produkte, wie etwa Energiedrinks, Hautcremes oder Smartphones bereits lange etabliert. So wecken sie beim Kunden positive Gefühle während ihrer Nutzung, erfüllen ihren Zweck damit besser und regen zum erneuten Kauf an.[575]

Das Sortiment beinhaltet industrielle Sachleistungen, die explizit in Kombination mit dem Werkzeug gekauft oder verwendet werden. Abbildung 80 stellt die entsprechenden Leistungsmodule entlang der Phasen des Werkzeuglebenszyklus dar.

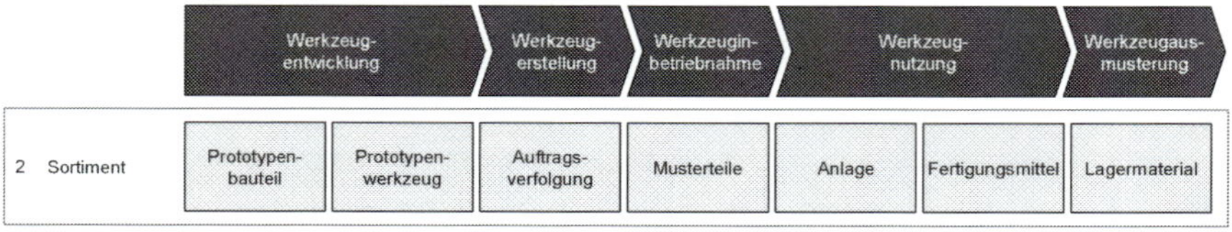

Abbildung 80: Lebenszyklusorientierte Leistungsmodule der Schale Sortiment

Ein **Prototypenbauteil** ist ein vor Start der Serienfertigung physisch realisiertes Bauteil. Durch das Bereitstellen von einzelnen Prototypenbauteilen noch während der Werkzeugentwicklung steht dem Kunden ein Anschauungsobjekt seines Bauteils als Diskussionsgrundlage für die Fertigungs- und Montageprozessauslegung zur Verfügung. Diese werden in der Regel durch den Einsatz generativer Fertigungsverfahren hergestellt. Darüber hinaus werden Prototypenbauteile in Serienqualität in höheren Stückzahlen insbesondere für Funktions- und Designstudien verwendet.[576]

Mit einem **Prototypenwerkzeug** werden Prototypenbauteile in Serienqualität im Rahmen der herkömmlichen Fertigungsverfahren produziert. Im Unterschied zu Serienwerkzeugen sind Prototypenwerkzeuge auf geringe Hub- bzw. Schusszahlen von etwa 100 bis 1000 ausgelegt. Daher sind sie nicht auf lange Standzeiten oder Produktivität ausgelegt, werden demzufolge in der Regel aus Aluminium gefertigt und sind z.B. lediglich manuell entformbar.[577]

Produkt der Inbetriebnahme von Werkzeugen sind **Musterteile** der später produzierten Bauteile. Der Werkzeugbau stellt dem Kunden Musterteile als Zeugnis der durch das Werkzeug realisierten Bauteilqualität zur Verfügung. So kann der Kunde zeitnah nach Lieferung des Werkzeugs sicher produzieren.[578]

In **Anlagen** werden technische Komponenten wie etwa Automatisierungstechnik oder Sondermaschinen mit Werkzeugen zu einem physisch-technischen Gesamtsystem mit definierten Aufgaben und Prozessen kombiniert. Der Kunden profitiert durch eine technische Lösung aus einer Hand.[579]

[575] Emotionale Werkzeuge sind Teil der Leistungen des Formenbau Glittenberg GmbH
[576] Prototypenbauteile sind Teil der Leistungen des W. Faßnacht Werkzeug- u. Formenbaus
[577] Prototypenwerkzeuge sind Teil der Leistungen der ModellTechnik Rapid Prototyping GmbH
[578] Musterteile sind Teil der Leistungen der Werkzeugbau Ruhla GmbH
[579] Anlagen sind Teil der Leistungen der Haidlmair GmbH Werkzeugbau

Zu bauteilspezifischen **Fertigungsmitteln** sind Vorrichtungen und Prüfmittel zu zählen. Vorrichtungen stehen in unmittelbarer Beziehung zu einem Arbeitsvorgang. Im Sinne von Montagevorrichtungen werden sie etwa als Schweißvorrichtungen im Karosseriebau zur Positionierung und Fixierung der zu fügenden Bauteile genutzt. Prüfmittel dienen dem Kunden zur Kontrolle definierter Merkmale eines Bauteils während der Serienproduktion.[580]

Lagermaterial umfasst alle speziell auf die Rahmenbedingungen der Werkzeuglagerung angepasste Verpackungen von Werkzeugen. Anforderungsgerechte Lagermaterialien verlängern die Lebensdauer von Werkzeugen erheblich und stellen damit die Produktionssicherheit insbesondere von Ersatzteilen auf Kundenseite sicher.[581]

Flankierende Dienstleistungen entlang des Werkzeuglebenszyklus ergeben sich insbesondere durch beratende Leistungen des Werkzeugbaus (s. Abbildung 81). Im Zuge der Beratung überträgt der Werkzeugbaubetrieb unspezifisches implizites Erfahrungswissen auf den Kunden.

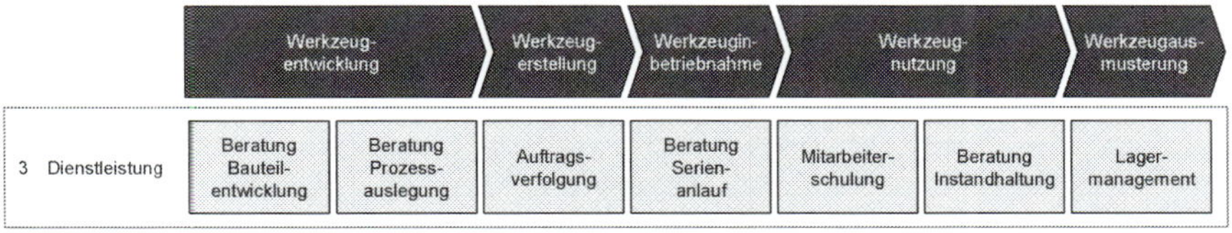

Abbildung 81: Lebenszyklusorientierte Leistungsmodule der Schale Dienstleistung

Im Zuge der **Beratung Bauteilentwicklung** überträgt der Werkzeugbaubetrieb sein werkzeugtechnologisches Know-how auf die Produktentwicklung auf Kundenseite. So gibt er, etwa auf Basis von Machbarkeitsstudien, schon früh Hinweise in Bezug auf die Realisierbarkeit des Bauteils durch ein Werkzeug und verhindert damit unnötige spätere Abstimmungsschleifen.[582]

Im Zuge der **Beratung Prozessauslegung** überträgt der Werkzeugbaubetrieb sein verfahrenstechnologisches Know-how auf Grundlage von z.B. Fließ- oder Rheologieberechnungen auf die Prozessentwicklung. Analog zur Beratung Bauteilentwicklung werden dadurch spätere Abstimmungsschleifen verhindert.[583]

Durch die **Auftragsverfolgung** ermöglicht der Werkzeugbaubetrieb seinem Kunden das Controlling des Auftragsfortschritts. Über eine digitale Schnittstelle werden dem Kunden etwa das Erreichen von Projektmeilensteinen oder die Gründe für etwaigen Zeitverzug über Push-Nachrichten oder auf Kundenabruf mitgeteilt.[584]

580 Fertigungsmittel sind Teil der Leistungen der Meissner AG; vgl. Eversheim & Klocke (Werkzeugbau mit Zukunft), 1998, S. 26
581 Lagermaterial ist Teil der Leistungen der OPUS Formenbau GmbH
582 Beratung Bauteilentwicklung ist Teil der Leistungen der Pockauer Werkzeugbau Oertel GmbH
583 Beratung Prozessauslegung ist Teil der Leistungen der Roth Werkzeugbau GmbH
584 Auftragsverfolgung ist Teil der Leistungen der Habitat Industries, South Africa

Bei der **Beratung Serienanlauf** bringt der Werkzeugbau sein werkzeugtechnologisches sowie verfahrenstechnologisches Know-how in die Inbetriebnahme des Werkzeugs ein, wodurch diese signifikant verkürzt werden kann.[585]

Durch **Mitarbeiterschulungen** qualifiziert und entwickelt der Werkzeugbaubetrieb die Mitarbeiter seines Kunden in Bezug auf eine möglichst effektive und effiziente Nutzung seiner Werkzeuge.[586]

Durch die **Beratung Instandhaltung** überträgt der Werkzeugbau sein Erfahrungswissen in Bezug auf das Prozessverhalten seiner Werkzeuge auf die Serienproduktion des Kunden. Eine präventive Instandhaltung verhindert Werkzeugdefekte und damit ungeplante Stillstandszeiten und Produktionsausfälle.[587]

Das **Lagermanagement** beinhaltet die räumliche Planung und Steuerung der Lagerung von Werkzeugen beim Kunden bzw. im Werkzeugbaubetrieb. Durch eine räumlich systematische Lagerung zwischen den Nutzungsphasen von Werkzeugen können Suchaufwände und Transportaufwände minimiert werden.[588]

Die Integration der Leistung umfasst Leistungen, welche direkt in den Wertschöpfungsprozess des Kunden integriert sind. Im Gegensatz zu Beratungsleistungen überträgt der Werkzeugbaubetrieb dabei explizites kunden- bzw. werkzeugindividuelles Know-how auf den Kunden (s. Abbildung 82).

Im Zuge der **Bauteiloptimierung** überträgt der Werkzeugbaubetrieb werkzeugtechnologisches Know-how aus vergleichbaren abgeschlossenen Werkzeugprojekten oder auf Basis von Machbarkeitsstudien auf die Produktentwicklung auf Kundenseite und optimiert dadurch das Bauteil. Durch eine integrierte Bauteil- und Werkzeugentwicklung werden Bauteile entwickelt, die mit höchster Produktivität hergestellt werden können.[589]

Abbildung 82: Lebenszyklusorientierte Leistungsmodule der Schale Integration der Leistung

Im Zuge der **Prozessoptimierung** überträgt der Werkzeugbaubetrieb sein verfahrenstechnologisches Know-how aus vergleichbaren abgeschlossenen Werkzeugprojekten oder auf Grundlage von z.B. Prozesssimulationen, Fließ- oder Rheologieberechnungen auf die Prozessentwicklung. Analog zur Bauteiloptimierung werden

585 Beratung Serienanlauf ist Teil der Leistungen des Werkzeugbaus der Böllhoff Produktion GmbH
586 Mitarbeiterschulungen sind Teil der Leistungen der Meissner AG
587 Beratung Instandhaltung ist Teil der Leistungen der WGP Werkzeugbau GmbH
588 Lagermanagement ist Teil der Leistungen des Werkzeugbaus der Welser Profile GmbH
589 Bauteiloptimierung ist Teil der Leistungen der Webo Werkzeugbau Oberschwaben GmbH

durch eine integrierte Prozess-Werkzeugentwicklung höchst produktive Produktionsprozesse entwickelt.[590]

Rapid Tooling bedeutet die schnelle und kostengünstige Herstellung von Serienwerkzeugen oder Werkzeugeinsätzen aus Kunststoff oder Metall durch generative Fertigungsverfahren. Rapid Tooling kommt ausschließlich bei kleineren Serien bis etwa 10000 Schuss im Kunststoffspritzguss zum Einsatz.[591]

Bei der **Begleitung Serienanlauf** findet die Inbetriebnahme des Werkzeugs durch Mitarbeiter des Werkzeugbaus auf der Produktionsmaschine statt. Der Werkzeugbau übernimmt damit den Serienanlauf vor Ort beim Kunden und sorgt damit durch das werkzeuggerechte Einfahren für schnell realisierte Produktivität.[592]

Im Zuge der **Produktionsoptimierung** überträgt der Werkzeugbau auch während der Serienfertigung noch spezifisches Know-how auf die Kundenprozesse. Beim Prozessmonitoring werden etwa die Prozessparameter der Produktion aufgenommen und analysiert, um diese schließlich im Hinblick auf eine anforderungsgerechte Produktion zu modifizieren. Die Arbeitnehmerüberlassung vom Werkzeugbaubetrieb an den Kunden stellt ein weiteres Mittel zum spezifischen Know-how-Transfer während der Werkzeugnutzung dar.[593]

Zur Sicherstellung der Produktivität der Serienproduktion erfolgt die **Ersatzteilversorgung** in Bezug auf die Werkzeuge durch den Werkzeugbaubetrieb. Auf Basis des Wissens über das Verschleißverhalten der Werkzeugkomponenten können dazu ebenfalls Ersatzteilbevorratungspläne erstellt werden.[594]

Beim **Retrofitting** überarbeitet der Werkzeugbaubetrieb Werkzeuge, die die Nutzungsphase in Bezug auf ein spezifisches Bauteil bereits durchlaufen haben, um sie zur Produktion eines alternativen Bauteils erneut zu nutzen. Darüber hinaus zählt zum Retrofitting die Überarbeitung von Fremdwerkzeugen.[595]

In der Schale Integriertes Projektmanagement sind Leistungen des Werkzeugbaubetriebs verortet, die die Übernahme von klassischen Wertschöpfungsaktivitäten des Kunden bedeuten.

Die Übernahme der **Bauteilentwicklung** durch den Werkzeugbaubetrieb ist zumeist Folge einer Beschränkung des Kunden auf seine Kernkompetenzen und damit einer Reduzierung seiner Wertschöpfungstiefe. Der Kunde überträgt dem Werkzeugbau in diesem Zuge die Verantwortung zur Realisierung einer definierten Funktion durch ein zu spezifizierendes und zu entwickelndes Bauteil.[596]

Im Rahmen der Übernahme der **Prozessauslegung** ist der Werkzeugbaubetrieb für die Realisierung eines definierten Bauteils durch einen zu spezifizierenden und aus-

---

[590] Prozessoptimierung ist Teil der Leistungen der Otto Männer GmbH
[591] Rapid Tooling ist Teil der Leistungen des Werkzeugbaus der Phoenix Contact GmbH & Co. KG
[592] Begleitung Serienanlauf ist Teil der Leistungen des KUKA Systems GmbH Werkzeugbau
[593] Produktionsoptimierung ist Teil der Leistungen der Christian Karl Siebenwurst GmbH & Co. KG
[594] Ersatzteilversorgung ist Teil der Leistungen der Rathgeber GmbH Formen- und Werkzeugbau
[595] Retrofitting ist Teil der Leistungen des KUKA Systems GmbH Werkzeugbau
[596] Bauteilentwicklung ist Teil der Leistungen der Eitech Werkzeugbau GmbH

zulegenden Prozess verantwortlich. Der Werkzeugbaubetrieb unterstützt den Kunden damit ebenfalls bei einer Reduzierung seiner Wertschöpfungstiefe.[597]

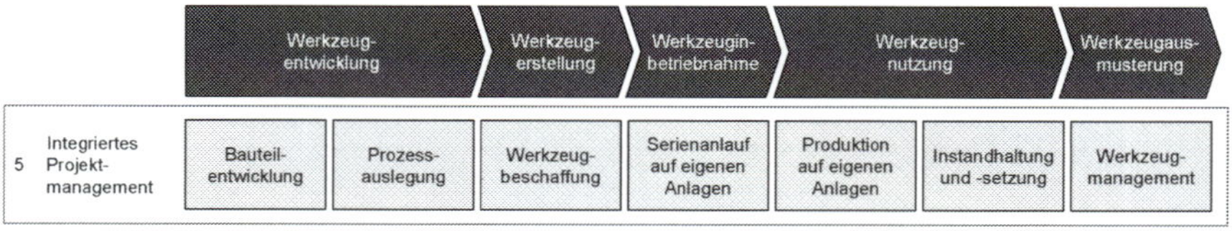

Abbildung 83: Lebenszyklusorientierte Leistungsmodule im Integrierten Projektmanagement

Neben der Werkzeugfertigung kann der Werkzeugbaubetrieb auch für die **Werkzeugbeschaffung** verantwortlich sein. Dabei sourced der Werkzeugbau für den Kunden Werkzeuge von anderen Werkzeugbaubetrieben. Der Kunde profitiert von einem erweiterten Werkzeugportfolio aus einer Hand und damit einer Komplexitätsreduktion in Bezug auf sein Lieferantenmanagement.[598]

Der **Serienanlauf auf Werkzeugbauanlagen** stellt eine Erweiterung der Begleitung Serienanlauf im Hinblick auf die Integrationstiefe in die Wertschöpfungsprozesse des Kunden dar. Wiederum geht damit eine Reduzierung der Wertschöpfungstiefe und Komplexität auf Kundenseite einher. Das werkzeuggerechte Einfahren führt zu schnell realisierter Produktivität.[599]

Durch die **Produktion auf Werkzeugbauanlagen** übernimmt der Werkzeugbaubetrieb die ganzheitliche Verantwortung für die Produktion der Bauteile. Der Werkzeugbaubetrieb kann dadurch seine Try-out Anlagen auslasten. Der Kunde reduziert seine Wertschöpfungstiefe und Produktionskomplexität. An die Produktion kann sich zudem die Veredelung der Bauteile beispielsweise durch Beschichtung oder Lackierung durch den Werkzeugbaubetrieb anschließen.[600]

Im Rahmen der **Instandhaltung** in definierten Wartungsintervallen sorgt der Werkzeugbaubetrieb für Produktionssicherheit. Die **Instandsetzung** ist durch die Wiederherstellung von Werkzeugverfügbarkeit bei einem Defekt charakterisiert.[601]

Über das Lagermanagement der Schale Dienstleistung hinaus beinhaltet das **Werkzeugmanagement** auch die zeitliche Planung der Werkzeuglagerung bzw. des Werkzeugeinsatzes. Durch eine zeitlich und räumlich kombinierte systematische Lagerung von Werkzeugen können die Rüstzeiten in der Produktion minimiert werden.[602]

Der Leistungsbaukasten enthält je nach Typ unterschiedliche Leistungsmodule. Er stellt damit eine strategiekonforme Maximalkonfiguration von Leistungsmodulen für

597 Prozessauslegung ist Teil der Leistungen der Siebenwurst Werkzeugbau GmbH Zwickau
598 Werkzeugbeschaffung ist Teil der Leistungen der Huf Tools GmbH
599 Serienanlauf auf Werkzeugbauanlagen ist Teil der Leistungen der Gebhardt Werkzeug- und Maschinenbau GmbH
600 Produktion auf Werkzeugbauanlagen ist Teil der Leistungen der Haidlmair GmbH Werkzeugbau
601 Instandhaltung/-setzung ist Teil der Leistungen der Christian Karl Siebenwurst GmbH & Co. KG
602 Werkzeugmanagement ist Teil der Leistungen des Werkzeugbaus der Welser Profile GmbH

den entsprechenden Typ dar. Im Folgenden werden die Leistungsbaukästen der vier Typen Schnelligkeitsbefähiger, Komplexitätsreduzierer, Kostenreduzierer und Innovationsbefähiger im Sinne eines maximal konfigurierten Leistungssystems vorgestellt.

Eine Übersicht über den Leistungsbaukasten des **Schnelligkeitsbefähigers** gibt Abbildung 84. Der Schnelligkeitsbefähiger erstellt Werkzeugsätze aus modularen Werkzeugen, um damit einerseits eine schnelle Werkzeugentwicklung und -erstellung, andererseits ein schnelles Einfahren sowie Umrüsten und damit eine effiziente Produktion für seinen Kunden zu ermöglichen. Hoch innovative und damit abstimmungsintensive Werkzeuge werden nicht erstellt.

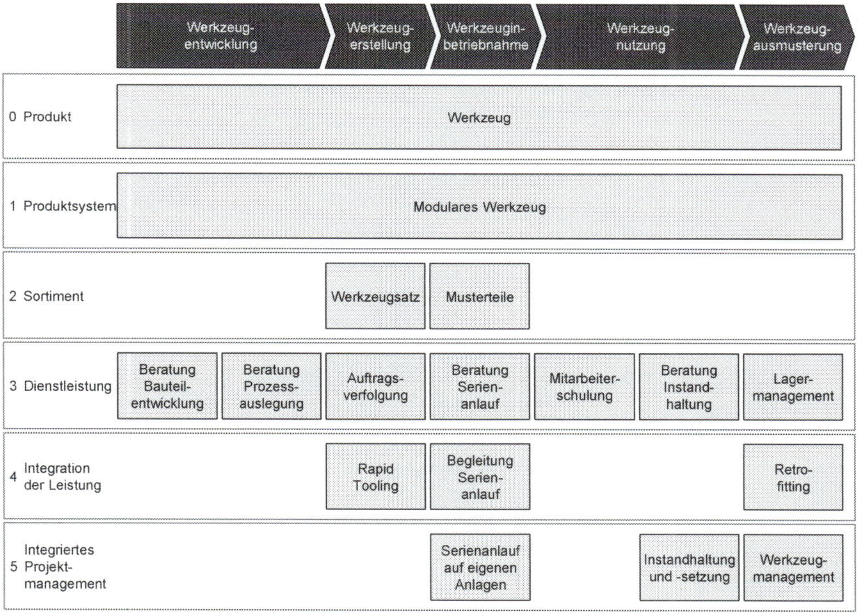

Abbildung 84: Leistungsbaukasten des Typs Schnelligkeitsbefähiger[603]

Der Werkzeugbaubetrieb integriert sich vorgelagert durch die Beratung der Bauteil- und Prozessentwicklung in den Produktentstehungsprozess, um Probleme in Bezug auf die Bauteil- und Prozessrealisierung frühzeitig zu erkennen und damit langwierigen Abstimmungs- und Optimierungsschleifen vorzubeugen. Die Fertigung der Werkzeuge, insbesondere der formgebenden individuellen Teile wird durch Rapid Tooling unterstützt und damit durchlaufzeitminimal gestaltet. Dem ungeduldigen Kunden wird eine kontinuierliche Verfolgung des Auftragsfortschritts beispielsweise über mobile Softwareapplikationen ermöglicht. Er kann sich damit in Echtzeit über die planmäßige Einhaltung von vereinbarten Meilensteinen oder mögliche Ver-

[603] Expertengespräche mit einer Vielzahl von Werkzeugbauleitern und -führungskräften, 2013-2015

spätungen informieren. Nachgelagert integriert sich der Werkzeugbaubetrieb überwiegend durch Dienstleistungen in die Prozesse des Kunden, die Zeit- und Abstimmungsverluste vermeiden und dadurch optimale Durchlaufzeit bzw. Time-to-market gewährleisten. So unterstützt der Werkzeugbau durch seine werkzeugspezifische Expertise im Serienanlauf, auch auf eigenen Anlagen, und berät oder begleitet den Kunden im Hinblick auf eine rüstzeitminimale und standzeitoptimale Serienproduktion. Mit gleicher Intention können auch Schulungen der Mitarbeiter in der Serienproduktion zum Umgang mit dem Werkzeug durchgeführt werden. Am Ende des Werkzeuglebenszyklus übernimmt der Werkzeugbaubetrieb das Lager- oder sogar Werkzeugmanagement, um Such-, Transport- und Rüstzeiten zu minimieren. In dieses Werkzeugmanagement integriert ist das Retrofitting von bereits genutzten Werkzeugmodulen bzw. Baugruppen, um die Durchlaufzeit der Werkzeugerstellung zu minimieren.

Das Leistungsportfolio des **Komplexitätsreduzierers** ist durch einen hohen, aber abwärts kompatiblen Integrationsgrad entlang des gesamten Werkzeuglebenszyklus charakterisiert. Grund dafür ist die Fokussierung des Kunden auf seine Kernkompetenzen und damit die Übertragung sämtlicher werkzeugbezogener Leistungen und Verantwortungen an den Werkzeugbaubetrieb, der die komplette Werkzeug-, Vorrichtungs- und Prüfmittelversorgung für den Kunden übernimmt. Der Kunde muss sich dadurch nicht um die Koordination vieler Wertschöpfungspartner kümmern. Der Komplexitätsreduzierer erstellt komplexe modulare, intelligente Werkzeuge aus einzelnen voreingestellten Werkzeugsätzen und beschafft sowie modifiziert einfache Werkzeuge, häufig aus Niedriglohnländern, die nicht in den Kernkompetenzbereich des Werkzeugbaubetriebs fallen. Währenddessen wird der Kunde proaktiv über den Auftragsfortschritt informiert. Die durch die intelligenten Werkzeuge aufgenommenen Produktionsdaten werden aus der Serienproduktion in die Entwicklung neuer Bauteile bzw. Prozesse zurückgespielt und erlauben dadurch ihre gezielte Optimierung in Bezug auf eine effiziente Serienproduktion. Durch den Werkzeugbaubetrieb erstellte Prototypenbauteile dienen dabei als erste Anschauungsobjekte, Prototypenwerkzeuge lassen erste Kleinserien produzieren. Durch Übernahme des Serienanlaufs auf eigenen Anlagen und in Verbindung damit die Produktion von Musterteilen übernimmt der Werkzeugbaubetrieb auch die Komplexität des Inbetriebnahmeprozesses der komplexen Werkzeuge im Hinblick auf die Unplanbarkeit der Belegung der teuren Produktionsanlagen. Um diese bestmöglich auszulasten, übernimmt der Werkzeugbaubetrieb im Sinne eines „rundum Sorglos Pakets" schließlich auch die Produktion von Kleinserien und Serien, häufig sogar auf eigens entwickelten und optimal mit den komplexen Werkzeugen abgestimmten Anlagen. Sollte der Kunde selbst produzieren, befähigt das produktionsspezifische Know-how den Werkzeugbaubetrieb schließlich zur Beratung bzw. Schulung der Kunden hinsichtlich eines effektiven Serienanlaufs und einer effizienten Serienproduktion. Diese wird auch durch Übernahme der Instandhaltung und -setzung sowie die langfristige Versorgung der Kunden mit Ersatzteilen sichergestellt. Daran schließt sich die Übernahme des Lager- bzw. Werkzeugmanagements an, die dem Kunden überdies die Komplexität hinsichtlich der Werkzeugeinsatzplanung nimmt. Eine Übersicht über den Leistungsbaukasten des Komplexitätsreduzierers gibt Abbildung 85.

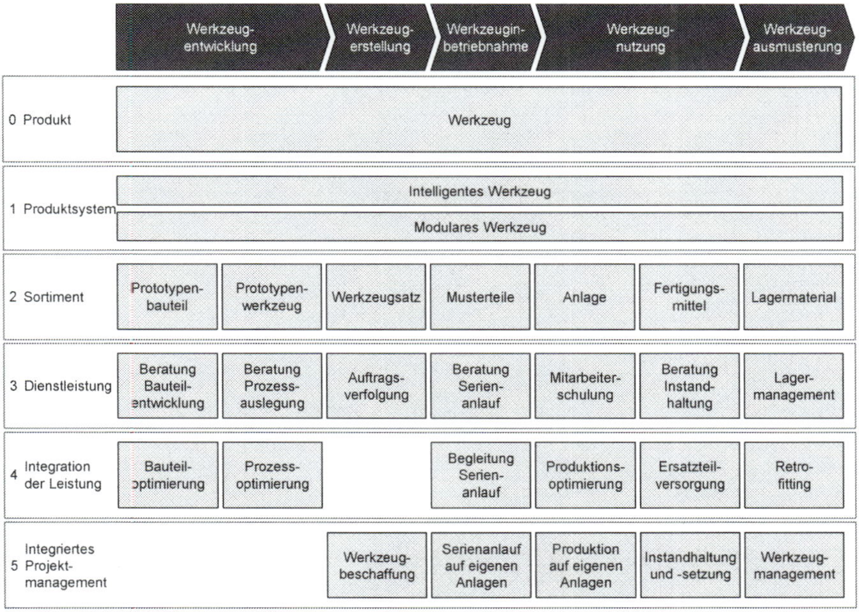

Abbildung 85: Leistungsbaukasten des Typs Komplexitätsreduzierer[604]

Die Leistungen des **Kostenreduzierers** fokussieren auf geringe Einstandspreise und insbesondere auf geringe Lebenszykluskosten. Dazu erstellt der Werkzeugbaubetrieb modulare und damit kostengünstige Werkzeuge, die mit Sensoren zur Erfassung von Lebenszyklusdaten als Basis für eine kostenminimale Gestaltung des Werkzeuglebenszyklus ausgestattet sind. Werkzeuge, die nicht in den Produktfokus des Werkzeugbaubetriebs fallen und damit nicht selbst kostenminimal erstellt werden können, werden durch den Werkzeugbaubetrieb kostengünstig, zumeist aus Niedriglohnländern, beschafft und bei Bedarf aufbereitet oder modifiziert. Die aus der Werkzeugnutzung aufgenommenen Echtzeitdaten werden zur Optimierung der Bauteile und Prozesse hinsichtlich einer maximal effizienten Serienproduktion in die Bauteil- bzw. Prozessentwicklung und damit Werkzeugentwicklung zurückgespielt. Die Inbetriebnahme der Werkzeuge wird durch den Werkzeugbaubetrieb eng begleitet, um Werkzeug und Anlage im Hinblick auf höchste Produktivität optimal abzustimmen. Diese wird zudem durch kontinuierliches Monitoring des Produktionsprozesses und Optimieren der Produktionsparameter auf Basis der Echtzeitdaten aus dem intelligenten Werkzeug sichergestellt. Schulungen der Mitarbeiter beim Kunden sorgen dabei für Nachhaltigkeit. Weiterhin werden die Daten des intelligenten Werkzeugs zur Berechnung des Wartungsintervalls für die präventive Instandhaltung, aber auch

[604] Expertengespräche mit einer Vielzahl von Werkzeugbauleitern und -führungskräften, 2013-2015

zur Identifikation von drohenden Komplikationen genutzt. Die darauf aufbauenden Instandhaltungs- und Instandsetzungsleistungen sowie die Versorgung mit Ersatzteilen sind Teil eines ganzheitlichen Lagermanagements zur Sicherstellung maximaler Produktivität und damit minimaler Lebenszykluskosten beim Kunden. Eine Übersicht über den Leistungsbaukasten als Maximalkonfiguration des Kostenreduzierers gibt Abbildung 86.

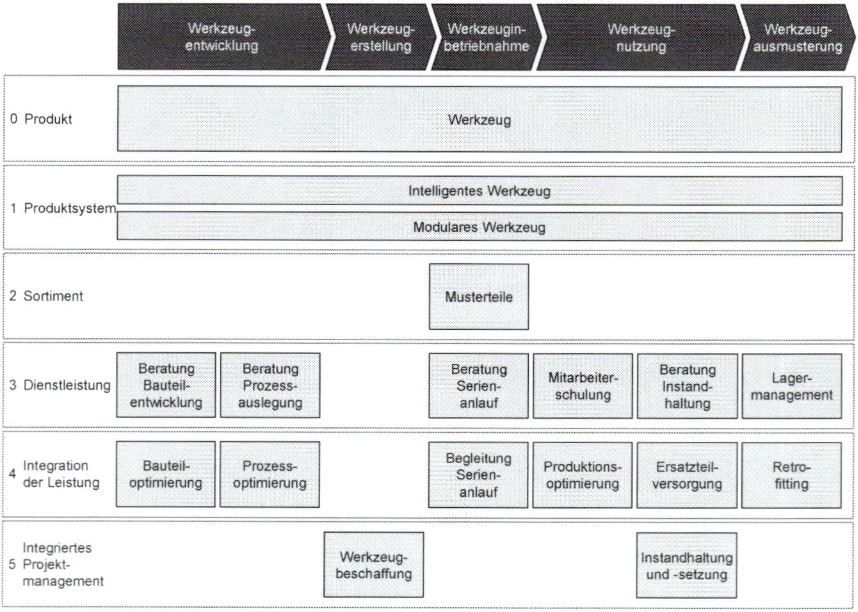

Abbildung 86: Leistungsbaukasten des Typs Kostenreduzierer[605]

Abbildung 87 gibt eine Übersicht über die Maximalkonfiguration des **Innovationsbefähigers**. Da Bauteil- und Prozessinnovationen in den frühen Phasen des Werkzeuglebenszyklus entstehen, zeichnen sich die Leistungen des Innovationsbefähigers insbesondere durch einen hohen Integrationsgrad während der Werkzeugentwicklung aus. Die Leistungen sind auf die Entwicklung, Erprobung und Realisierung innovativer Bauteile sowie Werkzeugtechnologien und Verfahrenstechnologien ausgerichtet. So übernimmt der Werkzeugbaubetrieb die Entwicklung der Bauteile zur Realisierung einer vom Kunden angefragten Bauteilfunktion und erstellt erste Prototypenbauteile zur Anschauung und Funktionserprobung. Unterstützt durch intensive Simulation legt der Werkzeugbaubetrieb darauf aufbauend auch die Prozesse im Sinne der Werkzeug- und Verfahrenstechnologie für den Kunden aus. Prototypenwerkzeuge dienen schließlich der Erprobung der innovativen Werkzeug- und Verfahrenstechnologien sowie zur Produktion von Kleinserien. Während der Werkzeugerstellung kommt Rapid Tooling zum Einsatz, um einen iterativen Innovationsprozess

[605] Expertengespräche mit einer Vielzahl von Werkzeugbauleitern und -führungskräften, 2013-2015

zu ermöglichen. Die Werkzeuge selbst sind mit Sensoren ausgestattet, die Produktionsdaten zur Modifizierung und Optimierung der innovativen Produktionsprozesse liefern. Emotionale Werkzeuge sind in der Serienproduktion heute noch nicht etabliert und stellen damit selbst einen Beitrag zu innovativen Produktionsprozessen dar. Im Rahmen der Innovationsrealisierung berät der Werkzeugbaubetrieb den Kunden auf Basis erster Musterteile zum Serienanlauf. Zur ganzheitlichen Realisierung der innovativen Bauteile erstellt der Werkzeugbaubetrieb ebenfalls die entsprechenden Vorrichtungen und Prüfmittel sowie notwendiges Lagermaterial. Die Realisierung der innovativen Werkzeug- und Verfahrenstechnologien wird durch Entwicklung von innovativen Anlagen und deren Abstimmung mit den Werkzeugen unterstützt. Schließlich schult der Werkzeugbaubetrieb den Kunden im Hinblick auf die Implementierung und Nutzung der Innovationen.

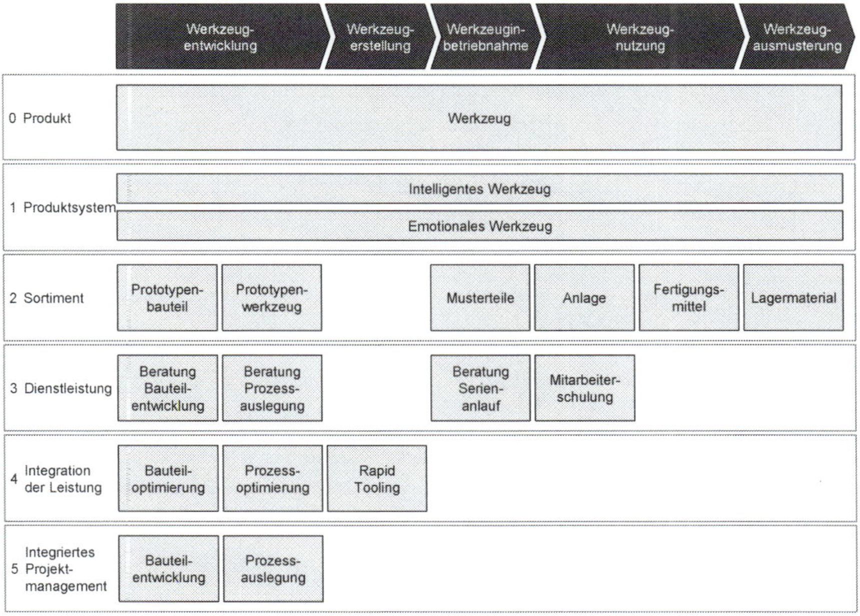

Abbildung 87: Leistungsbaukasten des Typs Innovationsbefähiger[606]

Je nach Typ erfolgt schließlich die **Auswahl der Leistungsmodule** durch den Kunden. Der Kunde wählt dabei diejenigen Leistungsmodule aus, die das lebenszyklusorientierte Leistungssystem enthalten soll (s. Abbildung 88). In der Regel findet dieser Prozess im Rahmen der alltäglichen Vertriebstätigkeiten des Werkzeugbaubetriebs statt. Dabei sollten die entsprechenden Mitarbeiter des Werkzeugbaubetriebs dem Kunden insbesondere die Potenziale von Modulkombinationen aufzeigen, da der Kunde zunächst nur die Potenziale von einzelnen Modulen sieht. Durch die typspezifischen Leistungsbaukästen kann dem Kunden keine Leistung angeboten wer-

[606] Expertengespräche mit einer Vielzahl von Werkzeugbauleitern und -führungskräften, 2013-2015

den, die nicht im Leistungsbaukasten enthalten ist. Vielmehr kann dem Kunden, wie bei modularen Leistungsangeboten üblich, aus vordefinierten Bausteinen eine individuelle, anforderungsgerechte Konfiguration geboten werden. Dadurch wird ein ausuferndes Leistungsangebot verhindert. Darüber hinaus ist der typspezifische Leistungsbaukasten derart gestaltet, dass er Leistungsmodule enthält, die den spezifischen Kundennutzen im ausgewählten Geschäftsfeld adressieren und damit der Nachfrage des Kunden entsprechen sollten.

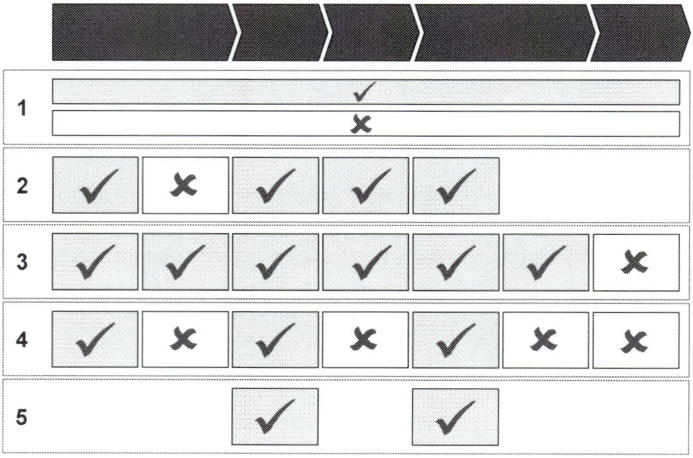

Abbildung 88: Konfiguration des Leistungssystems durch Auswahl von Leistungsmodulen

Dem Anwender liegen mit Abschluss der **Auswahl von Leistungsmodulen** folgende Ergebnisse vor:

- Identifizierter typspezifischer Leistungsbaukasten mit Leistungsmodulen strukturiert entlang des Werkzeuglebenszyklus und in Leistungsschalen um das Werkzeug
- Konfiguriertes kundenindividuelles Leistungssystem mit ausgewählten Leistungen aus dem typspezifischen Leistungsbaukasten

5.2.2 Schritt E: Detaillierung des lebenszyklusorientierten Leistungssystems

Der fünfte Schritt der Methodik beinhaltet die Detaillierung des lebenszyklusorientierten Leistungssystems. Dazu werden zunächst die Anforderungen des Kunden an die von ihm ausgewählten Leistungsmodule aufgenommen. Daraufhin erfolgt die Spezifizierung der Leistungsmodule und derer Verknüpfungen. In den einführenden Grundlagen werden dazu die Begriffe Kundenanforderung und Kundenbedürfnis erläutert.

5.2.2.1 Grundlagen

Der Erfolg einer Leistung am Markt hängt davon ab, ob und in welchem Maße sie die **Anforderungen** der Kunden trifft. Nach der Qualitätsmanagementnorm DIN EN ISO 9000:2005 sind Anforderungen definiert als die Gesamtheit von Erfordernissen und Erwartungen an Produkte bzw. Leistungen. Diejenigen Merkmale von Produkten bzw. Leistungen, welche die Erfordernisse und Erwartungen erfüllen, werden in Produktspezifikationen ausgedrückt.[607] Kundenanforderungen grenzen sich definitorisch von **Kundenbedürfnissen** ab. So ist ein Bedürfnis eine Mangelsituation des Kunden, die dieser beseitigen möchte.[608] Dabei ist ein Kundenbedürfnis latent vorhanden, aber nicht zwangsläufig mit einem Produkt oder einer Leistung als Befähiger zur Beseitigung der Mangelsituation assoziiert.

Eine Klassifizierung von Kundenanforderungen in Wünsche und Forderungen nehmen PAHL ET AL. vor: Unter Forderungen verstehen sie sämtliche Anforderungen, deren Realisierung zwingend notwendig ist, da eine Nicht-Berücksichtigung vom Kunden nicht akzeptiert wird. Wünsche stellen Produktanforderungen dar, die wenn möglich realisiert werden sollen. Hierbei eignet sich eine Priorisierung hinsichtlich geringer, mittlerer und hoher Bedeutung für den Kunden.[609]

Darüber hinaus ist eine weitere Konkretisierung von Forderungen und Wünschen im Sinne von zusätzlichen quantitativen oder qualitativen Angaben sinnvoll. Nach JÖRG werden quantitative Anforderungen durch einen Zahlen- oder Wertebereich beschrieben, wohingegen qualitative Anforderungen keiner Lösungseigenschaft konkret zugeordnet werden können und somit nicht messbar sind.[610] Somit lassen sich Anforderungen in sechs signifikante Typen unterteilen:[611]

- Eindeutig exakte, quantitative Anforderungen (Zahl): Anforderungserfüllung ist durch konkrete Zahlenangabe zu überprüfen
- Eindeutig exakte, quantitative Anforderung (Wort): Anforderungserfüllung ist durch sprachlichen Ausdruck zu überprüfen
- Referenzierende Anforderungen (qualitativ/quantitativ): Anforderungserfüllung ist durch Fachkenntnis und referenzierende Beispiele zu überprüfen
- Relative Anforderung (qualitativ/quantitativ): Anforderungskonkretisierung ist durch Vergleich mit allgemeinem bzw. fachspezifischem Wissen möglich
- Eindeutig qualitative, subjektive Anforderung: Anforderungserfüllung ist nur personen- oder kontextbezogen zu überprüfen
- Eindeutig qualitative, nicht konkretisierbare Anforderungen: Anforderungskonkretisierung und -erfüllung ist nur mit großem Aufwand möglich

---

607 Vgl. o.V. (Qualitätsmanagementsysteme), 2005, S. 6f.
608 Vgl. Grimm (Requirements-Engineering), 2011, S. 59
609 Vgl. Pahl et al. (Erfolgreiche Produktentwicklung), 2005, S. 189
610 Vgl. Jörg (Produktanforderungen), 2003, S. 31
611 Vgl. Jörg (Produktanforderungen), 2003, S. 32

5.2.2.2 Vorgehen zur Aufnahme von Kundenanforderungen

Die Gestaltung eines individuell auf den Kunden ausgerichteten Leistungssystems erfordert die detaillierte Kenntnis der Anforderungen des Kunden. Der vorliegende Methodikschritt dient daher der ausführlichen Identifikation der Anforderungen des Kunden in Bezug auf die Gestaltung der von ihm ausgewählten Leistungsmodule. Dazu wird in einem gemeinsamen Workshop mit dem Kunden ein entsprechender Anforderungskatalog ausgearbeitet. Da sich Kunden nicht aller ihrer Bedürfnisse hinsichtlich einer Leistung bewusst sind und diese daher nicht explizit artikulieren, ist als Informationsquelle im gemeinsamen Workshop neben den Teilnehmern des Kunden ein Kundenprofil mit sämtlichen gesammelten Informationen über den Kunden zu nutzen.

Im Verlauf einer Kundenbeziehung erhält der Werkzeugbau permanent Zugang zu Informationen über den Kunden. Im Sinne eines erfolgreichen Kundenbeziehungsmanagements sollten diese Kundeninformationen stetig zusammengetragen und dokumentiert werden. Zur **Generierung der Kundeninformationen** eignen sich zahlreiche, von unterschiedlichen Funktionen im Werkzeugbau auszuführende, systematische und unsystematische Aktivitäten.[612] Systematische Aktivitäten sind durch eine bewusste, zielorientierte Durchführung charakterisiert, wohingegen unsystematische Aktivitäten spontan bzw. ungeplant passieren. Darüber hinaus können sie direkt auf den spezifischen Kunden bezogen sein oder indirekt, kundenunspezifisch, aufgenommen werden (s. Abbildung 89).

	Systematische Aktivitäten	Unsystematische Aktivitäten
Direkt	▪ Analyse bisheriger Projekte ▪ Auswertung von Beschwerden ▪ Proaktive Status-Quo Analyse	▪ Vertriebsaktivitäten ▪ Sonstige Aktivitäten ▪ Erhalt von Kundenfeedback ▪ Anwenderbeobachtungen
Indirekt	▪ Kundenbefragungen ▪ Mitarbeiterbefragungen ▪ Wettbewerberbefragungen ▪ Expertenbefragungen	▪ Vertriebsaktivitäten ▪ Sonstige Aktivitäten ▪ Erhalt von Kundenfeedback ▪ Anwenderbeobachtungen

Abbildung 89: Aktivitäten zur Generierung von Informationen für das Kundenprofil[613]

Zu den systematischen Aktivitäten zur direkten Informationsaufnahme zählt insbesondere die Analyse der bisherigen Projekte mit dem Kunden. Oftmals lassen die bisher erstellten Leistungen respektive Lastenhefte Rückschlüsse auf dessen Bedürfnisse oder Anforderungen bzw. dessen Ausstattung zu. In diesem Zusammenhang bietet sich auch die Auswertung von Beschwerden des Kunden an. Eine interaktive Variante der systematischen Aufnahme von Kundenanforderungen besteht in der proaktiven Status-quo-Analyse. Dazu tauschen sich Werkzeugbaubetrieb und

[612] Vgl. Hoops (Produktbegleitende Dienstleistungen), 2002, S. 129ff.
[613] Vgl. Meiren & Barth (Service Engineering), 2002, S. 22f.

Kunde gemeinschaftlich über die aktuelle Situation der Kundenbeziehung aus. Indirekte systematische Möglichkeiten der Aufnahme von Informationen sind Befragungen von Kunden(-gruppen), Mitarbeitern, Wettbewerbern oder Experten.

Die unsystematischen Aktivitäten können sowohl direkt als auch indirekt sein. Aus dem persönlichen Kundenkontakt im Rahmen von alltäglichen Vertriebs- oder sonstigen Aktivitäten, z.B. Vor-Ort-Besuchen oder Telefonaten, können Informationen abgeleitet werden. Häufig erhalten die Mitarbeiter des Werkzeugbaubetriebs in persönlichen Gesprächen mit dem Kunden Feedback zu bisherigen Leistungen oder Ideen oder beobachten den Kunden beim Handling oder der Nutzung der Werkzeuge oder sonstiger Sachleistungen, woraus weitere Informationen abgeleitet werden können.

Im Hinblick auf die Gestaltung eines Leistungssystems sind sämtliche leistungsrelevanten Informationen über den Kunden in einem Kundenprofil zu dokumentieren. Die **Strukturierung der Informationen im Kundenprofil** erfolgt einerseits entlang der Phasen des Werkzeuglebenszyklus. Im Hinblick auf die Integration des Werkzeugbaus in die Wertschöpfungsprozesse des Kunden im Zuge der Leistungserstellung sollte das Kundenprofil andererseits Informationen über die Wertschöpfungselemente Prozesse, Kompetenzen, Ressourcen und Organisation des Kunden enthalten (vgl. Kapitel 2.3.5, s. Abbildung 90).

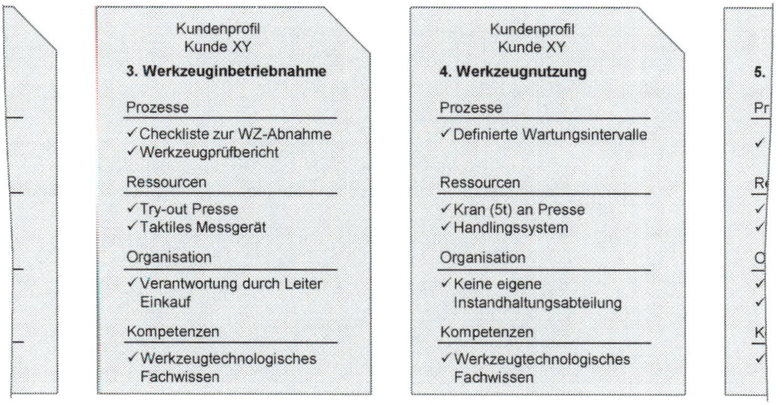

Abbildung 90: Kundenprofil zur Dokumentation und Strukturierung von Kundeninformationen

So werden hinsichtlich der Kundenprozesse sämtliche Informationen über die Ablauforganisation des Kunden gesammelt. Informationen über die Kundenressourcen betreffen Wissen über finanzielle und physische Ressourcen, IT-Systemressourcen sowie Bestands- und Humanressourcen. So ist es beispielsweise von entscheidender Bedeutung für die Gestaltung eines Leistungssystems, welche Datenschnittstellen der Kunde nutzt oder ob der Kunde im Besitz einer Try-out Presse ist. Unter dem Punkt Kundenorganisation werden alle Kundeninformationen zugeordnet, die sich auf die Aufbauorganisation des Unternehmens beziehen. Als Beispiel sei an dieser Stelle eine Instandhaltungsabteilung genannt. Hinsichtlich der Kundenkompetenzen werden alle Informationen über kundenseitig vorhandene Kompetenzen und Fähigkeiten entlang des Werkzeuglebenszyklus, beispielsweise das werkzeugtechnologische Know-how gesammelt. Das Kundenprofil bildet ein lebendes Dokument und wird laufend mit Informationen über den Kunden gefüllt.

Die vorgestellten Aktivitäten zur Informationsgenerierung bzw. das Kundenprofil sollten insbesondere zur **Durchführung eines Anforderungsworkshops** gemeinsam mit dem Kunden genutzt werden. Der zielorientierte persönliche Austausch ist für die individuelle Gestaltung von Leistungssystemen unabdingbar. Die Teilnehmer des Workshops sollten sich auf Kundenseite aus Mitarbeitern des Einkaufs, aber auch technischen Abteilungen wie der Produktentwicklung und der Serienfertigung rekrutieren. Vonseiten des Werkzeugbaus sollten Mitarbeiter des Vertriebs, aber auch aus fertigungsnahen Bereichen am Workshop teilnehmen. Im Anforderungsworkshop werden konkrete Anforderungen an die ausgewählten Leistungsmodule aufgenommen.

Sach- und Dienstleistungen weisen in Bezug auf den Zeitpunkt ihrer Abgabe von Nutzen an den Kunden Unterschiede auf. So geben Sachleistungen erst nach ihrer Erstellung ihren Nutzen durch ihr Leistungsergebnis ab. Dienstleistungen nutzen dem Kunden bereits während ihrer Erstellung, dem so genannten Leistungsprozess und zusätzlich durch ihr Leistungsergebnis. Diese Unterschiede wirken sich auch auf den Prozess der Anforderungsaufnahme aus. So wird der Kunde nur dann Anforderungen an eine Leistung artikulieren können, wenn er auch einen direkten Nutzen davon hat. Abbildung 91 gibt einen Überblick über die Aufnahme von Anforderungen in Bezug auf Sach- und Dienstleistungsmodule.

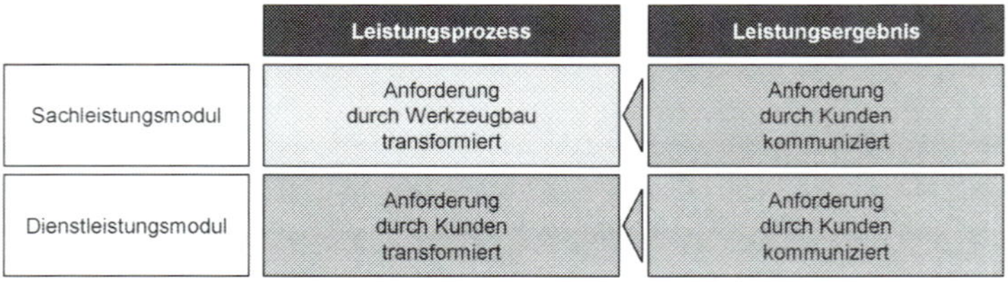

Abbildung 91: Aufnahme der Anforderungen an die Leistungsmodule

Ist das Leistungsmodul eine Dienstleistung, so werden zunächst die Anforderungen des Kunden an das Leistungsergebnis aufgenommen. Anforderungen des Kunden an das Leistungsergebnis des Leistungsmoduls „Begleitung Serienanlauf“ könnte etwa „Eingefahrene Presse 8 Stunden nach Aufspannung“ oder „Ausgefüllte Checkliste zum Serienanlauf“ sein. Nun gilt es die Anforderungen des Kunden an den Leistungsprozess aufzunehmen. Dabei können die Vorstellungen des Kunden vom Leistungsergebnis helfen und zu dem Leistungsprozess hinführen. Kundenanforderungen an den Leistungsprozess des Leistungsmoduls Begleitung Serienanlauf können beispielsweise „kurzfristige Abrufbereitschaft der Werkzeugbaumitarbeiter“ oder „Ausführung durch mindestens zwei Werkzeugbaumitarbeiter vor Ort“ sein.

Der Leistungsprozess von Sachleistungen findet weitestgehend ohne Integration des Kunden als externem Faktor statt. Vor diesem Hintergrund ist es nicht zielführend, die Anforderungen des Kunden an den Leistungsprozess einer Sachleistung zu definieren. Vielmehr tangiert den Kunden das Leistungsergebnis einer Sachleistung. Daher wird ausschließlich die Anforderung des Kunden an das Leistungsergebnis in Form eines klassischen Lastenheftes aufgenommen.[614] Anforderungen an das Leistungsergebnis des Leistungsmoduls Prototypenwerkzeug können beispielsweise „Liefertermin am 31. Januar" oder „Heißkanal von Hersteller X" sein. In der Folge obliegt es dem Werkzeugbaubetrieb, die Anforderungen des Kunden an das Leistungsergebnis in Anforderungen an den Leistungsprozess zu transformieren. Für das genannte Beispiel wären die umgewandelten Ergebnisanforderungen in Prozessanforderungen beispielsweise „Fertigstellung der Konstruktion am 15. Dezember" bzw. „Einkauf eines Heißkanals bei Hersteller X".

Schließlich erfolgt die **Erstellung eines Anforderungskatalogs**, in dem die iterativ konkretisierten und spezifizierten Kundenanforderungen entlang der Phasen des Werkzeuglebenszyklus dokumentiert werden. Das Kundenprofil kann dabei unterstützen, konkrete Fragen zur Anforderung des Kunden zu stellen. Die Anforderungen werden korrekt beschrieben, eindeutig formuliert, vollständig spezifiziert, konsistent und verständlich beschrieben sowie priorisiert sein. Dabei sind die Anforderungen typischerweise eindeutig, referenzierend, relativ, subjektiv oder nicht konkretisierbar.[615] Die iterative Aufnahme der Anforderungen endet, wenn alle Teilnehmer des Workshops ein gemeinsames Verständnis über die Anforderungen an das jeweilige Leistungsmodul haben.

Dem Anwender liegen mit Abschluss der **Aufnahme von Kundenanforderungen** folgende Ergebnisse vor:

- Kundenprofil mit sämtlichen Informationen über Kundenprozesse -ressourcen, -organisation und -kompetenzen entlang der Phasen des Werkzeuglebenszyklus
- Anforderungskatalog mit ausformulierten und klassifizierten Anforderungen des Kunden an die Leistungsprozesse der von ihm ausgewählten Leistungsmodule

5.2.2.3 Vorgehen zur Spezifizierung der Leistungsmodule

Aufbauend auf den identifizierten Anforderungen des Kunden an die Leistungsmodule können nun die Leistungsmodule spezifiziert werden. Ergebnis der Spezifizierung ist ein definierter Leistungsprozesses eines jeden Leistungsmoduls ausgerichtet auf die Kundenanforderungen. Die Spezifizierung erfolgt mittels eines Verfahrens zur Anforderungs- und Prozessverfeinerung durch **Aufbau einer Anforderungs-**

---

[614] Zur Aufnahme der Kundenanforderung an das Leistungsergebnis eines Werkzeugs sei auf folgende Quelle verwiesen: Boos (Modulare Werkzeuge), 2008

[615] Vgl. Schienmann (Kontinuierliches Anforderungsmanagement), 2001, S. 176ff.; o.V. (Software Requirements Specifications), 1998

Prozess Matrix.[616] Die Anforderungs-Prozess Matrix ist an die Design Structure Matrix nach STEWARD angelehnt und stellt damit eine Methode zur Modellierung von komplexen Produktarchitekturen bzw. Prozessen dar.[617]

Der Anforderungs-Prozess Matrix liegt das Prinzip der gemeinsamen Betrachtung von Anforderungen und Prozessen zugrunde, welche eine iterative und wechselseitige Konkretisierung der Anforderungen und schließlich eine Verfeinerung der Leistungsprozesse realisiert.[618] Diese verfeinerten Leistungsprozesse begegnen schließlich den Anforderungen des Kunden.

Die Eingangsgrößen in die Vorgehensweise bilden die im vorangegangenen Methodikschritt aufgenommenen Anforderungen an die Leistungsprozesse des konfigurierten Leistungssystems. Im ersten Schritt werden nun je Leistungsmodul Prozessschritte definiert, mit denen den Anforderungen insgesamt begegnet werden kann. Die Prozessschritte definieren sämtliche Aktivitäten innerhalb eines Leistungsmoduls. Jeder Prozessschritt transformiert einen Input in einen Output. Diese In- und Outputs können mit einem anderen Prozessschritt des gleichen Leistungsmoduls (interner Input bzw. Output), eines anderen Leistungsmoduls oder anderer Werkzeugbau- oder Kundenprozesse (externer Input bzw. Output) in Abhängigkeit stehen und eine Schnittstelle bilden. In- bzw. Outputs können von materieller oder immaterieller Beschaffenheit sein. Materielle In- bzw. Outputs können beispielsweise die in einem Leistungsmodul erstellten Sachleistungen, wie etwa ein Prototypenwerkzeug oder eine Bauteilzeichnung sein. Immaterielle In- bzw. Outputs sind insbesondere Informationen, die im Rahmen eines Leistungsmoduls generiert werden, wie etwa Produktionsdaten aus einem intelligenten Werkzeug im Betrieb.

Auf Basis der Anforderungen und der identifizierten Prozessschritte wird nun je Leistungsmodul eine Anforderungs-Prozess Matrix aufgebaut. Dazu werden zunächst die definierten Prozessschritte des Leistungsmoduls als erste Dimension der Matrix untereinander aufgetragen (s. Abbildung 92). Die zweite Dimension der Matrix bilden die kundenspezifischen Anforderungen an das Leistungsmodul aus dem Anforderungskatalog. Nun wird jeweils zeilenweise überprüft, ob der Prozessschritt des entsprechenden Leistungsmoduls der Kundenanforderung der jeweiligen Spalte begegnen kann. Im positiven Fall wird die entsprechende Zelle der Prozess-Anforderungs Matrix durch Eintragen einer „1" markiert. Die Abhängigkeiten zwischen den Prozessschritten in Form von internen Schnittstellen werden in der entsprechenden Zelle einer zusätzlichen Dreiecksmatrix auf der rechten Seite der Anforderungs-Prozess-Matrix markiert. Diese ist jeweils von oben nach unten zu lesen. Stellt der Output eines Prozessschrittes in einer höher gelegenen Spalte einen Input eines tiefer gelegenen Prozessschrittes dar, so wird ein „plus" in die entsprechende Zelle eingetragen, im gegenteiligen Fall ein „minus". Zudem werden mögliche externe Schnittstel-

[616] I.A.a. Gürtler et al. (Anforderungen an PPS), 2012, S. 101
[617] Vgl. Steward (Design Structure System), 1981, S. 71ff.
[618] Vgl. Gürtler et al. (Anforderungen an PPS), 2012, S. 101

len zu anderen Leistungsmodulen dokumentiert. Für die externen Schnittstellen ist die Lesart analog zu den internen Schnittstellen von links nach rechts.

Modul 1	Anforderungen										Prozessschnittstellen		
Prozessschritt	A11	A12	A13	A14	A15	A16	A17	A18	A19	Σ	Modul n (extern)		Modul 1 (intern)
P11										0	+	P23	
P12	1			1	1		1		1	5			
P13					1	1		1	1	4	+	P65	
P14	1		1		1	1		1	1	6	-	P35	
P15										0			
P16					1			1		2			
P17	1			1		1		1	1	5	+	P41	
P18							1			1			
Σ	3	0	1	2	4	3	2	4	4				

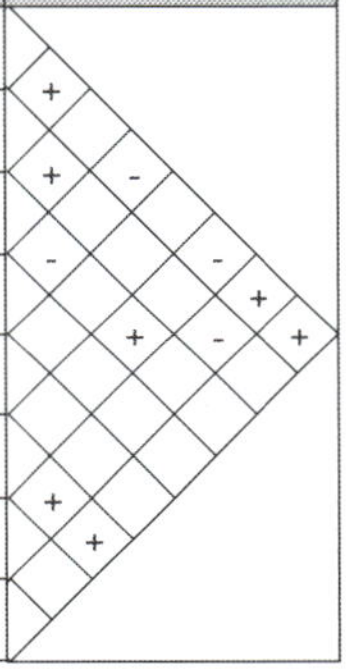

\+ Output für Prozessschritt in tieferer Zeile bzw. in anderem Modul

\- Input aus Prozessschritt in tieferer Zeile bzw. in anderem Modul

Abbildung 92: Beispielhaft ausgefüllte Anforderungs-Prozess Matrix

Schließlich erfolgt die **Auswertung der Anforderungs-Prozess Matrix**. Dazu werden zunächst die Spaltensummen als Aktivsumme der Matrix gebildet. Die Aktivsumme sagt aus, wie häufig die jeweilige Kundenanforderung durch Prozessschritte des Leistungsmoduls erfüllt werden kann. Des Weiteren werden jeweils die Zeilensummen über die Anforderungen als Passivsumme der Matrix gebildet. Die Summe je Anforderung gibt an, wie häufig der entsprechende Prozessschritt die jeweilige Anforderung erfüllen kann. Dabei können die vier folgenden Fälle auftreten:

- Prozessschritte mit einer hohen Aktivsumme liefern ein Indiz für einen Verfeinerungsbedarf des entsprechenden Prozessschrittes. Zugrunde liegt hier die Annahme, dass ein Prozessschritt mit steigendem Abstraktionsgrad mehr Anforderungen erfüllt.
- Anforderungen mit einer hohen Passivsumme weisen auf einen Konkretisierungsbedarf der entsprechenden Anforderung hin, da sie aufgrund ihrer abstrakten Formulierung eine große Anzahl an erfüllenden Prozessschritten benötigt.
- Sollte eine Anforderung durch keinen Prozessschritt erfüllt werden können, so ist rekursiv zu überprüfen, ob weitere Prozessschritte identifiziert werden können, die die Kundenanforderung treffen.
- Prozessschritte, die keine Anforderung erfüllen können, sind noch auf ihre Wechselwirkungen mit anderen Leistungsmodulen hin zu untersuchen. So kann es vorkommen, dass Prozessschritte zwar nicht direkt Kundenanforde-

rungen erfüllen, aber notwendige Voraussetzung dafür sind, dass in ein oder mehreren anderen Leistungsmodulen Kundenanforderungen erfüllt werden können. Leistungsmodule, die weder direkt noch indirekt mindestens eine Kundenanforderung erfüllen können, werden aus der Matrix gestrichen.

Diese Vorgehensweise wird iterativ für jedes Leistungsmodul solange fortgeführt, bis die Prozessschritte und Anforderungen hinreichend detailliert beschrieben sind. Als Ergebnis aus Schritt E liegt dem Werkzeugbaubetrieb ein detailliertes lebenszyklusorientiertes Leistungssystem vor. Dieses Leistungssystem setzt sich aus Leistungsmodulen strukturiert entlang des Werkzeuglebenszyklus und in Leistungsschalen um das Werkzeug zusammen. Die Leistungsmodule sind jeweils durch definierte Prozessschritte ausdetailliert, die die Anforderungen des Kunden erfüllen können. Weiterhin sind die Wechselwirkungen zwischen den Leistungsmodulen identifiziert.

Dem Anwender liegen mit Abschluss der **Spezifizierung des Leistungssystems** folgende Ergebnisse vor:

- Detaillierte Anforderungen des Kunden an die von ihm ausgewählten Leistungsmodule
- Spezifiziertes Leistungssystem mit definierten Prozessschritten je Leistungsmodul sowie internen und externen Schnittstellen

5.2.3 Schritt F: Ausgestaltung des lebenszyklusorientierten Leistungssystems

Im sechsten und letzten Schritt der Methodik wird das lebenszyklusorientierte Leistungssystem zu einem durchgängigen Leistungssystemprozess ausgestaltet. Prozessmodelle unterstützen bei der Gestaltung von Prozessen, da sie abstrakt die beabsichtigte Realität abbilden und damit ex-ante reflektieren lassen. So werden zunächst in einem Black-Box Modell des Leistungssystems die Leistungsmodule zu einem System integriert. Daraufhin erfolgt die Modellierung des detaillierten Leistungssystemprozesses. Eingangs werden die theoretischen Grundlagen zu Prozessmodellen, der Prozessmodellierungssprache aixperanto sowie der Black-Box-Methode beschrieben.

5.2.3.1 Grundlagen

Wie in Kapitel 4.1.2 eingeführt, wird durch Modelle die Realität leicht verständlich, vereinfacht, übersichtlich und aussagekräftig abgebildet. So lassen sich auch Leistungsprozesse mit Hilfe von **Prozessmodellen** gestalten.[619] Prozessmodelle unterstützen die Gestaltung von Prozessen, da sie Inkonsistenzen und Schwachstellen im Prozess transparent aufdecken und eliminieren lassen. Dabei werden den Grundsätzen ordnungsgemäßer Modellierung folgend nur diejenigen Aspekte mit in das Modell des Leistungsprozesses einbezogen, die in Bezug auf die anschließende Gestaltung relevant sind. Je nach beabsichtigtem Ziel kann die Modellierung von Prozes-

[619] Zur Modellierung von Prozessen im Werkzeugbau s. auch Kuhlmann (Gestaltung von Geschäftsprozessen), 2011

sen mit Hilfe unterschiedlicher Methoden erfolgen. Eine Modellierungsmethode steht für ein folgerichtiges, planmäßiges Vorgehen mittels einer festgeschriebenen Syntax, woraus die Abbildung des Systems resultiert. Modellierungssprachen können Teil einer solchen Methode sein und umfassen sowohl Elemente zur Abbildung als auch Regeln für die Verknüpfung dieser Elemente.[620]

In der Praxis hat sich die Modellierungssprache **aixperanto** etabliert. aixperanto wurde am Werkzeugmaschinenlabor WZL der RWTH Aachen zur Prozessvisualisierung entwickelt, mittels derer zum einen Prozesse auf verschiedenen Detaillierungsebenen erfasst und zum anderen wesentliche Prozesscharakteristika, wie Wertschöpfungs- und Standardisierungsgrad, analysiert und gestaltet werden können.[621] Zentrale Bausteine von aixperanto sind das Prozesselement als Repräsentant eines einzelnen Prozessschritts, der Prozessplan, auf dem die Prozesselemente angeordnet werden sowie verknüpfende Darstellungselemente. Das individuell konfigurierbare Prozesselement repräsentiert einen einzelnen Prozessschritt und beinhaltet neben dessen Beschreibung weitere Informationen wie In- und Output, Prozessart, Wertschöpfungsbeitrag, Standardisierungsgrad und weitere optionale Prozesscharakteristika.[622] Entsprechend der Ampellogik werden Wertschöpfungsbeitrag und Standardisierungsgrad in den Farben rot, grün und gelb dargestellt und lassen den Anwender intuitiv zwischen „guten" und „schlechten" Geschäftsprozessen im Sinne ihrer Wertschöpfung und Standardisierung differenzieren.[623] Auf dem Prozessplan werden die am Prozess beteiligten Organisationseinheiten in Schwimmbahnen, sog. Swimlanes aufgetragen, in die jeweils die Prozesselemente angeordnet werden. Die Verbindung der Prozesselemente in Form von Material- oder Informationsflüssen wird durch ODER, ENTWEDER-ODER, UND sowie JA-NEIN Verknüpfungen hergestellt.[624] Darüber hinaus ist die Abbildung von Pufferbeständen, Medienbrüchen, wie etwa Schnittstellen zwischen Excel und SAP-basierten Anwendungen, möglich. Durch sog. Kaizen-Blitze werden schließlich Schwachstellen im Prozess auf dem Prozessplan gekennzeichnet.

Bei der Modellierung von Prozessen hat sich die **Black-Box Methode** nach HABERFELLNER ET AL. als geeignetes Hilfsmittel erwiesen. So ist infolge der hohen Komplexität realer Systeme, zu denen auch Leistungsprozesse zu zählen sind, eine vollständige Abbildung des Systemverhaltens in der Regel weder realistisch noch zweckmäßig.[625] Die Black-Box-Methode ermöglicht eine Komplexitätsreduktion dieser realen Systeme. Sie findet Anwendung, wenn der innere Aufbau eines Phänomens vorläufig noch ohne Bedeutung oder unbekannt ist und lediglich die Funktion (der Zweck) sowie die vorhandenen oder gewünschten Inputs (Eingänge) und Outputs (Ausgänge) von Interesse sind.[626] Folglich liegt der Fokus der Black-Box-

[620] Vgl. Krah (Prozessmodell), 1999, S. 167
[621] Vgl. Kuhlmann (Gestaltung von Geschäftsprozessen), 2011, S. 116
[622] Vgl. Schuh et al. (Prozessmanagement), 2011, S. 372
[623] Vgl. Kuhlmann (Gestaltung von Geschäftsprozessen), 2011, S. 116
[624] Vgl. Schuh et al. (Prozessmanagement), 2011, S. 373
[625] Vgl. Krieg (Kybernetische Grundlagen), 1971, S. 65
[626] Vgl. Haberfellner (Systems Engineering), 2012, S. 38

Methode auf den Einwirkungen des Phänomens aus dem Umfeld und Auswirkungen des Phänomens auf das Umfeld, unabhängig von dessen Inhalt (s. Abbildung 93). Die Black-Box-Methode wird immer dann angewendet, wenn die Struktur und die Wirkungszusammenhänge innerhalb eines Systems unbekannt sind und lediglich die Eingangs- und Ausgangsgrößen zur Verfügung stehen.[627]

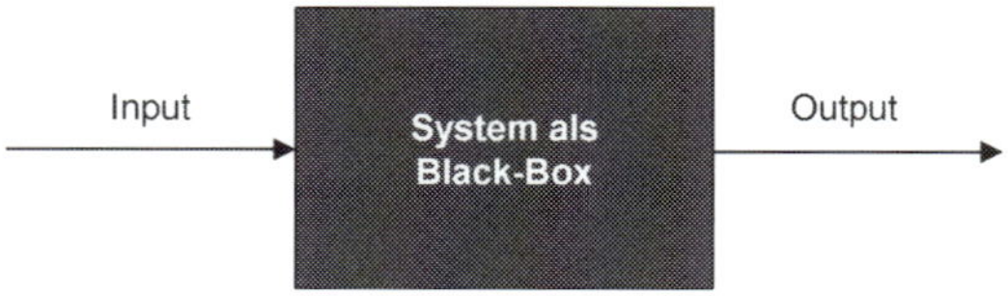

Abbildung 93: Blackbox mit Input und Output

Eine Unterteilung des Gesamtsystems in kleinere Subsysteme und die anschließende Betrachtung dieser als Black-Boxen ermöglicht dem Anwender, die Funktionen und Wirkungszusammenhänge (Input-Outputbeziehungen) dieser Subsysteme untereinander zu bestimmen.[628] Die Black-Box-Methode ermöglicht zwar beliebige Aggregations- oder Detaillierungsgrade. Dennoch ist zu beachten, dass keine unzweckmäßigen Unterteilungen vorgenommen und alle wichtigen Aspekte beachtet werden.[629]

5.2.3.2 Vorgehen zur Integration der Leistungsmodule

Das bis hier detaillierte Leistungssystem besteht aus vom Kunden ausgewählten und nach dessen individuellen Anforderungen durch Prozessschritte ausdetaillierten Leistungsmodulen. Darüber hinaus sind Abhängigkeiten zwischen den Leistungsmodulen durch Input-Outputbeziehungen identifiziert. Im vorliegenden Methodikschritt sind nun die einzelnen Leistungsmodule zu einem Leistungssystem zu integrieren. Das Ergebnis der Integration ist ein durchgängiger Leistungssystemprozess bestehend aus Leistungsmodulen.

Im Rahmen der Integration der Leistungsmodule wird zunächst nur auf die für die Integration wesentlichen Elemente durch **Definition von Black-Boxes** fokussiert. Jedes vom Kunden ausgewählte Leistungsmodul wird daher im Folgenden als Black-Box betrachtet. Dabei bilden sämtliche identifizierten Prozessschritte eines Leistungsmoduls die Black-Box und sind daher im Sinne der Black-Box-Methode zunächst nicht weiter von Belang. Gleiches gilt für die identifizierten internen Input-Outputbeziehungen. Die externen Input-Outputbeziehungen sind dagegen expliziter Betrachtungsgegenstand dieses Schrittes.

Für die Erstellung des integrierten Black-Box Modells bildet der Werkzeuglebenszyklus mit seinen diskreten Lebenszyklusphasen den Ordnungsrahmen. In den einzelnen Phasen werden zunächst die Leistungsmodule als Black-Boxes angeordnet (s.

[627] Vgl. Kuhlmann (Gestaltung von Geschäftsprozessen), 2011, S. 101
[628] Vgl. Haberfellner (Systems Engineering), 2012, S. 12
[629] Vgl. Krieg (Kybernetische Grundlagen), 1971, S. 24

Abbildung 94). Nun erfolgt die **Definition der Schnittstellen** der Leistungsmodule im Prozessmodell und deren Integration zu einem System. Die im vorangegangenen Methodikschritt identifizierten Input-Outputbeziehungen geben Aufschluss darüber, welche Leistungsmodule miteinander verknüpft werden. Inputs und Outputs der Leistungsmodule sind dabei derart zu verbinden, dass ein durchgängiger, übergeordneter Systemprozess entsteht.[630] Analog zu den Inputs und Outputs können auch die Schnittstellen materieller oder immaterieller Art sein. SCHUH identifiziert unternehmensinterne und -externe Schnittstellen als einen wesentlichen Komplexitätstreiber für die Betriebskomplexität produzierender Unternehmen.[631] Daher sind im Sinne des Integrationsprinzips zur Gestaltung von lebenszyklusorientierten Leistungssystemen die Leistungsmodule durch aufeinander abgestimmte und standardisierte Schnittstellen zu einem Gesamtsystem zusammenzufügen (vgl. Kapitel 3.2.2).[632]

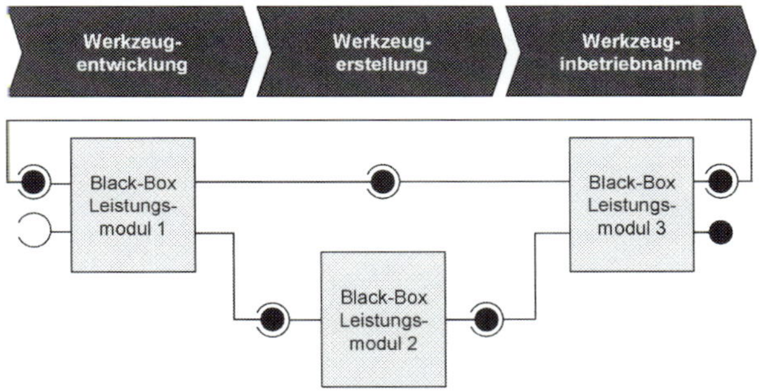

Abbildung 94: Black-Box Modell mit abgestimmten und standardisierten Schnittstellen

Die **Abstimmung der Schnittstellen** erfolgt in inhaltlicher und zeitlicher Hinsicht. So ist sicherzustellen, dass der Output eines Leistungsmoduls von gleicher inhaltlicher Beschaffenheit ist wie der Input des zu verbindenden Leistungsmoduls. In Bezug auf materielle Schnittstellen sind dies etwa die Toleranzen oder die Funktionalität eines Sachgutes. Hinsichtlich immaterieller Schnittstellen sind dies beispielsweise der Inhalt einer Information oder das Format der Datei als Informationsträger. Die zeitliche Abstimmung der Schnittstellen verlangt eine Definition von Übergabezeitpunkten. So ist bei materiellen wie immateriellen Schnittstellen jeweils zu definieren, wann der Output eines Leistungsmoduls vorliegen muss und damit zum Input des zu verbindenden Leistungsmoduls wird. Ein zeitlicher Versatz von Output und Input ist in jedem Fall gleichbedeutend mit Beständen (materielle Schnittstelle) bzw. Wartezeiten (immaterielle Schnittstelle).

Die **Standardisierung der Schnittstellen** gewinnt insbesondere im Hinblick auf eine mögliche spätere Anpassung oder Übertragung des Leistungssystems auf andere Kunden an Bedeutung. Materielle Schnittstellen werden durch technische Standards und Normen, wie etwa eine standardisierte Aufspannung des Werkzeugs auf der

[630] Vgl. Podratz. Kevin (Geschäftsmodellintegration), 2010, S. 43
[631] Vgl. Schuh (Produktkomplexität), 2005, S. 8ff.
[632] Vgl. Göpfert (Modulare Produktentwicklung), 2009, S. 59

Presse, standardisiert. Die Standardisierung von immateriellen Schnittstellen beruht hingegen auf organisatorischen Standards, wie beispielsweise standardisierten Kommunikationsschnittstellen.[633] Standardisierte Schnittstellen im modularen Leistungssystem lassen Veränderungen einzelner Leistungsmodule zu, ohne dass das gesamte Leistungssystem oder andere Leistungsmodule verändert werden müssen.[634]

Dem Anwender liegen mit Abschluss der **Integration der Leistungsmodule** folgende Ergebnisse vor:

- Abgestimmte und standardisierte Schnittstellen der Leistungsmodule des Leistungssystems
- Prozessmodell des Leistungssystems auf Leistungsmodulebene mit integrierten Leistungsmodulen entlang des Werkzeuglebenszyklus

5.2.3.3 Vorgehen zur Modellierung des Leistungssystemprozesses

Im vorliegenden Methodikschritt wird schließlich auf Basis des Black-Box Modells ein detaillierter Leistungssystemprozess modelliert. Am gesamten Erstellungsprozess der zum System integrierten Leistungen ist neben dem Werkzeugbaubetrieb auch der Kunde als externer Faktor beteiligt. So ist der Werkzeugbaubetrieb entlang des gesamten Werkzeuglebenszyklus in die Wertschöpfungsprozesse des Kunden integriert. Zur Modellierung des Leistungssystemprozesses eignet sich daher besonders die Prozessmodellierungssprache aixperanto, in der die unterschiedlichen am Prozess beteiligten Entitäten durch Schwimmbahnen repräsentiert werden. Zudem stellen bei der Modellierung der Wertschöpfungsbeitrag sowie der Standardisierungsgrad eines jeden Prozessschrittes wichtige Zielgrößen dar, die ebenfalls in aixperanto berücksichtigt werden. Das Vorgehen untergliedert sich in Anlehnung an KUHLMANN in die Modellierung der Prozessschrittebene und die Modellierung der Detailprozessschrittebene.[635]

Die **Modellierung der Prozessschrittebene** erfolgt in einem gemeinsamen Workshop mit Werkzeugbaubetrieb und Kunden. Den Ordnungsrahmen des Prozessplans bilden wieder die Phasen des Werkzeuglebenszyklus. Zudem werden die Schwimmbahnen definiert, die alle am Prozess beteiligten Organisationseinheiten auf Werkzeugbau- und Kundenseite repräsentieren. Daraufhin sind alle Prozessschritte der Leistungsmodule in Form von Prozesselementen unter Zuhilfenahme des Black-Box Modells auf dem Prozessplan zu verorten. Zu jedem Prozesselement sind der jeweilige In- bzw. Output, die zur Verfügung stehenden Hilfsmittel sowie die benötigte Durchlaufzeit aufzunehmen. Überdies sind die bereits definierten Schnittstellen zwischen den einzelnen Prozessschritten zu modellieren. Das Modell wird iterativ so lange überarbeitet, bis alle an der Modellierung Beteiligten das Modell ausreichend reflektieren und als finalen Stand bestätigen können. Das Modell der Prozessschritt-

[633] Vgl. Sanchez (Strategic product creation), 1996, S. 125
[634] Vgl. Sanchez (Strategic Flexibility), 1995, S. 142ff.
[635] Vgl. Kuhlmann (Gestaltung von Geschäftsprozessen), 2011

ebene des lebenszyklusorientierten Leistungssystems ist schließlich über die am Prozess beteiligten Entitäten sowie den Werkzeuglebenszyklus strukturiert. Es enthält sämtliche über definierte Schnittstellen verbundene Prozessschritte aller Leistungsmodule in Form von Prozesselementen. Die Prozesselemente sind durch In- und Outputs, zur Verfügung stehende Hilfsmittel und benötigte Durchlaufzeiten charakterisiert (s. Abbildung 95).

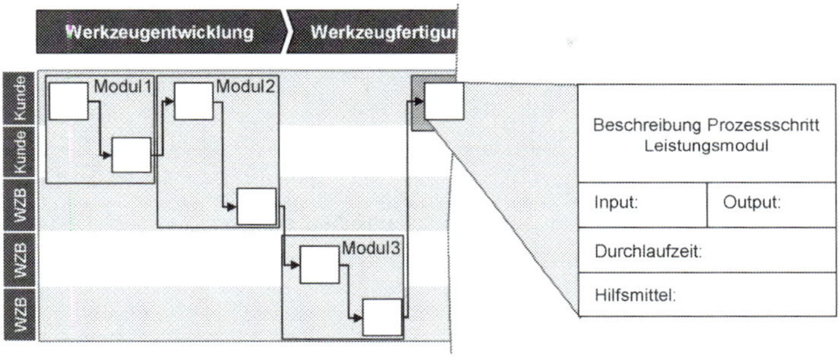

Abbildung 95: Modellierung der Prozessschrittebene mit aixperanto

Die **Modellierung der Detailprozessschrittebene** stellt eine Detaillierung des Prozessmodells der Prozessschrittebene dar. Sie erfolgt auf einem neuen, aber analog aufgebauten Prozessplan und wird lediglich durch Mitarbeiter des Werkzeugbaubetriebs vorgenommen. So ist es aufgrund des hohen Detaillierungsgrads der Modellierung nicht empfehlenswert, den Kunden in die Ausarbeitung zu integrieren. Sie beinhaltet die Detaillierung der modellierten Prozessschritte in Bezug auf einzelne Prozessschritte. So wird der Fokus nunmehr auf jeden einzelnen Prozessschritt, wiederum repräsentiert durch ein Prozesselement, gelegt. Ebenfalls sind die Prozesselemente durch deren In- und Outputs, zur Verfügung stehende Hilfsmittel und benötigte Durchlaufzeiten charakterisiert (s. Abbildung 96).

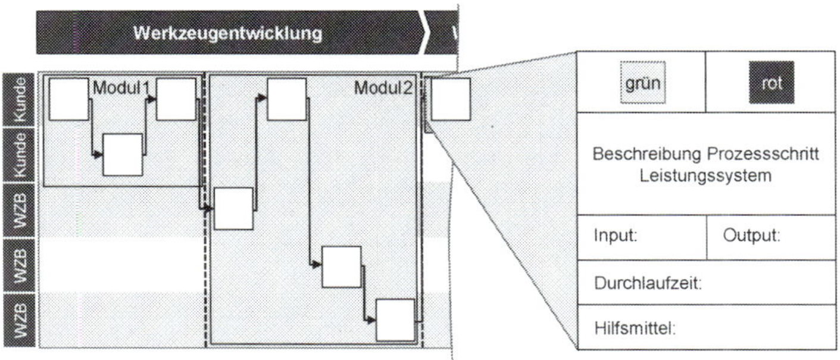

Abbildung 96: Modellierung der Detailprozessschrittebene mit aixperanto

Darüber hinaus werden der Wertschöpfungsbeitrag sowie der Standardisierungsgrad eines jeden Prozessschrittes definiert und dokumentiert. Jeder Prozessschritt sollte einen Beitrag zur Wertschöpfung aus Kundensicht beitragen oder zumindest Befähiger für einen anderen wertschöpfenden Prozessschritt sein. Andernfalls sollte der Prozessschritt modifiziert oder eliminiert werden. Standardisierte Prozessschritte in Bezug auf Schnittstellen, Verantwortlichkeiten und Durchlaufzeiten sind Voraussetzung für kurze Gesamtdurchlaufzeiten und eine geringe Fehlerquote. Als Grundlage für eine erfolgreiche Planung und Steuerung der Leistungserbringung werden schließlich die Leistungsergebnisse eines jeden Leistungsmoduls als Meilensteine in den Prozessplan eingetragen. Zudem erleichtern diese Meilensteine das Projektcontrolling in Bezug auf Termintreue, Qualität und Budgeteinhaltung. Das Modell der Prozessschrittebene des lebenszyklusorientierten Leistungssystems zeichnet sich über die Charakteristika des Modells der Prozessschrittebene durch den dokumentierten Standardisierungsgrad und Wertschöpfungsbeitrag sowie eingetragene Leistungsergebnisse als Meilensteine aus.

Dem Anwender liegen mit Abschluss der **Modellierung des Leistungssystemprozesses** folgende Ergebnisse vor:

- Modellierter Leistungssystemprozess auf Prozessschrittebene mit charakterisierten und verknüpften Prozessschritten je Leistungsmodul
- Modellierter Leistungssystemprozess auf Detailprozessschrittebene mit detailliert charakterisierten und verknüpften Prozessschritten des Leistungssystems und dokumentierten Leistungsergebnissen als Meilensteine

5.3 Integration der Methodikschritte

In den vorangegangenen Kapiteln 4 und 5 wurden die einzelnen Schritte der Methodik zur Gestaltung von lebenszyklusorientierten Leistungssystemen im Werkzeugbau zunächst konzeptioniert und dann detailliert. Eine abschließende Erklärung der Zusammenhänge und Schnittstellen der Methodikschritte und ihrer Detailschritte führt zu einer integrierten Methodik, welche geschlossen und zielgerichtet angewendet werden kann (s. Abbildung 97).

Die strategieorientierte **Analyse des Werkzeugbaubetriebs** als erster Teil der Methodik schafft mit den drei Schritten Analyse des Umfelds, Analyse der Kompetenzen und Typisierung des Werkzeugbaus die Voraussetzung für die Gestaltung von lebenszyklusorientierten Leistungssystemen im Sinne der strategischen Ausrichtung des Werkzeugbaubetriebs. In **Schritt A** werden zur Analyse des Umfelds zunächst die Geschäftsfelder des Werkzeugbaubetriebs gegeneinander abgegrenzt und davon eines als Betrachtungsgegenstand für den weiteren Verlauf der Methodik ausgewählt. Daraufhin werden die leistungsbezogenen und funktionalen Strategischen Erfolgspositionen eben dieses Geschäftsfelds identifiziert und bewertet. Leistungsbezogene und funktionale Strategische Erfolgspositionen werden durch outputorientierte und transformatorische Kompetenzen belegt. So erfolgt in **Schritt B** zunächst die Erhebung von Kennzahlen zur Bewertung jener Kompetenzen und schließlich die Bewertung selbst. Durch Gegenüberstellung der bewerteten Strategischen Erfolgspositionen und Kompetenzen wird in **Schritt C** die zukünftige strategische Ausrichtung des Werkzeugbaubetriebs definiert. Die strategische Ausrichtung, charakterisiert durch die zukünftig zu belegenden Strategischen Erfolgspositionen, fokussiert auf eines der vier Nutzenpotenziale im Werkzeugbau, Innovationsbeitrag, Komplexitätsreduktion, Zeitersparnis sowie Kostenreduktion und lässt den Werkzeugbaubetrieb sich damit dahin gehend typisieren. Die Typisierung ermöglicht die Gestaltung von strategiekonformen lebenszyklusorientierten Leistungssystemen im zweiten Teil der Methodik. Ist der Typ einmal identifiziert, muss der erste Teil der Methodik nicht für jedes zu gestaltende Leistungssystem erneut durchlaufen werden.

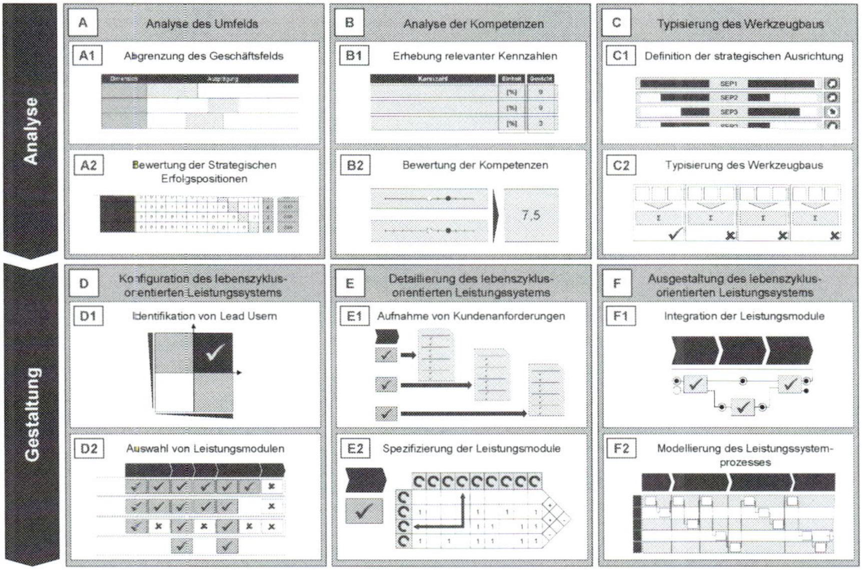

Abbildung 97: Methodik zur Gestaltung von lebenszyklusorientierten Leistungssystemen im Werkzeugbau

Der identifizierte Typ bildet die Eingangsgröße des **zweiten Teils der Methodik**, in dem die Schritte Konfiguration, Detaillierung und Ausgestaltung des lebenszyklusorientierten Leistungssystems durchlaufen werden. Ein ausgewählter Lead User konfiguriert in **Schritt D** zunächst ein individuelles Leistungssystem durch Auswahl von Leistungsmodulen aus einem typspezifischen Leistungsbaukasten. Aufbauend auf seiner Auswahl werden im darauffolgenden **Schritt E** die individuellen Anforderungen des Kunden an die Leistungsergebnisse und Leistungsprozesse der von ihm ausgewählten Leistungsmodule aufgenommen. Die aufgenommenen Anforderungen bilden die Basis zur Definition von Prozessschritten der Leistungserstellung innerhalb der Leistungsmodule sowie von Abhängigkeiten zwischen den Prozessschritten. Prozessschritte sowie Abhängigkeiten und Anforderungen werden daraufhin iterativ spezifiziert, wodurch das lebenszyklusorientierte Leistungssystem schrittweise detailliert wird. Sind die Prozessschritte der Leistungsmodule ausreichend spezifisch und deren Abhängigkeiten untereinander identifiziert, erfolgt in **Schritt F** schließlich deren Ausgestaltung. Dazu werden auf Basis der identifizierten Abhängigkeiten zwischen den Prozessschritten zunächst die Schnittstellen der Leistungsmodule zeitlich und inhaltlich definiert und damit die Leistungsmodule zu einem System integriert. Darauf aufbauend erfolgt schließlich die Modellierung eines entlang des gesamten Werkzeuglebenszyklus durchgängigen Leistungssystemprozesses, der den gesamten Prozess der Leistungserstellung des Leistungssystems detailliert beschreibt.

Die zwei Teile der Methodik sowie die Zusammenhänge und Schnittstellen der Methodikschritte zeigen, wie die Gestaltung von lebenszyklusorientierten Leistungssystemen erfolgt. Daher liegt dem Werkzeugbau mit der vorliegenden Methodik ein vollständiges und geeignetes Hilfsmittel bereit, um strategiekonforme, kundenindividuelle Leistungssysteme orientiert am Lebenszyklus des Werkzeugs zu gestalten.

6 Fallbeispiele

Dem Forschungsprozess für angewandte Forschung nach ULRICH folgend müssen entwickelte Regeln und Modelle im Anwendungszusammenhang überprüft werden.[636] Im vorliegenden Kapitel wird daher die Methodik zur Gestaltung von lebenszyklusorientierten Leistungssystemen im Werkzeugbau anhand von Fallbeispielen validiert. Dazu wird die Methodik bei zwei für die Branche repräsentativen Werkzeugbaubetrieben angewendet.

Aufgrund der Komplexität einer ganzheitlichen Durchführung der Methodik adressieren beide Fallbeispiele jeweils einen unterschiedlichen Aspekt der Methodik. Im ersten Fallbeispiel, der **Haidlmair GmbH Werkzeugbau**, werden die ersten drei Methodikschritte A bis C zur Typisierung des Werkzeugbaus beschrieben. Das zweite Fallbeispiel, die **OPUS Formenbau GmbH**, legt den Fokus auf die Methodikschritte D bis F.

6.1 Fallbeispiel: Haidlmair GmbH Werkzeugbau

Das Fallbeispiel Haidlmair GmbH Werkzeugbau zeigt im Folgenden die Anwendung der Methodikschritte A bis C, welche die Analyse des Umfelds, die Analyse der Kompetenzen sowie die Typisierung des Werkzeugbaus beinhalten.

6.1.1 Unternehmenssituation

Die Haidlmair GmbH wurde 1979 gegründet und hat ihr Stammwerk in Nussbach, Österreich. Die Firmengruppe ist in Privatbesitz und besitzt aktuell 8 Betriebe in 6 Ländern mit ca. 590 Mitarbeitern.

Das Kerngeschäft der Haidlmair GmbH Werkzeugbau in Nussbach ist die Herstellung von Spritzgießformen mit Fokus auf das gesamte Spektrum an Behältern – von der Getränkekiste über Lager- und Logistikcontainer bis zur Palettenbox – ergänzt um automotive und technische Teile sowie Großformen bis 80 Tonnen Gesamtgewicht für Paletten und Wertstoffbehälter. Haidlmair gehört weltweit zu einem der bedeutendsten Produzenten dieser Spritzgießwerkzeuge.

Im Jahr 2013 gehörte Haidlmair zu den Finalisten des Wettbewerbs „Werkzeugbau des Jahres 2013“ in der Kategorie externer Werkzeugbau über 100 Mitarbeiter, den das Unternehmen im Jahr 2006 bereits einmal für sich entscheiden konnte.

6.1.2 Anwendung der Methodik

Im Schritt A der Methodik, der **Analyse des Umfelds**, war zunächst das betrachtete Geschäftsfeld abzugrenzen. Aufgrund der Heterogenität des Werkzeugspektrums bei Haidlmair und der Tatsache, dass per Definition in jedem Geschäftsfeld spezifische Leistungen erbracht werden, kam diesem Schritt besondere Bedeutung zu. In einem Workshop zusammen mit der Geschäftsführung und mit Experten aus Vertrieb, Ein-

[636] Vgl. Ulrich (Management), 1984, S. 193

kauf, mechanischer Fertigung und Montage wurden zunächst die im Werkzeugspektrum von Haidlmair vertretenen Werkzeugtechnologien, Werkzeugkomplexitäten und Werkzeugabmessungen sowie die Branchen der Kunden von Haidlmair aufgenommen und dokumentiert (s. Abbildung 98).

Dimension	Ausprägungen				
Werkzeug-technologie	Spritzgießform			Druckgussform	
Werkzeug-komplexität	Medium-tech			High-tech	
Werkzeug-abmessungen	Klein: ≥ 500mm x 500mm < 1000mm x 1000mm			Groß: ≥ 1000mm x 1000mm < 2000mm x 1000mm	
Kunden-branche	Verpackungs-industrie	Automobil-industrie	Logistik-industrie	Weiße Ware	Bau-industrie

Abbildung 98: Morphologischer Kasten zur Abgrenzung der Geschäftsfelder von Haidlmair

Darauf aufbauend wurden sämtliche durch Leistungen adressierten morphologischen Kombinationen als Geschäftsfelder identifiziert und charakteristisch benannt. Die Benennung orientierte sich dabei weitestgehend an den durch die Werkzeuge hergestellten Produkten wie z.B. „Wertstoffbehälter" oder „Bauprodukte". Insgesamt konnten bei Haidlmair neun Geschäftsfelder gegeneinander abgegrenzt werden (s. Abbildung 99).

Dimension	Ausprägungen								
Werkzeug-technologie	Spritz-gießform	Spritz-gießform	Spritz-gießform	Spritz-gießform	Spritz-gießform	Spritz-gießform	Spritz-gießform	Spritz-gießform	Druck-gussform
Werkzeug-komplexität	Medium- und High	Medium- und High	Medium- und High	High	Medium- und High	Medium- und High	High	High	Medium
Werkzeug-abmessungen	Groß	Groß	Klein	Klein	Klein	Groß	Klein	Groß	Klein
Kunden-branche	Ver-packung	Logistik	Ver-packung	Ver-packung	Autom. u. Weiße W.	Bau	Logistik	Logistik	Logistik
Geschäfts-feld	Wertstoff-behälter	Paletten	**Flaschen-kästen**	Klapp-kisten	Techni-sche Teile	Bau-produkte	Transport-behälter	Transport-beh.(groß)	Druckguss

Abbildung 99: Geschäftsfelder von Haidlmair

Für die Beschreibung der weiteren Vorgehensweise wird exemplarisch das Geschäftsfeld Flaschenkästen ausgewählt. Die von Haidlmair hergestellten Spritzgießformen für Flaschenkästen sind größtenteils hochkomplex und werden bei nahezu allen Produzenten von Flaschenkästen für nahezu sämtliche Brauereien eingesetzt. Die Bandbreite reicht von einfachen Dosen-Trays über Leichtboxen in allen Größen und Formen bis zu Flaschenkästen in Mehrmaterial- und bzw. oder Mehrfarbenausführung. In diesem Geschäftsfeld ist Haidlmair Weltmarktführer. Damit eignet sich dieses Geschäftsfeld besonders für die Gestaltung von lebenszyklusorientierten Leistungssystemen.

Nach der Abgrenzung wurden die Strategischen Erfolgspositionen des Geschäftsfeldes unter Zuhilfenahme einer Dominanzmatrix in einem Workshop bewertet. So wurde jeweils die Strategische Erfolgsposition in der Zeile der Dominanzmatrix mit den jeweils anderen Strategischen Erfolgspositionen in den Spalten der Dominanzmatrix in Bezug auf ihre Bedeutung für den Unternehmenserfolg im Geschäftsfeld Flaschenkästen verglichen. Durch Summierung der jeweiligen Zeilenwerte und abschließende Normierung wurde die Bedeutung der Strategischen Erfolgspositionen im Geschäftsfeld für den Unternehmenserfolg deutlich (s. Abbildung 100).

	Schnelligkeit	Termintreue	Flexibilität	Produktionssicherheit	Anforderungsgerechtheit	Standardisierung	Werkzeugverfügbarkeit	Kostentransparenz	Auslastungsstabilität	Verfahrenstechn. Inno.-kraft	Werkzeugtechn. Inno.-kraft	Wissen	Zeilensumme	Normierte Zeilensumme
Schnelligkeit	-	0	1	0	0	1	0	1	0	0	0	0	3	0,05 (10.)
Termintreue	1	-	1	0	0	1	0	1	0	0	0	1	5	0,08 (7.)
Flexibilität	0	0	-	0	1	0	0	1	0	0	1	0	3	0,05 (10.)
Produktionssicherheit	1	1	1	-	0	1	1	1	1	1	0	1	9	0,14 (1.)
Anforderungsgerechtheit	1	1	0	1	-	0	0	1	1	1	1	1	8	0,12 (2.)
Standardisierung	0	0	1	0	1	-	1	1	1	1	1	1	8	0,12 (2.)
Werkzeugverfügbarkeit	1	1	1	0	1	0	-	1	1	0	0	0	6	0,09 (5.)
Kostentransparenz	0	0	0	0	0	0	0	-	1	0	1	1	3	0,05 (10.)
Auslastungsstabilität	1	1	1	0	0	0	0	0	-	0	1	0	4	0,06 (8.)
Verfahrentechn. Inno.-kraft	1	1	1	0	0	0	1	1	1	-	0	1	7	0,11 (4.)
Werkzeugtechn. Inno.-kraft	1	1	0	1	0	0	1	0	0	1	-	1	6	0,09 (5.)
Wissen	1	0	1	0	0	0	1	0	1	0	0	-	4	0,06 (8.)

Abbildung 100: Bewertung der Strategischen Erfolgspositionen im Geschäftsfeld Flaschenkästen

Die Besetzung der Strategischen Erfolgsposition „Produktionssicherheit" ist im Wettbewerbsumfeld des Geschäftsfelds Flaschenkästen am wichtigsten. Ebenso spielen Anforderungsgerechtheit und Standardisierung eine große Rolle. Weniger wichtig im Wettbewerbsumfeld des betrachteten Geschäftsfelds sind hingegen Schnelligkeit, Flexibilität und Kostentransparenz.

Im zweiten Schritt der Methodik erfolgte anschließend die **Analyse der Kompetenzen** von Haidlmair. Dazu wurden zunächst Kennzahlenwerte zur Bestimmung jener outputorientierter und transformatorischer Kompetenzen erhoben, die die Strategischen Erfolgspositionen adressieren. Aufgrund der Sensibilität der Kennzahlenwerte, insbesondere bei einem externen Werkzeugbaubetrieb, werden die Kennzahlenwerte an dieser Stelle nicht dargestellt. Zur anschließenden Bewertung der Kompetenzen wurde ein externes Benchmarking durchgeführt. Die Vergleichsgruppe charakterisierte sich durch folgende Merkmale:

- Unternehmensstandort: Deutschland und Österreich
- Mitarbeiterstruktur: 100 bis 200 Mitarbeiter
- Leistungsspektrum: Hauptfokus Spritzgießwerkzeuge
- Marktzugang: Hauptfokus extern

Durch das Benchmarking konnte die eigenen Position im Vergleich zum Wettbewerb ermittelt werden. Zu allen Kennzahlen konnte über die jeweils geringsten und höchsten Kennzahlenwerte sowie dem Durchschnitt in der Vergleichsgruppe eine Normierung zwischen 1 und 10 vorgenommen werden. Nach Aggregation der normierten Kennzahlenwerte lag je Kompetenz eine Bewertungskennzahl zwischen 0 und 10 vor, wobei 5 jeweils eine durchschnittliche Beherrschung der Kompetenz bedeutete (s. Abbildung 101).

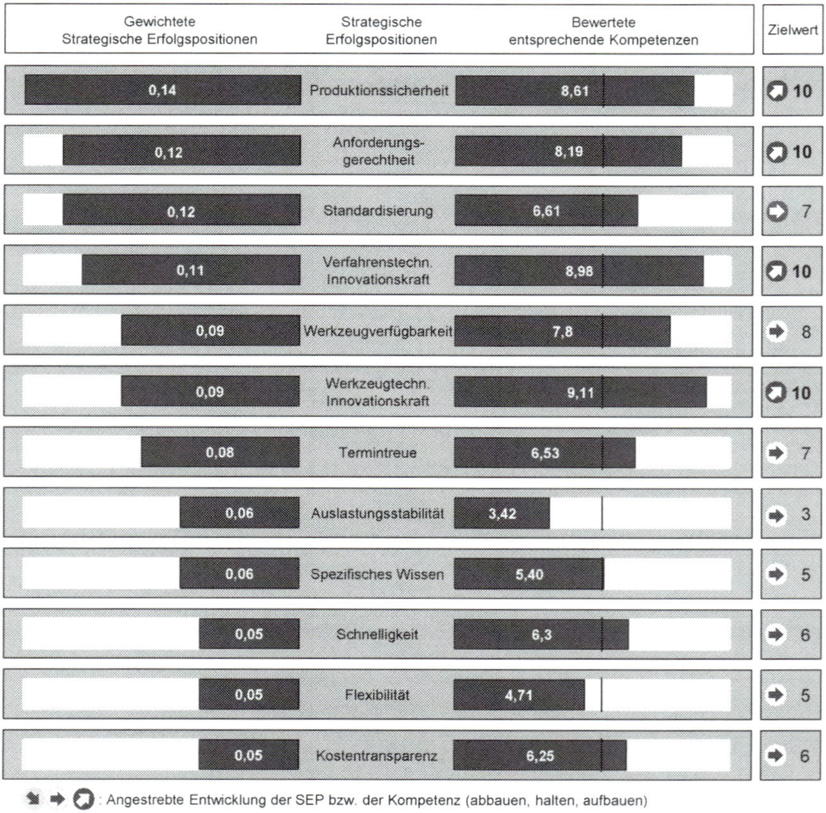

Abbildung 101: Schema zur Definition der strategischen Ausrichtung von Haidlmair im Geschäftsfeld Flaschenkästen

Es zeigte sich, dass Haidlmair besonders überdurchschnittliche Kompetenzen im Bereich Innovationsfähigkeit, Anforderungsgerechte Werkzeuge, Lebenszykluskosten und Qualität besitzt. Insgesamt konnten die Kompetenzen mit einem Durchschnittswert von 6,46 außerordentlich gut bewertet werden.

Als dritter Schritt erfolgte die **Typisierung des Werkzeugbaus** im Geschäftsfeld Flaschenkästen. Auf Basis der Analysen von Umfeld und Kompetenzen konnte zunächst die strategische Ausrichtung im Geschäftsfeld Flaschenkästen definiert werden. Dazu wurden die bewerteten Kompetenzen den gewichteten Strategischen Erfolgspositionen gegenübergestellt (s. Abbildung 101). Darauf aufbauend wurde im Kreis der Geschäftsführung zusammen mit weiteren Experten aus unterschiedlichen Abteilungen von Haidlmair die beabsichtigte strategische Ausrichtung definiert. Dazu wurden diejenigen Strategischen Erfolgspositionen ausgewählt, die zukünftig durch Haidlmair fokussiert adressiert werden sollen. Da die beiden bedeutendsten Strategischen Erfolgspositionen Produktionssicherheit und Anforderungsgerechtheit durch entsprechende Kompetenzen ohnehin bereits überaus gut adressiert werden, sollen diese zukünftig exklusiv durch Haidlmair belegt werden. Auch die bedeutende verfahrens- und werkzeugtechnologische Innovationskraft wird bereits durch entsprechende äußerst überdurchschnittliche Kompetenzen adressiert und soll zukünftig belegt werden.

Die vergebenen Punktwerte konnten schließlich zur Typisierung von Haidlmair im Geschäftsfeld Flaschenkästen herangezogen werden. So wurden die Punktwerte der jeweils drei Strategischen Erfolgspositionen addiert, die einem Typen hinsichtlich des adressierten Kundennutzenpotenzials zugeordnet werden können (s. Abbildung 102). Die höchste Summe ergab sich beim Komplexitätsreduzierer, sodass Haidlmair im Geschäftsfeld Flaschenkästen diesem Typen zugeordnet werden konnte. Ebenfalls nicht außer Acht lässt Haidlmair allerdings insbesondere die Befähigung des Kunden zu Innovationen. Da das betrachtete Geschäftsfeld durch die hohe Komplexität der Werkzeuge nicht durch ausschließlichen Kostenwettbewerb charakterisiert ist, ist ein Marktauftritt als reiner Kostenreduzierer hingegen nicht erfolgreich.

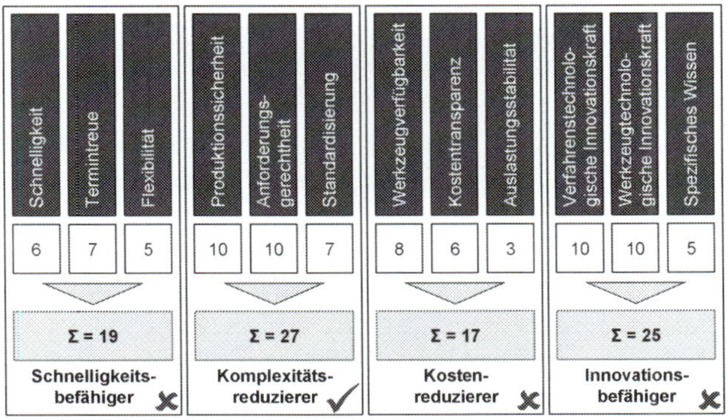

Abbildung 102: Typisierung von Haidlmair im Geschäftsfeld Flaschenkästen

Aus der Typisierung von Haidlmair als Komplexitätsreduzierer im Geschäftsfeld Flaschenkästen ergab sich der in Abbildung 103 aufgezeigte typspezifische Leistungsbaukasten.

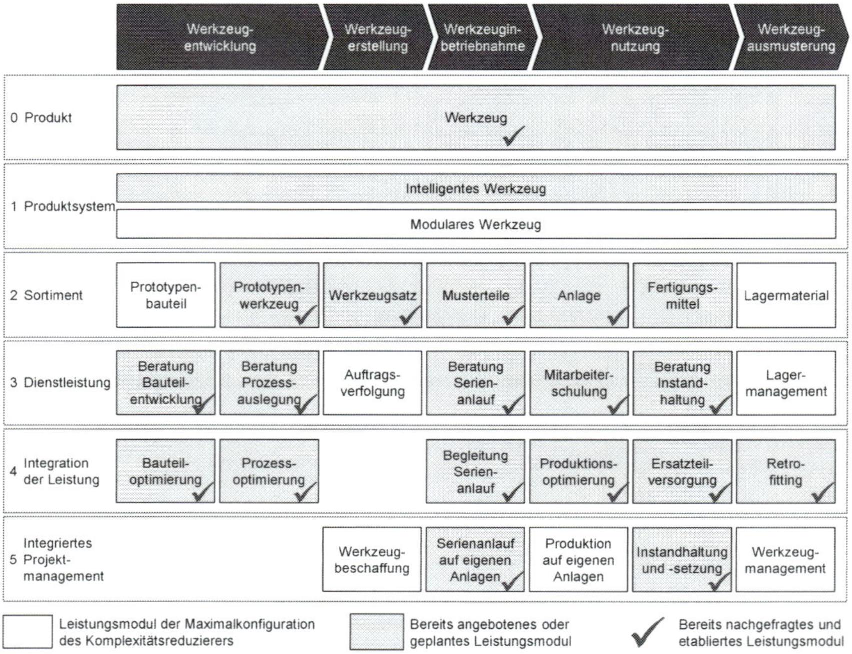

Abbildung 103: Leistungsbaukasten von Haidlmair im Geschäftsfeld Flaschenkästen

Haidlmair tritt als Komplexitätsreduzierer entlang des gesamten Lebenszyklus des Flaschenkastenwerkzeugs gegenüber seinen Kunden auf. Dadurch kann sich der Kunde auf seine Kernkompetenzen fokussieren und seine Produktionskomplexität reduzieren. Prototypenwerkzeuge werden ebenso angeboten wie ganze Werkzeugsätze, aber auch Fertigungsanalgen und Fertigungsmittel. Innovationen bringt Haidlmair durch Bauteil- und Prozessoptimierung schon früh in den Produktentwicklungsprozess des Kunden ein. Die Verantwortung reicht auch über die Fertigstellung des Werkzeugs hinaus. So werden die Werkzeuge vor der Auslieferung bei Haidlmair gemustert, auch im Beisein des Kunden, um eine optimale Werkzeugauslegung zu gewährleisten. Dazu garantiert Haidlmair seinen Kunden eine gewisse Anzahl Schüsse und steht zur Verfügung, sollten entlang des Lebenszyklus des Werkzeugs Optimierungen nötig sein. Bei Bedarf stehen auch die Servicebetriebe der Haidlmair Group als Assistenz zur Verfügung. Darüber hinaus kommen im Großteil Europas ausgebildete Fachkräfte von Haidlmair mit einem Servicebus zum Kunden und führen kurzfristige Instandsetzungsarbeiten durch. Anwendungstechniker von Haidlmair unterstützen und schulen bei Bedarf die Kundentechniker im sachgerechten Betrieb und der Wartung der Spritzgießformen.

Die beschriebenen Leistungen von Haidlmair sind Teil des entwickelten Leistungsbaukastens des Komplexitätsbefähigers, was die entwickelte Typologie verifiziert.

6.1.3 Fazit zur Anwendung

Am Beispiel der Haidlmair GmbH Werkzeugbau konnte die erfolgreiche Anwendung des ersten Teils der Methodik zur Gestaltung von lebenszyklusorientierten Leistungssystemen aufgezeigt werden.

Das Fallbeispiel hat sich auf die Darstellung der Anwendung der Methodikschritte A bis C fokussiert. Dazu wurde zunächst das betrachtete Geschäftsfeld abgegrenzt. Daraufhin wurden die Strategischen Erfolgspositionen des Geschäftsfelds Flaschenkästen bewertet und gewichtet. Nach einer Erhebung von relevanten Kennzahlen wurde ein externes Benchmarking zur Bewertung jener Kompetenzen durchgeführt, die die Strategischen Erfolgspositionen des Geschäftsfelds adressieren. Daraufhin wurden die Strategischen Erfolgspositionen und die entsprechenden Kompetenzen gegenübergestellt und im Workshop die strategische Ausrichtung durch Auswahl der zukünftig zu belegenden Strategischen Erfolgspositionen definiert. Die zukünftige beabsichtigte strategische Ausrichtung ließ eine Typisierung von Haidlmair im Geschäftsfeld Flaschenkästen als Komplexitätsreduzierer zu. Aufbauend auf dem identifizierten Typ wurde der typspezifische Leistungsbaukasten aufgezeigt, der Leistungsmodule zur Komplexitätsreduzierung auf Kundenseite entlang des Werkzeuglebenszyklus enthält.

Das Fallbeispiel hat aufgezeigt, dass die einzelnen Methodikschritte A bis C in sich abgeschlossen sind, sinnvoll aufeinander aufbauen und ein praxisrelevantes Vorgehen beinhalten, sodass schließlich die entwickelte Typisierung in der Praxis validiert werden konnte.

6.2 Fallbeispiel: OPUS Formenbau GmbH

Das Fallbeispiel OPUS Formenbau GmbH zeigt im Folgenden die Anwendung der Methodikschritte D bis F der Methodik, welche die Konfiguration, Detaillierung und Ausgestaltung des lebenszyklusorientierten Leistungssystems beinhalten.

6.2.1 Unternehmenssituation

Die OPUS Formenbau GmbH ist als Partner der Automobilzulieferindustrie tätig und entwickelt und fertigt Spritzgieß- und Vulkanisationsformen im Geschäftsfeld Karosseriedichtsysteme. OPUS beschäftigt insgesamt 39 Mitarbeiter, darunter zehn Auszubildende, schwerpunktmäßig Feinwerkmechaniker und technische Produktdesigner sowie vier Studenten in dualer Ausbildung. Als zentraler Leitgedanke von OPUS hat sich der Slogan „Wir machen nicht alles, aber das was wir machen, können wir nicht nur gut, sondern besser" bei Mitarbeitern und Kunden etabliert.

Im September 2007 wurde OPUS aus einer Unternehmensgruppe mit 180 Mitarbeitern und über 40-jähriger Tradition im baden-württembergischen Heiligkreuzsteinach ausgegründet. Die Entscheidung für die Ausgründung fiel aufgrund der weitreichenden Erfahrungen und Marktkenntnisse des Mitarbeiterstamms im Geschäftsfeld für anspruchsvolle Spritzgieß- und Vulkanisationsformen. Entsprechend einer Fokussierung auf die Nische konzentrieren sich die Kompetenzen des OPUS Formenbaus auf Formen exklusiv für Karosseriedichtsysteme wie Fensterführungen, Cabrio- und Coupédichtsysteme und Türdichtungen sowie Glasumspritzungen. Dabei ermöglicht das über viele Jahre aufgebaute Fachwissen die Fertigung hochqualitativer Werkzeuge und die exakte Erfüllung der Kundenwünsche.

Der OPUS Formenbau hat gute Erfahrungen mit der Nischenstrategie gemacht und konnte sich erfolgreich am europäischen Markt etablieren. Aufgrund anhaltenden Wachstums bezog das Unternehmen 2014 eine größere Produktionshalle im benachbarten Schönau. Im gleichen Jahr wurde das Unternehmen zum Werkzeugbau des Jahres in der Kategorie „externer Werkzeugbau unter 50 Mitarbeiter" gekürt.

6.2.2 Anwendung der Methodik

Der Methodik zur Gestaltung von lebenszyklusorientierten Leistungssystemen folgend wurde als Eingangsgröße für die Methodikschritte D bis F eine Typisierung von OPUS im Geschäftsfeld Karosseriedichtsysteme vorgenommen. Abbildung 104 zeigt dazu die von OPUS adressierten Strategischen Erfolgspositionen und den daraus resultierenden Typen „Schnelligkeitsbefähiger".

In einem Strategieworkshop wurden dazu zunächst die Strategischen Erfolgspositionen des Geschäftsfelds Karosseriedichtsysteme und die entsprechenden Kompetenzen von OPUS gegenübergestellt und die zukünftige strategische Ausrichtung definiert. So beabsichtigt OPUS in Zukunft die Strategischen Erfolgspositionen Schnelligkeit, Termintreue und Produktionssicherheit zu belegen. Die weit überdurchschnittlichen Kompetenzen von OPUS in den Bereichen Werkzeugverfügbarkeit und Auslastungsstabilität spiegeln sich ebenfalls in der strategischen Ausrichtung von OPUS wider. Die zukünftige strategische Ausrichtung macht OPUS zum „Schnelligkeitsbefähiger" für seine Kunden. Auch nicht außer Acht lässt OPUS dabei die Kosten, auch für seine Kunden, und leistet einen Beitrag zur Komplexitätsreduzierung.

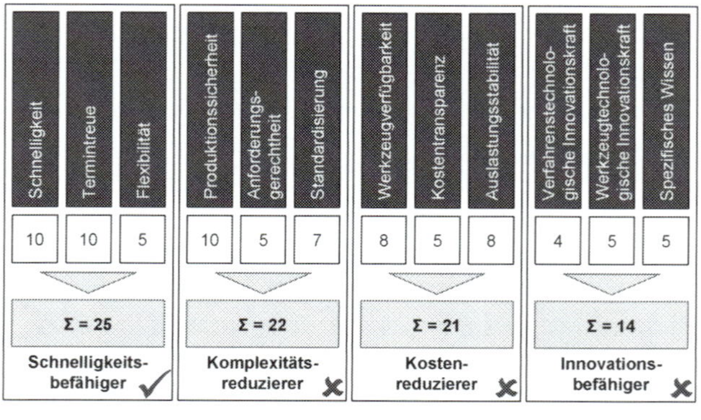

Abbildung 104: Typisierung von OPUS im Geschäftsfeld Karosseriedichtsysteme

Im folgenden Methodikschritt D erfolgte die **Konfiguration eines lebenszyklusorientierten Leistungssystems** für einen spezifischen Kunden als Lead User. Neben dem eng eingegrenzten Produkt- bzw. Werkzeugspektrum fokussiert OPUS auf ausgewählte Hauptkunden der Automobilzulieferindustrie. Aktuell zählt OPUS 15 Unternehmen in Europa zu seinen Kunden. Allerdings werden 75 Prozent des Gesamtumsatzes über sieben Hauptkunden generiert. Aufgrund der Sensibilität der entsprechenden Daten wird im Folgenden nicht näher auf das Vorgehen zur Identifikation der Lead User eingegangen. Das Vorgehen der folgenden Methodikschritte wird dagegen für einen nicht näher spezifizierten Lead User beschrieben.

Aus dem Leistungsbaukasten des Schnelligkeitsbefähigers wählte dieser Kunde die in Abbildung 105 dargestellten Leistungsmodule. So wird OPUS durch die Beratung der Bauteil- und Prozessentwicklung schon früh in den Produkterstellungsprozess integriert. Zeitaufwendige Iterationsschleifen zwischen OPUS und dem Kunden können so weitestgehend vermieden werden. Während der Erstellung der Form erhält der Kunde regelmäßig Informationen zum Status der Form bzw. Fertigungsfortschritt. Zur Sicherstellung einer sofortigen Einsatzbereitschaft der Form nach Lieferung zum Kunden ohne Zeitverzug erfolgt der Serienanlauf auf den Spritzgießmaschinen von OPUS in Schönau. Als After-Sales-Service wählt der Kunde schließlich die Instandhaltung und -setzung durch OPUS und lässt sich zum verschleißminimalen Einsatz der Form beraten. Der Kunde verspricht sich dadurch minimale Ausfallzeiten während der Produktion.

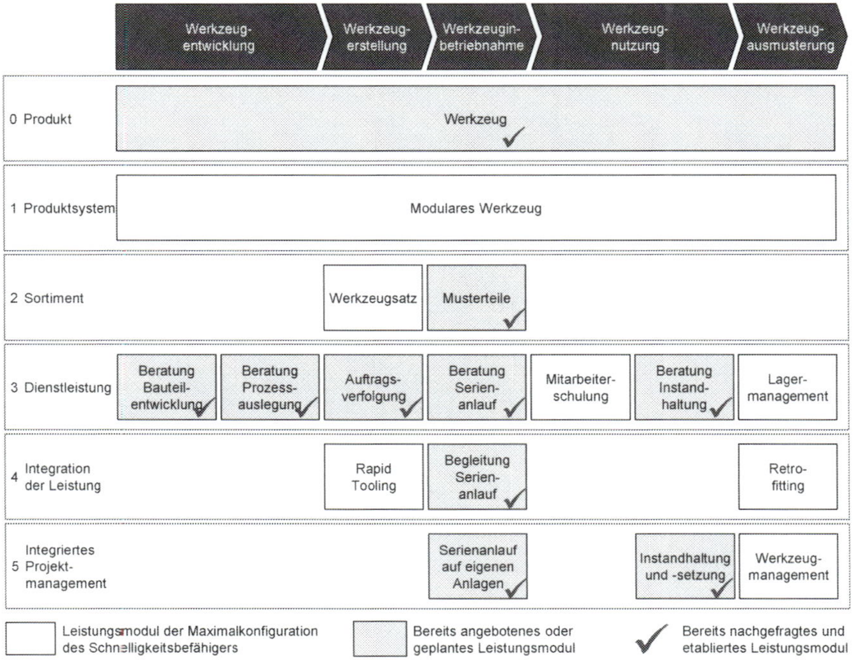

Abbildung 105: Vom Kunden ausgewählte Leistungsmodule aus dem Leistungsbaukasten

Die durch den Kunden gewählten Leistungsmodule sind Teil des etablierten Leistungsangebots von OPUS, was den Leistungsbaukasten des Schnelligkeitsbefähigers verifiziert.

Nach Konfiguration des Leistungssystems erfolgte in Schritt E der Methodik die **Detaillierung des Leistungssystems** für den Kunden. Dazu wurden zunächst die Anforderungen des Kunden an die Leistungsmodule aufgenommen. Zusätzlich zu den von OPUS gesammelten Informationen über den Kunden im Kundenprofil wurden die Anforderungen des Kunden im Zuge des Vertriebsprozesses hauptsächlich telefonisch erörtert. Im Folgenden werden beispielhaft die Anforderungen des Kunden an das Leistungsmodul „Serienanlauf auf Anlagen von OPUS" beschrieben. Durch die langjährige Zusammenarbeit ist OPUS bekannt, dass der Kunde keine eigenen Spritzgießkapazitäten zum Einfahren der Formen vorhält. Auch OPUS hat keine Spritzgießkapazitäten vor Ort beim Kunden. Daraus resultiert die Anforderung „Serienanlauf bei OPUS durchführen". Der Kunde möchte wie üblich während des Serienanlaufprozesses die Form abnehmen. OPUS vermerkte daher die Anforderung „Formabnahme durch Kunden durchzuführen". Aus dem dokumentierten Lastenheft folgen schließlich die beiden Anforderungen „Teile zu Maßhaltigkeit entsprechend Lastenheft qualifizieren" sowie „Teile entsprechend Lastenheft montieren".

Auf Basis der aufgenommenen Kundenanforderungen konnten die vom Kunden ausgewählten Leistungsmodule spezifiziert werden. Dazu wurden die Prozessschritte „Kundeneinladung", „Funktionsprüfung", „Serienanlauf" und „Formabnahme" definiert, mit denen die Anforderungen erfüllt werden können. In einer Anforderungs-Prozess Matrix wurden die Anforderungen den Prozessschritten gegenübergestellt (s. Abbildung 106).

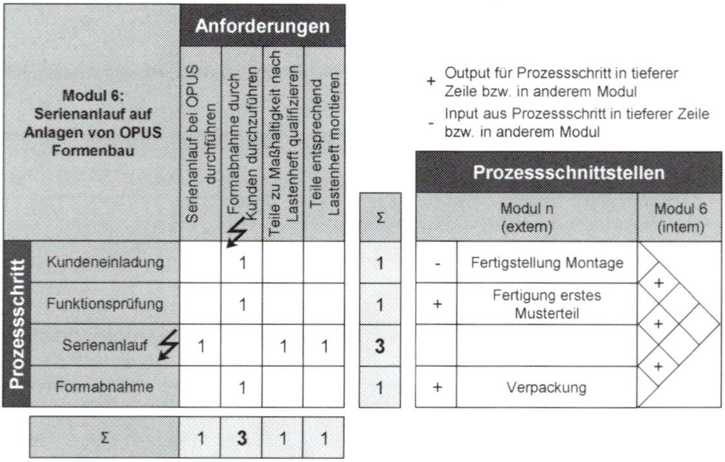

Abbildung 106: Anforderungs-Prozess Matrix im ersten Iterationsschritt

Bei Auswertung der Matrix zeigte sich, dass der Prozessschritt „Serienanlauf" insgesamt drei Anforderung erfüllt und damit nicht fein genug beschrieben ist. Darüber hinaus wurde die Anforderung „Formabnahme durch Kunden durchzuführen“ durch drei Prozessschritte erfüllt, was auf Detaillierungsbedarf hinsichtlich der Anforderungsdefinition hindeutet. In einem zweiten Iterationsschritt wurden daher der genannte Prozessschritt sowie die genannte Anforderung weiter spezifiziert und eine weitere Anforderungs-Prozess Matrix aufgestellt (s. Abbildung 107).

Modul 6: Serienanlauf auf Anlagen von OPUS Formenbau	Anforderungen							Σ	Prozessschnittstellen: Modul n (extern)	
Prozessschritt	Kunde bei Serienanlauf anwesend	Serienanlauf bei OPUS durchführen	Teile zu Maßhaltigkeit entsprechend Lastenheft qualifizieren	Sämtliche Prüfergebnisse/Prozessparameter dokumentieren	Rücksprache mit Werkzeugbauexperten halten	Teile entsprechend Lastenheft montieren	Finale Abnahme der Form durch Kunden durchführen			
Kundeneinladung	1							1	-	Fertigstellung Montage
Übergabe Form an Technikum		1						1		
Funktionsprüfung			1					1	+	Fertigung erstes Musterteil
Erstellung Abnahmeprotokoll				1	1			2	-	Fertigung letztes Musterteil
Abstimmung mit Projektleiter					1			1		
Anbau kundenspezifischer Teile						1		1		
Formabnahme durch Kunden							1	1	+	Verpackung
Σ	1	1	1	1	2	1	1			

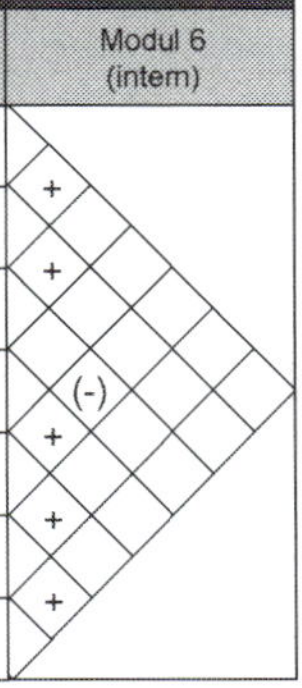

\+ Output für Prozessschritt in tieferer Zeile bzw. in anderem Modul
\- Input aus Prozessschritt in tieferer Zeile bzw. in anderem Modul

Abbildung 107: Anforderungs-Prozess Matrix im zweiten Iterationsschritt

Die erneute Auswertung der Matrix offenbarte keinen weiteren Bedarf zur Spezifizierung. Damit war das Leistungsmodul „Serienanlauf auf Werkzeugbauanlagen“ hinreichend durch Prozessschritte zur Erfüllung der Kundenanforderungen definiert.

Nach der Detaillierung erfolgte die **Ausgestaltung des lebenszyklusorientierten Leistungssystems** für den Kunden. Aus den Anforderungs-Prozess Matrizen sämtlicher Leistungsmodule konnten bereits die Schnittstellen zwischen den Leistungsmodulen identifiziert und damit ein Black-Box Modell des Leistungssystems aufgestellt werden (s. Abbildung 108).

Es folgte die Abstimmung der Schnittstellen. Exemplarisch wird im Folgenden die Abstimmung der Schnittstelle zwischen dem Leistungsmodul „Form“ und dem Leistungsmodul „Serienanlauf auf OPUS Anlagen“ beschrieben. Nach Fertigstellung der Montage ist die Form an das Technikum weiterzugeben. Der Output des Leistungsmoduls „Form“ ist damit die Form selbst und gleichzeitig der Input für das Leistungsmodul „Serienanlauf auf OPUS Anlagen“. Zudem wurde über das PPS System von OPUS der Übergabezeitpunkt festgelegt. Damit ist die Schnittstelle zwischen den beiden Leistungsmodulen sowohl inhaltlich als auch zeitlich abgestimmt. Die Schnittstelle ist ebenfalls standardisiert und kann so auch für Leistungssysteme für andere Kunden gelten.

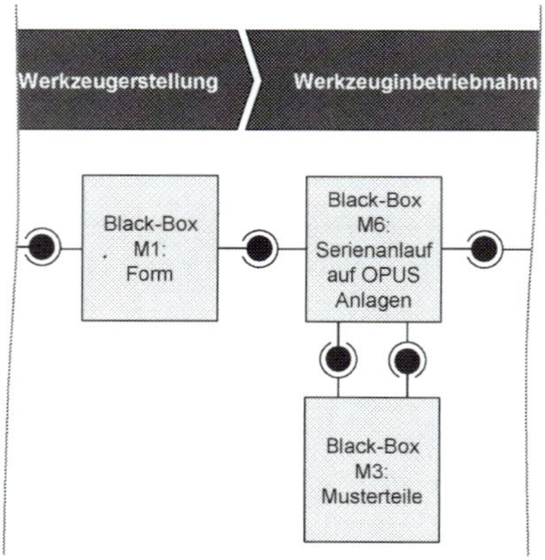

Abbildung 108: Ausschnitt des Black-Box Modells des Leistungssystems von OPUS

Schließlich wurden in einem Workshop die Black-Boxes durch die zuvor definierten Prozessschritte ersetzt und mit aixperanto in einem Prozessmodell eingetragen (s. Abbildung 109). Dabei wurde insbesondere auch der Kunde mit eigenen Schwimmbahnen auf dem Prozessplan berücksichtigt. Nach Modellierung auf Prozessschrittebene wurde auf Detailprozessschrittebene modelliert. Das Ergebnis ist ein Prozessmodell des gesamten lebenszyklusorientierten Leistungssystems von OPUS für den spezifischen Kunden. Nach Beratung des Kunden während der Produkt- und Prozessentwicklung wird für den Kunde eine dem Einsatzzweck des Kunden angepasste Form in Bezug auf das Einspritzmaterial, die zu produzierenden Stückzahlen, die Stahlqualität und den Kinematisierungsgrad hergestellt.

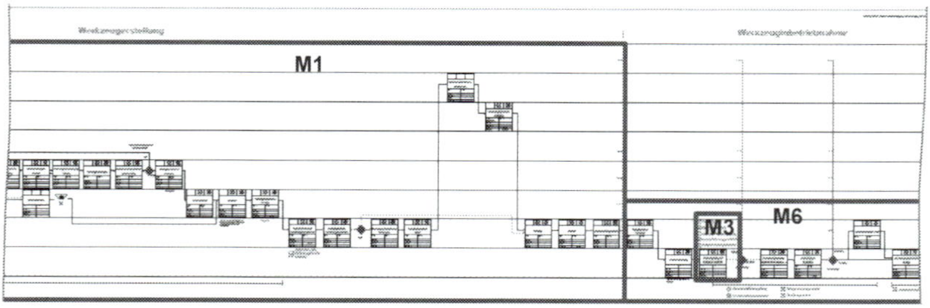

Modul 1 (M1): Form; **Modul 6 (M6)**: Serienanlauf auf OPUS Anlagen; **Modul 3 (M3)**: Musterteile

Abbildung 109: Ausschnitt des Leistungssystemprozesses von OPUS

Die internen Prozesse werden bei OPUS als Befähiger der Fokussierungsstrategie gesehen. So wird viel, aber nicht alles, selbst gefertigt. Dabei ist eine Vielzahl von Prozessfolgen standardisiert und wird von der Arbeitsvorbereitung über einen Arbeitsplan zusammen mit den CNC-Programmen in das Production-Control-System übergeben. Die Form wird dadurch durchlaufzeitminimal und absolut termintreu geliefert und ist mit der Lieferung sofort einsatzbereit. Die Serienreife der Form wird durch das eigene Technikum sichergestellt, das zum Einfahren und Optimieren der Form, aber auch zur Erstellung von Musterteilen dient. Letztlich sorgt die Instandhaltung und -setzung durch OPUS für Produktionssicherheit und geringe Ausfallzeiten.

6.2.3 Fazit zur Anwendung

Am Beispiel der OPUS Formenbau GmbH konnte die erfolgreiche Anwendung des zweiten Teils der Methodik zur Gestaltung von lebenszyklusorientierten Leistungssystemen aufgezeigt werden.

Im Fallbeispiel wurden die Methodikschritte D bis F durchlaufen. Dazu wurde aufbauend auf der Typisierung von OPUS als Schnelligkeitsbefähiger im Geschäftsfeld Karosseriedichtsysteme für einen ausgewählten Kunden als Lead User ein lebenszyklusorientiertes Leistungssystem konfiguriert. Nach Aufnahme der Anforderungen des Kunden an die von ihm ausgewählten Leistungsmodule konnten diese in einem iterativen Vorgehen spezifiziert und damit das lebenszyklusorientierte Leistungssystem detailliert werden. Schließlich wurden die Leistungsmodule zu einem System integriert und ein durchgängiges Prozessmodell des Leistungssystems entlang des Werkzeuglebenszyklus aufgestellt. Die Kunden von OPUS fragen bereits zahlreiche Module des Leistungsbaukastens des Schnelligkeitsbefähigers an. Dennoch gibt es weitere Bestrebungen seitens OPUS zur weiteren Integration in die vorgelagerten Kundenprozesse.

Das Fallbeispiel hat aufgezeigt, dass die einzelnen Methodikschritte D bis F in sich abgeschlossen sind, sinnvoll aufeinander aufbauen und ein praxisrelevantes Vorgehen beinhalten, sodass schließlich die Gestaltung von lebenszyklusorientierten Leistungssystemen in der Praxis validiert werden konnte.

6.3 Kritische Reflexion

Die Methodik zur Gestaltung von lebenszyklusorientierten Leistungssystemen im Werkzeugbau konnte erfolgreich in der Praxis bei den externen Werkzeugbaubetrieben Haidlmair GmbH Werkzeugbau und OPUS Formenbau GmbH angewendet werden. Die Fallbeispiele haben gezeigt, dass die Methodik neben den allgemeinen und leistungsbezogenen auch die branchenbezogenen Prinzipien erfüllt.

Als allgemeine Prinzipien wurden das Effizienzprinzip, das Praktikabilitätsprinzip und das Sequenzprinzip definiert. In beiden Fallbeispielen konnte die Erfüllung des Effizienzprinzips der Methodik aufgezeigt werden, da dem Anwender durch Heben der Potenziale (Differenzierung, Kundenbindung, Realisierung höherer Preise, etc.) Leistungssysteme sehr großer Nutzen entsteht, der Aufwand der Gestaltung allerdings als klein eingestuft werden kann und mit keinen Investitionen verbunden sein muss. Ebenso konnte in beiden Fallbeispielen die Praktikabilität der Methodik aufgezeigt werden, da jeder Methodikschritt logisch aufgebaut war und benötigte Daten und Informationen mit geringem Aufwand zur Verfügung gestellt werden konnten. Zur Erfüllung des Sequenzprinzips besitzt die Methodik eine konkrete Vorgehensweise mit klar aufeinander aufbauenden Schritten und Detailschritten. Den Anwendern konnte dadurch stets ein schneller und umfassender Überblick über den Status der Methodik gegeben werden. Folglich wurden die **allgemeinen Prinzipien** erfüllt.

Die leistungsbezogenen Prinzipien beinhalten das Strategieprinzip, das Strukturprinzip, das Lebenszyklusprinzip, das Partizipationsprinzip und das Integrationsprinzip. Insbesondere das Fallbeispiel Haidlmair GmbH Werkzeugbau hat gezeigt, wie die Gestaltung der lebenszyklusorientierten Leistungssysteme in der Methodik auf der strategischen Ausrichtung des Unternehmens aufbaut. So wurde im ersten Teil der Methodik aus Sicht der Market-Based wie auch der Resource-Based View zunächst die beabsichtigte strategische Ausrichtung definiert. Diese erlaubte eine Typisierung in Bezug auf den adressierten Kundennutzen, auf Basis derer ein typspezifischer Leistungsbaukasten zur Verfügung gestellt wurde. Der Leistungsbaukasten strukturierte das Leistungsportfolio entlang des Werkzeuglebenszyklus in Leistungsschalen um das Werkzeug als Kernleistung. Das Fallbeispiel OPUS Formenbau GmbH hat gezeigt, wie unter persönlichem Einbezug des Kunden die Kundenanforderungen zur kundenspezifischen Detaillierung der Leistungsmodule herangezogen wurden. Schließlich wurden die detaillierten Leistungsmodule zu einem integrierten und lebenszyklusorientierten Leistungssystemprozess integriert. Am Leistungssystemprozess sind sowohl OPUS als auch der Kunde aktiv beteiligt. Demzufolge wurden die **vernetzungsbezogenen Prinzipien** in Gänze erfüllt.

Beide berücksichtigten Unternehmen sind externe Werkzeugbaubetriebe. Trotz ihres übereinstimmenden Marktzugangs spiegeln die Unternehmen durch Unterschiede in Bezug auf Mitarbeiteranzahl, Organisationsstruktur, Werkzeugspektrum und strategische Ausrichtung die Heterogenität der Branche wider. So beschäftigt OPUS knapp 50 Mitarbeiter, wohingegen zum Haidlmair Werkzeugbau etwa 150 Mitarbeiter zählen. OPUS entstand erst im Jahr 2007 durch eine Ausgründung in Deutschland, das Unternehmen Haidlmair blickt auf eine nunmehr 35-jährige Unternehmensgeschichte in Österreich zurück. Schließlich erstellt OPUS in der Nische Spritzgieß- und Vulkanisationsformen im Geschäftsfeld Karosseriedichtsysteme für die Automobilindustrie, während Haidlmair in insgesamt neun Geschäftsfeldern Spritzgieß- und Druckgussformen in unterschiedliche Branchen anbietet. Vor diesem Hintergrund konnte gezeigt werden, dass die Methodik in der gesamten Branche Werkzeugbau anwendbar ist und dennoch die individuellen Randbedingungen der Unternehmen berücksichtigt. Folglich wurden ebenfalls die **branchenbezogenen Prinzipien** erfüllt.

Die Erfüllung der allgemeinen, leistungsbezogenen und branchenbezogenen Prinzipien hat gezeigt, dass die Methodik zur Gestaltung von lebenszyklusorientierten Leistungssystemen im Werkzeugbau erfolgreich angewendet werden kann. Die Heterogenität des Produktspektrums der beiden Beispielunternehmen zeigt zudem, dass der Gültigkeitsbereich der Methodik auf andere Branchen ausgeweitet werden kann. Die grundsätzliche Vorgehensweise der Methodik kann bei der Übertragung beibehalten werden. Dennoch sollten branchenspezifische Charakteristika in die Detailschritte der Methodik integriert werden.

7 Zusammenfassung und Ausblick

Der deutsche Werkzeugbau ist als Bindeglied zwischen Produktentwicklung und Serienfertigung zentraler Befähiger einer leistungsfähigen produzierenden Industrie und trägt damit signifikant zur wirtschaftlichen Leistungsfähigkeit Deutschlands bei. Heute sieht sich der deutsche Werkzeugbau einem zunehmend aggressiven globalen Wettbewerbsumfeld ausgesetzt. Differenzierte sich der deutsche Werkzeugbau lange Zeit durch überlegene Produkte, gelten heute international vergleichbare Qualitätsstandards, was zu einer deutlichen Angleichung des Werkzeugangebots geführt hat. Eine Strategie der Differenzierung über niedrigere Preis ist für die Werkzeugbaubetriebe am Hochlohnstandort allerdings nicht umsetzbar. Vielmehr bergen Leistungssysteme Potenzial zur Differenzierung, indem die Werkzeugbaubetriebe als Löser von kundenindividuellen Problemen am Markt auftreten. Für den Werkzeugbau bieten sich zahlreiche Möglichkeiten den Kunden entlang des gesamten Lebenszyklus des Werkzeugs durch maßgeschneiderte Leistungen zu begleiten – von der Produkt- bzw. Werkzeugentwicklung über die Werkzeugnutzung bis hin zur Werkzeugausmusterung.

Die Werkzeugbaubetriebe nutzen diese Chance heute allerdings vielfach nicht. Sie konzentrieren sich mit ihren Leistungen auf die Sicherstellung der Funktionsfähigkeit des Werkzeugs, wodurch Leistungssysteme kaum eine Rolle spielen. Ein aktives Gestalten von Leistungssystemen basierend auf den eigenen Kompetenzen und der eigenen strategischen Ausrichtung abgestimmt mit den Bedürfnissen der Kunden findet nicht statt. Vielmehr werden Dienstleistungen in Reaktion auf konkrete Kundenanfragen angeboten, was zu einem ausufernden Leistungsangebot führt und aus Sicht des Kunden im „Dienstleistungsdschungel" mündet. Der Kunde nimmt die zusätzlich zum Werkzeug erbrachten Leistungen als selbstverständlichen Wohlfühlfaktor wahr, für die er nicht zu zahlen bereit ist. Die Werkzeugbaubetriebe sehen diese Zusatzleistungen daher als Kostentreiber und vernachlässigen damit den eigentlichen Kundennutzen.

Zur erfolgreichen Differenzierung im Wettbewerb stehen die Werkzeugbaubetriebe folgerichtig vor der Herausforderung, Leistungssysteme aktiv zu gestalten, um durch die Kundenbegleitung entlang des gesamten Werkzeuglebenszyklus Kundenprobleme zu lösen und Kundennutzen zu stiften. Es bedarf daher eines Ansatzes, mittels dessen Werkzeugbaubetriebe lebenszyklusorientierte Leistungssysteme gestalten können. Bisherige Ansätze zur Gestaltung von Leistungssystemen adressieren die Lebenszyklusorientierung und die Strukturierung der Leistungen nur unzureichend. Zudem werden die strategische Ausrichtung der Betriebe und die spezifischen Rahmenbedingungen der Branche Werkzeugbau nicht hinreichend berücksichtigt. Als Zielsetzung der vorliegenden Dissertation wurde folglich die Entwicklung einer Methodik zur Gestaltung von lebenszyklusorientierten Leistungssystemen im Werkzeugbau definiert.

Der Aufbau der entwickelten Methodik orientiert sich am entwickelten Ordnungsrahmen mit den vier generischen Phasen Analyse & Zieldefinition, Konzeption, Konfiguration und Ausgestaltung. Nach einer ausführlichen Analyse des Unternehmensumfelds und den Unternehmenskompetenzen sowie einer Definition der zukünftigen strategischen Ausrichtung erfolgt eine entsprechende Typisierung des Werkzeugbaus im betrachteten Geschäftsfeld. Auf Basis des identifizierten Typs wird aus einem typspezifischen Leistungsbaukasten ein lebenszyklusorientiertes Leistungssystem konfiguriert und schließlich zu einem Leistungssystemprozess ausgestaltet.

Der erste Teil der Methodik, zusammengefasst als Analyse, schafft mit den drei Schritten Analyse des Umfelds, Analyse der Kompetenzen und Typisierung des Werkzeugbaus die Voraussetzung für die Gestaltung von lebenszyklusorientierten Leistungssystemen. In Schritt A wird zunächst das betrachtete Geschäftsfeld abgegrenzt, in dem daraufhin im Sinne der Market-Based View die Strategischen Erfolgspositionen bewertet werden. Im folgenden Schritt B werden im Sinne der Resource-Based View durch Benchmarking jene Kompetenzen des anwendenden Unternehmens bewertet, die die Strategischen Erfolgspositionen adressieren. Schließlich werden in Schritt C durch Gegenüberstellung der Strategischen Erfolgspositionen und der Kompetenzen Market- und Resource-Based View zusammengeführt und darauf aufbauend die zukünftig beabsichtigte strategische Ausrichtung definiert. Die definierte strategische Ausrichtung ermöglicht eine Typisierung des anwendenden Unternehmens zu einem der vier Typen „Schnelligkeitsbefähiger", „Komplexitätsreduzierer", „Kostenreduzierer" und „Innovationsbefähiger".

Der zweite Teil der Methodik, zusammengefasst als Gestaltung, enthält die drei Schritte Konfiguration, Detaillierung und Ausgestaltung des lebenszyklusorientierten Leistungssystems, dessen Eingangsgröße der jeweilige Typ des Unternehmens ist. In Schritt D werden zunächst Lead User unter den bestehenden Kunden identifiziert, mit denen zusammen ein lebenszyklusorientiertes Leistungssystem gestaltet werden sollte. Der jeweilige Lead User wählt aus einem in der Methodik aufgezeigten typspezifischen Leistungsbaukasten Leistungsmodule aus und konfiguriert damit das kundenspezifische lebenszyklusorientierte Leistungssystem. In Schritt D werden dann die Anforderungen des Kunden an die von ihm ausgewählten Leistungsmodule aufgenommen und die Leistungsmodule daraufhin kundenindividuell spezifiziert. Im abschließenden Schritt F werden die Leistungsmodule dann zu einem Leistungssystem integriert und letztlich in einem Leistungssystemprozess entlang des Werkzeuglebenszyklus modelliert.

Im Rahmen der Validierung der Methodik zur Gestaltung von lebenszyklusorientierten Leistungssystemen im Werkzeugbau wurden zwei Fallbeispiele bei den externen Werkzeugbaubetrieben Haidlmair GmbH Werkzeugbau und OPUS Formenbau GmbH dargestellt. Diese haben gezeigt, dass die Methodik neben den allgemeinen und leistungsbezogenen auch die branchenbezogenen Anforderungen erfüllt und erfolgreich in der Praxis angewendet werden kann.

Mit der entwickelten Methodik steht dem Werkzeugbau ein Lösungsansatz zur Verfügung, die Potenziale von Leistungssystemen zu nutzen, als kundenindividueller Problemlöser aufzutreten und damit den aktuellen Herausforderungen der Branche zu begegnen.

Der wissenschaftliche Beitrag dieser Arbeit besteht in der Entwicklung eines Lösungsansatzes zur Gestaltung von lebenszyklusorientierten Leistungssystemen im Werkzeugbau. Diese Leistungssysteme setzen sich aus Leistungsmodulen zusammen und werden aus Leistungsbaukästen konfiguriert. Die modulare Struktur der Leistungssysteme erleichtert eine separate Bepreisung der vom Werkzeugbau erbrachten Sach- und Dienstleistungen. Damit kann dem Kunden der Mehrwert der Leistungen transparent dargestellt werden. In weitergehenden wissenschaftlichen Untersuchungen sollten daher Lösungsansätze zur Vermarktung der Leistungsmodule, auch vom Werkzeug losgelöst, entwickelt werden. Zudem gilt es die Potenziale der Digitalisierung im Werkzeugbau zu nutzen und Ansätze zur Integration von datenbasierten Dienstleistungen, respektive Smart Services, in Leistungssysteme zu entwickeln.

8 Literaturverzeichnis

Abdallah, A.; Bitzer, B.; Morton, D. (Innovation Management Methods):
Innovation Management Methods and Tools for Sustainable Product Service Systems. In: The TRIZ Journal, Nr. 4, 2005.

Abell, D. F.; Hammond, J. S. (Strategic market planning):
Strategic market planning. Englewood Cliffs, N.J.: Prentice Hall International, 1979.

Abramovici, M.; Schulte, S. (Lifecycle Management):
Lifecycle Management für hybride Leistungsbündel (HLB). In: Werkstatttechnik online, Jg. 96, Nr. 7/8, 2006, S. 467-471.

Albert, H. (Marktsoziologie und Entscheidungslogik):
Marktsoziologie und Entscheidungslogik. Tübingen: Mohr Siebeck, 1998.

Alexy, R. (Theorie der Grundrechte):
Theorie der Grundrechte. Paperback ed. Frankfurt am Main: Suhrkamp, 1986.

Altmüller, S.; Bergs, T.; Börsch, W.; Jelich, C.; Klocke, F.; Kriegl, B. et al. (Beherrschung adaptiver Prozessketten):
Beherrschung adaptiver Prozessketten. In: Christian Brecher und Fritz Klocke (Hg.): Wettbewerbsfaktor Produktionstechnik. Aachen: Shaker, 2011, S. 405-422.

Andrews, K. R. (Concept of corporate strategy):
Concept of corporate strategy. Homewood: Richard D Irwin, 1987.

Ansoff, H. I. (Corporate Strategy):
Corporate Strategy. New York: McGraw-Hill, 1965.

Ansoff, H. I.; McDonnell, E. J. (Implementing strategic management):
Implementing strategic management. 2nd ed. London: Prentice Hall International, 1990.

Aurich, J. C.; Clement, M. H. (Produkt-Service Systeme):
Produkt-Service Systeme. Heidelberg, New York: Springer, 2010.

Bachthaler, M. (Systemtechnik):
Entwicklung und Anwendung der Systemtechnik bei komplexen innovativen Vorhaben sowie bei Mensch-Maschine-Systemen. Düsseldorf: VDI, 2000.

Bain, J. S. (Barriers to new competition):
Barriers to new competition. 5. Aufl. o.O.: Harvard University Press, 1956.

Bandte, H. (Komplexität in Organisationen):
Komplexität in Organisationen. 1. Aufl. Wiesbaden: Deutscher Universitäts-Verlag, 2007.

Barney, J. B. (Firm Ressources):
Firm Ressources and Sustained Competitive Advantage. In: Journal of Management, Jg. Vol 17, 1991, S. 99-120.

Bauer, M. J. (Gestaltung hybrider Leistungsbündel):
Gestaltung hybrider Leistungsbündel. 1. Aufl. München: TCW-Verlag, 2011.

Baum, G.; Borcherding, H.; Broy, M.; Eigner, M.; Huber, A. S.; Kohler, H. et al. (2013):
Industrie 4.0. Beherrschung der industriellen Komplexität mit SysLM. Hg. v. Ulrich Sendler. Berlin: Springer Vieweg (Xpert.press).

Baumgart, I. M. (Modularisierung von Produkten):
Modularisierung von Produkten im Anlagenbau. 1. Aufl. Aachen: Mainz, 2005.

Bea, F. X.; Haas, J. (Strategisches Management):
Strategisches Management. 4. Aufl. Stuttgart: Lucius & Lucius, 2005.

Becker, J.; Beverungen, D.; Knackstedt, R. (Product-Service Systems):
The challenge of conceptual modeling for product-service systems: Status-quo and perspectives for reference models and modeling languages. In: Information Systems and e-Business Management, Jg. 8, 2010, S. 33-66.

Becker, J.; Beverungen, D.; Knackstedt, R.; Glauner, C.; Rosenkranz, C.; Schmitt, R. et al. (Hybride Wertschöpfung):
Ordnungsrahmen für die hybride Wertschöpfung. In: Oliver Thomas und Markus Nüttgens (Hg.): Dienstleistungsmodellierung. Berlin: Physica-Verlag, 2009, S. 109-128.

Belz, C. (Erfolgreiche Leistungssysteme):
Erfolgreiche Leistungssysteme. Stuttgart: Schäffer-Poeschel, 1991.

Belz, C. (Industrie als Dienstleister):
Industrie als Dienstleister. St. Gallen: Verlag Thexis, 1997.

Belz, C.; Bieger, T. (Customer-Value):
Customer-Value. 2. aktualisierte Aufl. Landsberg am Lech: mi-Fachverlag, 2006.

Belz, C.; Schuh, G.; Groos, S. A.; Reinecke, S. (Erfolgreiche Leistungssysteme):
Erfolgreiche Leistungssysteme in der Industrie. In: Industrie als Dienstleister, 1997, S. 14-107.

Bijma, A.; Siem, H. (Sustainable System Innovations):
Sustainable System Innovations. The ultimate strategy towards sustainability. Conference Proceedings am 05.06.2003 in Amsterdam.

Bilsing, A. (Technologische Leistungsfähigkeit):
Kennzahlengestützte Bewertung der technologischen Leistungsfähigkeit der Fertigung im Werkzeug- und Formenbau. Aachen: Shaker, 2007.

Binder, V.; Kantowsky, J. (Technologiepotenziale):
Technologiepotentiale. Wiesbaden: Deutscher Universitäts-Verlag, 1996.

Bleicher, K. (Integriertes Management):
Das Konzept integriertes Management. 5. rev. und erw. Aufl. Frankfurt [u.a.]: Campus, 1999.

Böcker, J. (Marketing für Leistungssysteme):
Marketing für Leistungssysteme. Wiesbaden: Deutscher Universitäts-Verlag, 1995.

Bogensperger, H. (Werkzeuge Kunststoffverarbeitung):
Werkzeuge für die Kunststoffverarbeitung. 4. Aufl. München, Wien: Carl Hanser Verlag, 1995.

Böhmann, T.; Kremar, H. (Modulare Servicearchitekturen):
Modulare Servicearchitekturen. In: Hans-Jörg Bullinger (Hg.): Service engineering. Berlin, Heidelberg, New York, Barcelona, Hongkong, London, Mailand, Paris, Tokio: Springer, 2006, S. 377-401.

Böhmann, T.; Leimeister, J. M. (Hybride Wertschöpfung):
Integration von Produkt & Dienstleistung - Hybride Wertschöpfung. Norderstedt: Books on Demand, 2010.

Bomm, H. (Investitionscontrolling):
Ein Ziel- und Kennzahlensystem zum Investitionscontrolling komplexer Produktionssysteme. Berlin: Springer, 1992.

Bonnemeier, S.; Burianek, F.; Ihl, C.; Reichwald, R. (Hybride Produkte):
Typologisierung hybrider Produkte. München: TUM, Lehrstuhl für Betriebswirtschaftslehre - Information, Organisation u. Management, 2007.

Boos, W. (Modulare Werkzeuge):
Methodik zur Gestaltung und Bewertung von modularen Werkzeugen. Aachen: Apprimus, 2008.

Boos, W.; Pitsch, M.; Hensen, T.; Heeschen, D.; Johannsen, L. (Tooling in China):
Tooling in China. Aachen: Eigendruck WZL, 2015.

Botta, C. (Product-Service Systems):
Rahmenkonzept zur Entwicklung von Product-Service-Systems. 1. Aufl. Lohmar [u.a.]: Euler Verlag, 2007.

Brandenburg, F. (Technologische Produktinnovationen):
Methodik zur Planung technologischer Produktinnovationen. Aachen: Shaker, 2002.

Brankamp, K. (Organisation des Betriebsmittelbaus):
Organisation des Betriebsmittelbaus. In: Klaus Brankamp (Hg.): Wettbewerbsfaktor Werkzeug- und Betriebsmittelbau. Zürich: Verlag Industrielle Organisation, 1991.

Breiing, A.; Knosala, R. (Bewerten technischer Systeme):
Bewerten technischer Systeme. Berlin: Springer, 1997.

Brezet, J. C.; Vergragt, P.; van-der-Horst, T. (Sustainable Product Innovation):
Kathalys. Amsterdam: BIS Publishers, 2001.

Bronner, A. (Angebots und Preiskalkulation):
Angebots und Preiskalkulation. Berlin: Springer, 2008.

Brunhuber, E. (Druckgußfertigung):
Praxis der Druckgußfertigung. 4. neubearb. und erw. Aufl. Berlin: Schiele & Schön, 1991.

Bruns, M. (Systemtechnik):
Systemtechnik. Berlin: Springer, 1991.

Bullinger, H.-J. (Integrierte Produktentwicklung):
Integrierte Produktentwicklung. Wiesbaden: Gabler, 1995.

Bullinger, H.-J. (Dienstleistungen):
Dienstleistungen für das 21. Jahrhundert. Stuttgart: Schäffer-Poeschel, 1997.

Bullinger, H.-J. (Service Engineering):
Service engineering. Berlin: Springer, 2006.

Bullinger, H.-J.; Scheer, A.-W.; Schneider, K. (Gestaltung innovativer Dienstleistungen):
Service Engineering. 2., vollständig überarbeitete und erw. Aufl. Berlin: Springer, 2006.

Bünting, K.-D. (Deutsches Wörterbuch):
Deutsches Wörterbuch. Isis, 1996.

Burr, W.; Stephan, M. (Dienstleistungsmanagement):
Dienstleistungsmanagement. Stuttgart: Kohlhammer, 2006.

Büttgen, M.; Ludwig, M. (Mass Customization):
Mass Customization von Dienstleistungen. In: Die Betriebswirtschaft, Jg. 57, Nr. 6, 1997, S. 857-858.

Camp, R. C. (Benchmarking):
Benchmarking. München [u.a.]: Carl Hanser Verlag, 1994.

Castillo, M. (Typologisieren):
Typologisieren als wissenschaftliche Methode. München: GRIN Verlag GmbH, 2010.

Chandler, A. D. (Strategy and structure):
Strategy and structure. Cambridge, Mass.: M.I.T. Press, 1962.

Corsten, H. (Dienstleistungen):
Dienstleistungen in produktionstheoretischer Interpretation. In: Wirtschaft und Studium, Nr. 17, 1988, S. 81-87.

Corsten, H. (Dienstleistungsunternehmen):
Betriebswirtschaftslehre der Dienstleistungsunternehmen. München: Oldenbourg, 1990.

Corsten, H. (Wettbewerbsstrategie):
Grundlagen der Wettbewerbsstrategie. Stuttgart: Teubner, 1998.

Corsten, H. (Dienstleistungsmanagement):
Dienstleistungsmanagement. 4. bearb. und erw. Aufl. München: Oldenbourg, 2001.

Daft, R. L. (Organization theory):
Organization theory and design. St. Paul: West Pub. Co., 1983.

Davis, S. M. (Future perfect):
Future perfect. Reading, Mass.: Addison-Wesley, 1987.

Donabedian, A. (Quality Assessment):
The definition of quality and approaches to its assessment. Ann Arbor: Health Administration Press, 1980.

Döring, S. (Konfliktmanagement):
Konfliktmanagement in der technischen Auftragsabwicklung im Werkzeugbau. Aachen: Shaker, 2010.

Duden (Prinzip):
Prinzip. Online verfügbar unter http://www.duden.de/rechtschreibung/Prinzip.

Eckert, G. (Sprachtypus und Geschichte):
Sprachtypus und Geschichte. Tübingen: G. Narr, 1986.

Edvardsson, B.; Olsson, J. (New Service Development):
Key Concepts for New Service Development. In: The Service Industrial Journal, Jg. 16, Nr. 2, 1996, S. 140-164.

Edwards, J. E.; Thomas, M.; Rosenfeld, P.; Booth-Kewley, S. (Organizational surveys):
How to conduct organizational surveys. Thousand Oaks: Sage, 1997.

Ehrlenspiel, K. (Integrierte Produktentwicklung):
Integrierte Produktentwicklung. München [u.a.]: Carl Hanser Verlag, 1995.

Engelhardt, W. H.; Günter, B. (Investitionsgütermarketing):
Investitionsgütermarketing. Stuttgart [u.a.]: Kohlhammer, 1981.

Engelhardt, W. H.; Kleinaltenkamp, M.; Reckenfelderbäumer, M. (Dienstleistungen):
Dienstleistungen als Absatzobjekt. Bochum: Ruhr Universität, 1992.

Engelhardt, W. H.; Kleinaltenkamp, M.; Reckenfelderbäumer, M. (Leistungsbündel):
Leistungsbündel als Absatzobjekte. In: Schmalenbachs Zeitschrift für betriebswirtschaftliche Forschung, Nr. 45, 1993, S. 395-426.

Eversheim, W. (Produktion und Management):
Hütte - Produktion und Management. 7. völlig neu bearb. Aufl. Berlin [u.a]: Springer, 1996.

Eversheim, W.; Breuer, T.; Grawatsch, M.; Hilgers, M.; Knoche, M.; Rosier, C. et al. (Methodenbeschreibung):
Methodenbeschreibung. In: Walter Eversheim (Hg.): Innovationsmanagement für technische Produkte. Berlin: Springer, 2003, S. 133-231.

Eversheim, W.; Klocke, F. (Werkzeugbau mit Zukunft):
Werkzeugbau mit Zukunft. Berlin, Heidelberg: Springer, 1998.

Eversheim, W.; Klocke, F.; Schuh, G. (Von den Besten lernen):
Orientierung für den Werkzeug- und Formenbau - mit Benchmarking von den Besten lernen. Aachen: Aachener Werkzeug- und Formenbau, 2002.

Eversheim, W.; Schuh, G. (Produktion und Management):
Hütte: Produktion und Management - Betriebshütte Teil 1. Berlin: Springer, 1996.

Fandel, G.; Blaga, S. (Dienstleistungsproduktion):
Aktivitätsanalytische Überlegungen zu einer Theorie der Dienstleistungsproduktion. In: ZFB - Produktion von Dienstleistungen, Jg. 74, Nr. 1, 2004, S. 1-66.

Frick, L. (Geschäftsmodelle im Werkzeugbau):
Erfolgreiche Geschäftsmodelle im Werkzeugbau. Aachen: Shaker, 2006.

Fricker, I. (Strategische Stringenz):
Strategische Stringenz im Werkzeug- und Formenbau. Aachen: Shaker, 2005.

Friedrich, S.; Hinterhuber, H. (Führung um Kernkompetenzen):
Führung um Kernkompetenzen: Gewinnen im Wettbewerb. In: Gablers Magazin 9. Wiesbaden: Gabler, 1995.

Gälweiler, A.; Schwaninger, M. (Strategische Unternehmensführung):
Strategische Unternehmensführung. 3. Aufl. Frankfurt am Main: Campus, 2005.

Garbe, B. (Dienstleistungen):
Industrielle Dienstleistungen: Einfluß und Erfolgsfaktoren. Wiesbaden: Gabler, 1998.

Garland, R. (Rating Scale):
The Mid-Point on a Rating Scale. In: Marketing Bulletin, Jg. 2, Nr. 3, 1991, S. 66-70.

Gaus, F. (Geschäftsmodell im Werkzeugbau):
Methodik zur Überprüfung der Logik eines Geschäftsmodells im Werkzeugbau. 1. Aufl. Aachen: Apprimus, 2010.

Gebauer, H. (Produzierender Dienstleister):
Die Transformation vom Produzenten zum produzierenden Dienstleister. Bamberg: Difo-Druck, 2004.

Gebhardt, A. (Generative Fertigungsverfahren):
Generative Fertigungsverfahren. 3. Aufl. München: Carl Hanser Verlag, 2007.

Gerhardt, J. (Dienstleistungsproduktion):
Dienstleistungsproduktion. Bergisch Gladbach [u.a.]: Eul, 1987.

Giehler, F. (Planungsproduktivität):
Erhöhung der Planungsproduktivität am Beispiel der Auftragsabwicklung im Werkzeugbau. 1. Aufl. Aachen: Apprimus, 2010.

Göpfert, J. (Modulare Produktentwicklung):
Modulare Produktentwicklung. 2. Aufl. Norderstedt: Books on Demand, 2009.

Greiss, R. (Strategisches Anforderungsprofil):
Strategisches Anforderungsprofil an Werkzeugbaubetriebe Europas. In: Fritz Klocke und Walter Eversheim (Hg.): 4. Internationales Kolloquium Werkzeugbau mit Zukunft. Aachen, 2004.

Grimm, A. (Requirements-Engineering):
Requirements-Engineering und Requirements-Management für das Supply Chain Management. 1. Aufl. Wiesbaden: Betriebswirtschaftlicher Verlag Gabler, 2011.

Guba, E. G.; Lincoln, Y. S. (Qualitative Research):
Competing paradigms in qualitative research. In: Denzin, N. K., Lincoln, Y. S. (Hg.): Handbook of qualitative research. London, 1994.

Günther, C. A. (Industrielle Dienstleistungen):
Das Management industrieller Dienstleistungen. 1. Aufl. Wiesbaden: Deutscher Universitäts-Verlag; Gabler, 2001.

Günther, H. (Lead User-Konzept im Innovationsmanagement):
Das Lead User-Konzept im Innovationsmanagement - Problemfelder und Lösungsansätze. München: GRIN Verlag GmbH, 2008.

Gürtler, M.; Kortler, S.; Helms, B.; Berkovic, M.; Leimeister, J. M.; Kremar, H. et al. (Anforderungen an PPS):
Von Anforderungslisten zum konzeptionelle Design. In: Oliver Thomas und Markus Nüttgens (Hg.): Dienstleistungsmodellierung 2012: Gabler, 2012, S. 97-115.

Haasler, B. (Hochtechnologie und Handarbeit):
Hochtechnologie und Handarbeit. Bielefeld: Bertelsmann, 2004.

Haberfellner, R. (Systems Engineering):
Systems Engineering. 12. völlig neu bearb. und erw. Aufl. Zürich: Orell Füssli, 2012.

Haberfellner, R.; Nagel, P.; Becker, M.; Büchel, A.; Massow, H. von (Systems Engineering):
Systems Engineering. Zürich: Verlag Industrielle Organisation, 1997.

Haedrich, G.; Tomczak, T. (Produktpolitik):
Produktpolitik. Stuttgart: W. Kohlhammer, 1996.

Haller, S. (Dienstleistungsmanagement):
Dienstleistungsmanagement. 1. Aufl. Wiesbaden: Gabler, 2001.

Hengstenberg, H.-E. (Mensch und Materie):
Mensch und Materie. 2. überarbeitete Aufl. Dettelbach: J.H. Röll, 1998.

Henriques, E. (New business models):
Novos modelos de negócio para a indústria de moldes e ferramentas. Marinha Grande: CENTIMFE, 2008.

Hermsen, M. (Produktnahe Dienstleistungen):
Ein Modell zur kundenindividuellen Konfiguration produktnaher Dienstleistungen. Aachen: Shaker, 2000.

Hertweck, A. (Strategische Erneuerung):
Strategische Erneuerung durch integriertes Management industrieller Dienstleistungen. Frankfurt am Main [u.a.]: Peter Lang, 2002.

Hilke, W. (Dienstleistungmarketing):
Dienstleistungs-Marketing. Wiesbaden: Gabler, 1989.

Hippel, E. von (Lead Users):
Lead Users. In: Management Science, Jg. 32, Nr. 7, 1986, S. 791-805.

Hoeck, H. (Industrielle Dienstleistungen):
Produktlebenszyklusorientierte Planung und Kontrolle industrieller Dienstleistungen im Maschinenbau. Dissertation der RWTH Aachen. Aachen: Shaker, 2005.

Holmes, J.; Rutherford, T.; Fitzgibbon, S. (Innovation):
Innovation in the Automotive Tool, Die and Mould Industry. In: David A. Wolfe und Matthew Lucas (Hg.): Global networks and local linkages. Montreal, Ithaca: Published for the School of Policy Studies, Queen's University by McGill-Queen's University Press, 2005, S. 119-153.

Homburg, C. (Industrielle Dienstleistungen):
Industrielle Dienstleistungen. In: Zeitschrift für Betriebswirtschaft, Jg. 66, Nr. 3, 1996, S. 253-282.

Homburg, C.; Garbe, B. (Industrielle Dienstleistungen):
Industrielle Dienstleistungen. In: Harvard Business Manager, Jg. 18, Nr. 1, 1996, S. 68-75.

Homp, C. (Aufbau von Kernkompetenzen):
Entwicklung und Aufbau von Kernkompetenzen. Wiesbaden: Deutscher Universitäts-Verlag, 2000.

Honer, A. (Ethnographie):
Lebensweltliche Ethnographie. Wiesbaden: Deutscher Universitäts-Verlag, 1993.

Hooley, G. J.; Piercy, N.; Nicoulaud, B. (Marketing strategy):
Marketing strategy and competitive positioning. 4th ed. Harlow, England, New York: FT Prentice Hall, 2008.

Hoops, P. (Produktbegleitende Dienstleistungen):
Markt- und Kundenbedarfsanalysen für das Angebot produktbegleitender Dienstleistungen in Kleinbetrieben. In: Gunter Lay und Petra Jung Erceg (Hg.): Produktbegleitende Dienstleistungen. Berlin: Springer, 2002, S. 127–134.

Horneber, M. (Innovatives Entsorgungsmanagement):
Innovatives Entsorgungsmanagement. Göttingen: Vandenhoeck & Ruprecht, 1995.

Horváth, P. (Controlling):
Controlling. 8. Aufl. München: Vahlen, 2002.

Hubka, V.; Eder, W. E. (Design Science):
Design science. Berlin, New York: Springer, 1996.

Ittner, T. (Quantitative Bewertung):
Quantitative Bewertung von Kernkompetenzen in der Automobilzulieferindustrie am Beispiel des Presswerkzeugbaus. Darmstadt: Shaker, 2004.

James, P.; Slob, A.; Nijhuis, L. (Innovation Workbook):
Environmental and Social Well Being in the New Economy. Bradford, 2001.

Jaschinski, C. (Redesign von Dienstleistungen):
Qualitätsorientiertes Redesign von Dienstleistungen. Als Ms. gedr. Aachen: Shaker, 1998.

Johannaber, F.; Michaeli, W. (Handbuch Spritzgießen):
Handbuch Spritzgiessen. 2. Aufl. München: Carl Hanser Verlag, 2004.

Johnson, B.; Christensen, L. B. (Educational research):
Educational research. 4th ed. Thousand Oaks: Sage, 2012.

Jörg, M. (Produktanforderungen):
Die semantische Auswertung von Produktanforderungen mit Hilfe von GermNet. Tübingen, 2003.

Kagermann, H.; Helbig, J.; Hellinger, A.; Wahlster, W. (Umsetzungsempfehlungen Industrie 4.0):
Umsetzungsempfehlungen für das Zukunftsprojekt Industrie 4.0. Berlin, Frankfurt/Main: Forschungsunion; Geschäftsstelle der Plattform Industrie 4.0, 2013.

Kampker, A. (Kompetenzbasierte Geschäftsausweitung):
Kompetenzbasierte Geschäftsausweitung von produzierenden Unternehmen. Dissertation der RWTH Aachen. Aachen: Shaker, 2004.

Kaplan, R. S.; Norton, D. P. (Balanced Scorecard):
The Balanced Scorecard. Boston: Harvard Business School Press, 1996.

Karger, M.; Richter, A.; Sadek, T.; Strotmann, W. (Product Service Systems):
Flexibility of Industrial Product-Service-Systems. Bochum.

Kelle, U.; Kluge, S. (Qualitative Sozialforschung):
Vom Einzelfall Zum Typus. Wiesbaden: VS Verlag für Sozialwissenschaften/Springer Fachmedien, 2010.

Kern, W.; Schröder, H.-H.; Weber, J. (Produktionswirtschaft):
Handwörterbuch der Produktionswirtschaft. 2., völlig neu gestaltete Aufl. Stuttgart: Schäffer-Poeschel, 1996.

Kett, I.; Schewe, G. (Management Skills):
Management Skills: Gabler, 2009.

Kimura, F.; Suzuki, H. (Product Life Cycle Modelling):
Product Life Cycle Modelling for Inverse Manufacturing. In: Proceedings of the IFIP, S. 80-89.

Kleinaltenkamp, M.; Plinke, W.; Jacob, F.; Söllner, A. (Markt und Produktmanagement):
Markt- und Produktmanagement. 2. Aufl. Wiesbaden: Gabler, 2006.

Klocke, F. (Generative Fertigungsverfahren):
Generative Fertigungsverfahren - Möglichkeiten und Grenzen. In: Fritz Klocke und G. Schuh (Hg.): 13. Internationales Kolloquium Werkzeugbau mit Zukunft. Aachen, 2013.

Klocke, F.; Arntz, K. (Technologien):
Technologien für den Werkzeug- und Formenbau von morgen. In: Fritz Klocke und Walter Eversheim (Hg.): 4. Internationales Kolloquium Werkzeugbau mit Zukunft. Aachen, 2004, S. 10-11.

Klocke, F.; Schuh, G.; Zohm, F.; Fricker, I.; Sauer, A.; Wegehaupt, P. (Zukunftsstudie Werkzeug- und Formenbau):
Zukunftsstudie Werkzeug- und Formenbau. Aachen: Eigendruck WZL, 2005.

Klotzbach, C. (Industrieller Werkzeugbau):
Gestaltungsmodell für den industriellen Werkzeugbau. Aachen: Shaker, 2007.

Koch, S. (Steigerung der Wandlungsfähigkeit):
Methodik zur Steigerung der Wandlungsfähigkeit von Fabriken im Maschinen- und Anlagenbau. Aachen: Apprimus, 2011.

Köhne, T. (Strategisches Unternehmensnetzwerk):
Marketing im strategischen Unternehmensnetzwerk. 1. Aufl. Wiesbaden: Deutscher Universitäts-Verlag, 2006.

Kölscheid, W. (Lebenszyklusorientierte Produktgestaltung):
Methodik zur lebenszyklusorientierten Produktgestaltung. Als Ms. gedr. Aachen: Shaker, 1999.

Komorek, N. (Kollaborative Wertschöpfung):
Gestaltungsmodell für kollaborative Wertschöpfung im industriellen Werkzeugbau. Aachen: Apprimus, 2014.

Komorek, N.; Kühn, T. (Lebenszyklusoptimierung):
Lebenszyklusoptimierung. In: Günther Schuh und Wolfgang Boos (Hg.): WBA Aachener Werkzeugbauakademie - Forschungsbericht 2012/2013. Aachen: Apprimus, 2013, S. 21-27.

Kortmann, D. (Hybride Leistungsbündel):
Dienstleistungsgestaltung innerhalb hybrider Leistungsbündel. Aachen: Shaker, 2007.

Kozielski, S. A. (Integratives Kennzahlensystem):
Integratives Kennzahlensystem für den Werkzeugbau. Aachen: Apprimus, 2013.

Krah, O. (Prozessmodell):
Prozeßmodell zur Unterstützung umfassender Veränderungsprojekte. Als Ms. gedr. Aachen: Shaker, 1999.

Kreikebaum, H. (Strategische Unternehmensplanung):
Strategische Unternehmensplanung. 6., überarb. und erw. Aufl. Stuttgart [u.a.]: Kohlhammer, 1997.

Kretschmer, A. (Automatisierung der Fertigung):
Automatisierung der Fertigung/Prozessintegration. In: Wolfgang Boos und Aachener Werkzeugbau Akademie -WBA- (Hg.): Werkzeugbau Akademie - Forschungsbericht 2011/2012. Aachen: Apprimus, 2012, S. 100-109.

Krieg, W. (Kybernetische Grundlagen):
Kybernetische Grundlagen der Unternehmensgestaltung. Stuttgart: Haupt, 1971.

Kubicek, H. (Heuristischer Bezugsrahmen):
Heuristische Bezugsrahmen und heuristisch angelegte Forschungsdesigns als Elemente einer Konstruktionsstrategie empirischer Forschung. In: Richard Köhler (Hg.): Empirische und handlungstheoretische Forschungskonzeption in der Betriebswirtschaftslehrer. Stuttgart: C.E. Poeschel Verlag, 1977, S. 3-36.

Kuckartz, U. (Typenbildung):
Typenbildung. In: G. Mey und K. Mruck (Hg.): Handbuch Qualitative Forschung in der Psychologie. München: Springer, 2010, S. 553-568.

Kuhlmann, K. (Gestaltung von Geschäftsprozessen):
Methodik zur Gestaltung von Geschäftsprozessen im industriellen Werkzeugbau. Dissertation der RWTH Aachen. Aachen: Apprimus, 2011.

Kuhn, T. (Wissenschaftliche Revolution):
Die Struktur wissenschaftlicher Revolution. 9. Aufl. Frankfurt am Main: Suhrkamp, 1988.

Kühn, T.; Komorek, N. (Kennzahlen- und Zielsysteme):
Kennzahlen- und Zielsysteme. In: Günther Schuh und Wolfgang Boos (Hg.): WBA Aachener Werkzeugbau Akademie - Forschungsbericht 2011/2012. Aachen: Apprimus, 2012, S. 8-18.

Lado, A. a.; Boyd, N. G.; Wright, P. (Competency-Based Model):
A Competency-Based Model of Sustainable Competitive Advantage: Toward a Conceptual Integration. In: Jounal of Management, Jg. 18, Nr. 1, 1992, 1992, S. 77-91.

Lakatos, I. (Wissenschaftliche Forschungsprogramme):
Falsifikation und die Methodologie wissenschaftlicher Forschungsprogramme. In: Imre Lakatos (Hg.): Kritik und Erkenntnisfortschritt. Braunschweig: Vieweg, 1974.

Lehner, F.; Wildner, S.; Scholz, M. (Wirtschaftsinformatik):
Wirtschaftsinformatik. München: Carl Hanser Verlag, 2008.

Levitt, T. (Marketing Success):
Marketing Success Through Differentiation - of Anything. In: Harvard Business Review. Boston: Harvard Business School Press, 1980.

Lichtblau, K.; Neligan, A. (Zukunftspanel):
Das IW-Zukunftspanel. Köln: Deutscher Instituts-Verlag, 2009.

Liestmann, V. (Dienstleistungsentwicklung):
Dienstleistungsentwicklung durch Service Engineering. 2. neubearb. Aufl. Aachen: Forschungsinstitut für Rationalisierung, 2002.

Likert, R. (Measurement of Attitudes):
A Technique for the Measurement of Attitudes. In: Archives of Psychology, Jg. 140, Nr. 22, 1932, S. 1-55.

Lilien, G. L.; Morrison, P. D.; Searls, K.; Sonnack, M.; Hippel, E. von (Lead User Idea-Generation Process):
Performance Assessment of the Lead User Idea-Generation Process for New Product Development. In: Management Science, Jg. 48, Nr. 8, 2002, S. 1042-1059.

Linacre, J. (Category Effectiveness):
Optimizing Rating Scale Category Effectiveness. In: Journal of Applied Measurement, Jg. 3, Nr. 1, 2002, S. 85-106.

Lück, H. E.; Miller, R.; Rechtien, W. (Geschichte der Psychologie):
Geschichte der Psychologie. München, Baltimore: Urban & Schwarzenberg, 1984.

Luczak, H.; Sontow, K. (Innovatives Dienstleistungsangebot):
Dienstleistungspotenziale im Maschinen- und Anlagenbau: Grundlagen für ein innovatives Dienstleistungsangebot. Stuttgart: HAB, 1997.

Luczak, H.; Sontow, K.; Reddemann, A.; Scherrer, U. (Service-Engineering):
Service-Engineering. München: TCW-Verlag, 2000.

Ludewig, J. (Software Engineering Modelle):
Modelle im Software Engineering. Bonn, 2002.

Macharzina, K. (Unternehmensführung):
Unternehmensführung. 4., grundlegend überarb. Aufl. Wiesbaden: Gabler, 2003.

Mahoney, J. T.; Pandjan, J. R. (Resource-Based View):
The Resource-Based View within the Conversation of Strategic Management. In: Strategic Management Journal, Jg. 13, Nr. 5, 1992, S. 363-380.

Maleri, R. (Grundlagen der Dienstleistungsproduktion):
Grundlagen der Dienstleistungsproduktion. 3. vollst. überarb. u. erw. Aufl. Berlin [u.a]: Springer, 1994.

Maleri, R. (Grundlagen der Dienstleistungsproduktion):
Grundlagen der Dienstleistungsproduktion. 4. vollst. überarb. und erw. Aufl. Berlin: Springer, 1997.

Manzini, E.; Collina, L.; Evans, S. (Solution oriented partnership):
Solution oriented partnership, how to design industrialised sustainable solutions: Cranfield University, 2004.

Maxwell, D.; Sheate, W.; van der Vorst, R. (Product & Service Development):
Functional and Systems Aspects of the Sustainable Product and Service Develop-ment Approach für Industry. In: Journal of Cleaner Production, Jg. 14, Nr. 17, 2006, S. 1466-1479.

McDonough, W. J.; Braungart, M. (Cradle to cradle):
Cradle to cradle. London: Vintage Books, 2009.

Meffert, H. (Produktlebenszyklus-Konzept):
Interpretation und Aussagewert des Produktlebenszyklus-Konzeptes. In: P. Hamman, W. Kroeber-Riel und C. W. Meyer (Hg.): Neue Ansätze zur Marketingtheorie. Berlin: Duncker & Humblot, 1974, S. 85-134.

Meffert, H.; Bruhn, M. (Dienstleistungsmarketing):
Dienstleistungsmarketing. 5. überarb. und erw. Aufl. Wiesbaden: Gabler, 2006.

Meffert, H.; Burmann, C.; Kirchgeorg, M. (Marketing):
Marketing. 10., vollst. überarb. und erw. Aufl. Wiesbaden: Gabler, 2008.

Meier, H. (Zukunftsorientierte Dienstleistungsgestaltung):
Service im globalen Umfeld. Berlin, Heidelberg: Springer, 2004.

Meier, H.; Kortmann, D.; Sadek, K. (Hybride Leistungsbündel):
Systematische Dienstleistungsentwicklung hybrider Leistungsbündel. In: ZWF - Zeitschrift für wirtschaftlichen Fabrikbetrieb, Jg. 102, Nr. 12, 2007, S. 814-819.

Meiren, T.; Barth, T. (Service Engineering):
Service Engineering in Unternehmen umsetzen. Stuttgart: Fraunhofer IRB Verlag, 2002.

Meise, V. (Prozessorientierte Organisationsgestaltung):
Ordnungsrahmen zur prozessorientierten Organisationsgestaltung. Hamburg: Verlag Dr. Kovac, 2001.

Menezes, J. (European Mold Making):
European Mold Making: Towards a New Competitive Positioning. In: Fritz Klocke und Walter Eversheim (Hg.): 4. Internationales Kolloquium Werkzeugbau mit Zukunft. Aachen, 2004.

Mengen, A. (Konzeptgestaltung von Dienstleistungsprodukten):
Konzeptgestaltung von Dienstleistungsprodukten. Stuttgart: Schäffer-Poeschel, 1993.

Menges, G.; Michaeli, W.; Mohren, P. (Spritzgießwerkzeuge):
Spritzgießwerkzeuge. 6. Aufl. München: Carl Hanser Verlag, 2007.

Meyer, A. (Dienstleistungsmarketing):
Dienstleistungs-Marketing. In: Die Betriebswirtschaft, Nr. 51, 1991, S. 195-209.

Meyer, A.; Blümelhuber, C. (Absatz und Produktion):
Interdependenzen zwischen Absatz und Produktion in Dienstleistungsunternehmen und ihrer Auswirkungen auf konzeptionelle Fragen des Absatzmarketing. In: Hans Corsten und W. Hilke (Hg.): Dienstleistungsproduktion - Absatzmarketing - Produktivität - Haftungsrisiko - Serviceintensität - Outsourcing. Wiesbaden, 1994.

Meyer, P. W.; Meyer, A. (Marketing-Systeme):
Marketing-Systeme. Stuttgart: W. Kohlhammer, 1990.

Michalas, N. (Nachhaltige Nutzungskonzepte):
Methodik zur Gestaltung von nachhaltigen Nutzungskonzepten im Maschinen- und Anlagenbau. Aachen: Shaker, 2003.

Michel, S.; Pifko, C. (Marketingkonzept):
Marketingkonzept. 4., überarb. Aufl. Zürich: Compendio Bildungsmedien, 2012.

Müller, P.; Blessing, L. (Entwicklungsprozesse hybrider Leistungsbündel):
Entwicklungsprozesse hybrider Leistungsbündel: Erweiterter Handlungsraum für den HLB-Entwickler, Nr. 7/8, 2007.

Müller-Stewens, G.; Lechner, C. (Strategisches Management):
Strategisches Management. 2. Aufl. Stuttgart: Schäffer-Poeschel, 2003.

Müller-Stewens, G.; Lechner, C. (Strategisches Management):
Strategisches Management. 4., überarbeitete Auflage. Stuttgart: Schäffer-Poeschel, 2011.

Neemann, C. W. (Schutz gegen Produktimitationen):
Methodik zum Schutz gegen Produktimitationen. Aachen: Shaker, 2007.

Neuhausen, J. (Modulare Produktionssysteme):
Modulare Produktionssysteme. Dissertation der RWTH Aachen. Aachen: Fakultät für Maschinenwesen, 2002.

North, K.; Reinhardt, K. (Kompetenzmanagement):
Kompetenzmanagement in der Praxis. Wiesbaden: Gabler, 2005.

Nüttgens, M. (Service Engineering Rahmenkonzept):
Service Engineering Rahmenkonzept. In: IM-Fachzeitschrift für Information, Management und Consulting, Sonderausgabe Service Engineering, 1998, S. 14-19.

o.V. (Dokumentationssystematik):
DIN 6789-1: Dokumentationssystematik; Aufbau Technischer Produktdokumentationen. Berlin [u.a.]: Beuth, 2003.

o.V. (Typologisierung):
Der Brockhaus: Lexikon und Wörterbuch in 5 Bänden, 3. Band. 8. neu bearbeitete Aufl. Wiesbaden: Brockhaus, 1994.

o.V. (Service Engineering):
Fachbericht 75: Service Engineering - Entwicklungsbegleitende Normung für Dienstleistungen.

o.V. (Software Requirements Specifications):
Recommended practice for software requirements specifications. New York, NY: Institute of Electrical and Electronics Engineers, 1998.

o.V. (Qualitätsmanagementsysteme):
DIN EN ISO 9000: Qualitätsmanagementsysteme. Dezember 2005. Berlin: Beuth, 2005.

o.V. (DIN 60300-3-3):
Zuverlässigkeitsmanagement – Teil 3-3: Anwendungsleitfaden – Lebenszykluskosten. Berlin.

o.V. (Wissensbegriff Leistung):
Brockhaus Wissensservice, 2012.

o.V. (Zukunftsprojekt Industrie 4.0):
Zukunftsprojekt Industrie 4.0. Online verfügbar unter http://www.bmbf.de/de/9072.php, 2014.

o.V. (Werkstatt der Welt):
Chinas Aufstieg zur Werkstatt der Welt. Online verfügbar unter http://de.statista.com/infografik/3114/anteil-ausgewaehlter-laender-an-der-bruttowertschoepfung-des-verarbeitenden-gewerbes/, 2015.

o.V. (Ranking Wirtschaftskraft):
Die 20 Länder mit dem größten Bruttoinlandsprodukt (BIP) im Jahr 2013 (in Milliarden US-Dollar). Online verfügbar unter http://de.statista.com/statistik/daten/studie/157841/umfrage/ranking-der-20-laender-mit-dem-groessten-bruttoinlandsprodukt/, 2015.

o.V. (Typ):
Typ. Online verfügbar unter http://www.duden.de/rechtschreibung/Typ, 2015.

Oesterreich, B.; Weiss, C. (Agiles Projektmanagement):
APM - Agiles Projektmanagement. 1. Aufl: dpunkt.verlag, 2007.

Pahl, G.; Beitz, W.; Feldhusen, J.; Grote, K.-H. (Erfolgreiche Produktentwicklung):
Konstruktionslehre. 6. Aufl. Berlin: Springer, 2005.

Patton, A. (Product Life Cycle):
Stretch Your Product's Earning Years - Top Management's Stake in the Product Life Cycle. In: The Management Review, S. 9-14 und 67-79.

Patzak, G. (Systemtechnik):
Systemtechnik, Planung komplexer innovativer Systeme. Berlin, New York: Springer, 1982.

Paulukuhn, L. (Typologisierung von Entwicklungsprojekten):
Typologisierung von Entwicklungsprojekten im Maschinenbau. Aachen: Shaker, 2005.

Penrose, E. T.; Pitelis, C. N. (Theory of growth):
The theory of the growth of the firm. 4th. Oxford, New York: Oxford University Press, 2009.

Peschl, T. (Strategisches Management):
Strategisches Management hybrider Leistungsbündel. Frankfurt am Main [u.a.]: Lang, 2010.

Pfeiffer, W.; Bischof, P. (Produkt-Marktzyklen):
Einflussgrößen von Produkt-Marktzyklen. Nürnberg: Universität Erlangen-Nürnberg, 1974.

Pfeiffer, W.; Bischof, P. (Produktlebenszyklen):
Produktlebenszyklen. In: H. Steinmann (Hg.): Planung und Kontrolle. München: Franz Vahlen, 1981, S. 133-166.

Piller, F. (Mass Customization):
Mass Customization. Wiesbaden, 2000.

Piller, F.; Reichwald, R. (Interaktive Wertschöpfung):
Interaktive Wertschöpfung. 1. Aufl. Wiesbaden: Gabler, 2006.

Piller, F. T. (Kundenindividuelle Massenproduktion):
Kundenindividuelle Massenproduktion. München, Wien: Hanser, 1998.

Pinnekamp, H.-J. (Lebenszyklus-Modelle):
Lebenszyklus-Modelle. In: Neue Betriebswirtschaft, Jg. 33, 1980, S. 661-672.

Pitsch, M. (Kompetenzfeldbasierte Vernetzung):
Kompetenzfeldbasierte Vernetzung von Werkzeugbaustandorten. 1. Aufl. Aachen: Apprimus, 2014.

Pitsch, M.; Schippers, M. (Wissensmanagement):
Wissensmanagement. In: Günther Schuh und Wolfgang Boos (Hg.): WBA Aachener Werkzeugbau Akademie - Forschungsbericht 2011/2012. Aachen: Apprimus, 2012, S. 54-62.

Podratz. Kevin (Geschäftsmodellintegration):
Geschäftsmodlelintegration in den Unternehmenskontext. In: Günther Schuh und Robert Schmitt (Hg.): TecPro - Geschäftsmodelle für technologieunterstützte, produktionsnahe Dienstleistungen des Werkzeug- und Formenbaus. Aachen: Apprimus, 2010, S. 31-60.

Pollack, A. (Strategische Planung):
Entwicklung eines Informationssystems zur strategischen Planung des Werkzeugbaus. Dissertation der RWTH Aachen. Aachen: Shaker, 1995.

Popper, K. R. (Logik der Sozialwissenschaften):
Die Logik der Sozialwissenschaften. In: Theodor W. Adorno (Hg.): Der Positivismusstreit in der deutschen Soziologie. Darmstadt-Neuwied, 1976, S. 104.

Porter, M. E. (Competitive Strategy):
Competitive strategy. New York: The Free Press, 1980.

Porter, M. E. (Competitive Advantage):
Competitive Advantage. New York: The Free Press, 1985.

Porter, M. E. (Wettbewerbsstrategie):
Wettbewerbsstrategie. 11., durchges. Aufl. Frankfurt am Main: Campus, 2008.

Prahalad, C.; Hamel, G. (Core Competence):
The Core Compentence of Corporation. In: Harvard Business Manager, Jg. 68, Nr. 2, 1990, S. 79-93.

Probst, G.; Raub, S.; Romhardt, K. (Wissensmanagement):
Wissen managen. 6. Aufl. Frankfurt am Main: Gabler, 2000.

Pümpin, C. (Das SEP-Konzept):
Management strategischer Erfolgspositionen: Das SEP-Konzept als Grundlage wirkungsvoller Unternehmensführung. 3. Aufl. Bern: Haupt, 1986.

Pümpin, C. (Das Dynamik-Prinzip):
Das Dynamik-Prinzip. Düsseldorf, Wien, New York: Econ-Verl., 1989.

Pümpin, C. (Strategische Erfolgspositionen):
Strategische Erfolgspositionen. Bern [u.a.]: Haupt, 1992.

Pümpin, C.; Amann, W. (Strategische Erfolgspositionen umsetzen):
SEP: Strategische Erfolgspositionen. Bern: Haupt, 2005.

Reiß, M.; Präuer, A. (Solution Providing):
Solutions Providing. In: Absatzwirtschaft, Zeitschrift für Marketing, Jg. 44, Nr. 7, 2001, S. 48-53.

Rese, M.; Karger, M.; Strotmann, W.-C. (Hybride Leistungsbündel):
Welche hybriden Leistungsbündel für welche Kunden? In: Werkstatttechnik online, Jg. 97, Nr. 7/8, 2007, S. 533-537.

Rinza, P. (Projektmanagement):
Projektmanagement. 4. neubearb. Aufl. Berlin [u.a.]: Springer, 1998.

Rittstieg, M. (Prozesssychronisierung der Auftragsabwicklung):
Methodik zur Prozesssynchronisierung in der Auftragsabwicklung des industriellen Werkzeugbaus. 1. Aufl. Aachen: Apprimus, 2012.

Rose, P. M. (Dynamische Kernkompetenzen):
Analyse ausgewählter Methoden zur Identifikation dynamischer Kernkompetenzen. München: Rainer Hampp Verlag, 2000.

Rosemann, M.; Schwegmann, A.; Delfmann, P. (Vorbereitung der Prozessmodellierung):
Vorbereitung der Prozessmodellierung. In: Jörg Becker und Dieter Kahn (Hg.): Prozessmanagement. Berlin [u.a.]: Springer, 2008.

Rösner, J. (Service):
Service. Hamburg: S + W Steuer- und Wirtschaftsverlag, 1998.

Rück, H. G. (Dienstleistungen):
Dienstleistungen: Ein Definitionsansatz auf Grundlage des "Make or Buy"-Prinzips. In: Michael Kleinaltenkamp (Hg.): Dienstleistungsmarketing. Wiesbaden, Wiesbaden: Deutscher Universitäts-Verlag; Gabler, 1995, S. 1-32.

Sanche, N. (Industrieller Service):
Strategische Erfolgsposition. Bamberg: Difo-Druck, 2002.

Sanchez, R. (Strategic Flexibility):
Strategic Flexibility in Product Competition. In: Strategic Management Journal, Jg. 16, 1995, S. 135-159.

Sanchez, R. (Strategic product creation):
Strategic product creation. In: European Management Journal, Jg. 14, Nr. 2, 1996, S. 121-138.

Sander, M. (Marketing-Management):
Marketing-Management. Stuttgart: Lucius & Lucius, 2004.

Schanz, G.; Reber, G.; Wunderer, R. (Grundfragen der Führungsforschung):
Wissenschaftstheoretische Grundfragen der Führungsforschung. In: A. Kieser (Hg.): Handbuch der Führung. Stuttgart: Schäffer-Poeschel, 1987, S. 2039-2043.

Scheer, A.-W. (Geschäftsprozesse):
ARIS - vom Geschäftsprozess zum Anwendungssystem. 4. durchges. Aufl. Berlin [u.a.]: Springer, 2002.

Scheer, A.-W.; Cocchi, A. (Product Lifecycle Management):
Prozessorientiertes Product Lifecycle Management. Berlin [u.a.]: Springer, 2006.

Scheer, A.-W.; Grieble, O.; Klein, R. (Modellbasiertes Dienstleistungsmanagement):
Modellbasiertes Dienstleistungsmanagement. In: Hans-Jörg Bullinger und A.-W Scheer (Hg.): Service Engineering. Berlin: Springer, 2003, S. 19-49.

Schettgen, P. (Sozioökonomische Perspektive):
Arbeit, Leistung, Lohn. Stuttgart: Enke, 1996.

Schienmann, B. (Kontinuierliches Anforderungsmanagement):
Kontinuierliches Anforderungsmanagement. München [u.a.]: Addison-Wesley Pub. Co , 2001.

Schierenbeck, H. (Grundzüge der Betriebswirtschaftslehre):
Grundzüge der Betriebswirtschaftslehre. 16. vollst. überarb. und erw. Aufl. München [u.a.]: Oldenbourg, 2003.

Schimmelpfeng, K. (Lebenszyklusorientiertes Produktionssystemcontrolling):
Lebenszyklusorientiertes Produktionssystemcontrolling. 1. Aufl. Wiebaden: Deutscher Universitäts-Verlag, 2002.

Schleyer, C. (Kooperationsmanagement im Werkzeugbau):
Erfolgreiches Kooperationsmanagement im Werkzeugbau. Aachen: Shaker, 2006.

Schlick, C.; Licht, T. (Simulationstechnik):
Simulationstechnik. In: K. Landau (Hg.): Lexikon Arbeitsgestaltung: Best Practice im Arbeitsprozess. Stuttgart: Gentner, 2007, S. 1153-1156.

Schlüter, H. (Vorkalkulationsmethoden von Spritzgießwerkzeugen):
Vorkalkulationsmethoden von Spritzgießwerkzeugen auf Basis der

Ähnlichkeitsbetrachtung. In: o.V. (Hg.): DIF-Seminar Kalkulation von Spritzgießwerkzeugen. Würzburg, 2006, S. 1ff.

Schmiedeberg, A.; Strähle, O.; Bendig, O. (Wachstumsmotor Service):
Wachstumsmotor Service. Wolnzach: Bain & Company, 2010.

Schönung, M. M. (Kundenwertorientierte Preissetzung):
Kundenwertorientierte Preissetzung für Leistungssysteme im Maschinen- und Anlagenbau. Aachen: Apprimus, 2008.

Schreyögg, G.; Steinmann, H. (Strategische Kontrolle):
Strategische Kontrolle. In: Zeitschrift für betriebswirtschaftliche Forschung, Nr. 05, 1985, S. 391-410.

Schug, P.; Mallok, M.; Glasmacher, L. (Durchgängige CAx-Prozessketten):
Durchgängige CAx-Prozessketten. In: Wolfgang Boos und Aachener Werkzeugbau Akademie -WBA- (Hg.): Werkzeugbau Akademie - Forschungsbericht 2011/2012. Aachen: Apprimus, 2012, S. 125-132.

Schuh, G. (Produktkomplexität):
Produktkomplexität managen. 2. überarb. und erw. Aufl. München, Wien: Carl Hanser Verlag, 2005.

Schuh, G. (Change Management):
Change management - prozesse strategiekonform gestalten. Berlin: Springer, 2006.

Schuh, G. (Werkzeugbau als Smart Service):
Werkzeugbau als Smart Service. In: G. Schuh und Fritz Klocke (Hg.): 14. Internationales Kolloquium Werkzeugbau mit Zukunft. Aachen, 2014.

Schuh, G.; Boos, W.; Breme, M.; Hinsel, C.; Johann, H.; Schoof, U. et al. (Synchronisierung im Werkzeugbau):
Synchronisierung im industriellen Werkzeugbau. In: Christian Brecher und Fritz Klocke (Hg.): Wettbewerbsfaktor Produktionstechnik. Aachen: Shaker, 2011, S. 373-403.

Schuh, G.; Boos, W.; Gaus, F.; Schittny, B. (Future trends):
Toolmaking for the future. Aachen: Laboratory for Machine Tools and Production Engineering of RWTH, 2009.

Schuh, G.; Boos, W.; Kuhlmann, K.; Rittstieg, M. (Erfolgreiche Positionierung):
Erfolgreiche Positionierung.

Schuh, G.; Boos, W.; Kuhlmann, K.; Rittstieg, M. (Operative Exzellenz):
Operative Exzellenz im Werkzeug- und Formenbau. 1. Aufl. Aachen: Apprimus, 2010.

Schuh, G.; Boos, W.; Rittstieg, M.; Kühn, T. (Qualifizierte Mitarbeiter):
Operative Exzellenz dank qualifizierter Mitarbeiter. In: Werkzeug & Formenbau, Jg. 20, Nr. 5, 2011, S. 86-87.

Schuh, G.; Boos, W.; Völker, M. (Hybride Leistungsbündel):
Grundlagen für hybride Leistungsbündel für den europäischen Werkzeugbau. In: Matthias Schumann (Hg.): Multikonferenz Wirtschaftsinformatik 2010. Göttingen: Univ.-Verl. Göttingen, c/o SUB Göttingen, 2010, S. 2071-2082.

Schuh, G.; Friedli, T.; Gebauer, H. (Industrie als Dienstleister):
Fit for service. 1. Aufl. München: Carl Hanser Verlag, 2004.

Schuh, G.; Gaus, F. (Service im Werkzeugbau):
Service im Werkzeugbau. In: Fritz Klocke und Günther Schuh (Hg.): 7. Internationales Kolloquium Werkzeugbau mit Zukunft. Aachen: Fraunhofer-Institut für Produktionstechnologie IPT, 2007.

Schuh, G.; Kampker, A. (Strategie und Management):
Strategie und Management produzierender Unternehmen. Berlin, Heidelberg: Springer, 2011.

Schuh, G.; Kampker, A.; Stich, V.; Kuhlmann, K. (Prozessmanagement):
Prozessmanagement. In: Günther Schuh und Achim Kampker (Hg.): Strategie und Management produzierender Unternehmen. Berlin, Heidelberg: Springer, 2011, S. 327-382.

Schuh, G.; Klotzbach, C.; Gaus, F. (Service Provision):
Service Provision as a sub-model of modern business models. In: Production Engineering Research and Development. Berlin, Heidelberg: Springer, 2008, S. 79-84.

Schuh, G.; Kuhlmann, K.; Komorek, N.; Kühn, T. (Management of Resource Efficiency):
Levers for Management of Resource Efficiency in the Tool and Die Making Industry. In: Andrew Nee, Bin Song und Soh-Khim Ong (Hg.): Re-engineering Manufacturing for Sustainability. Bath: Springer, 2013, S. 321-328.

Schuh, G.; Kuhlmann, K.; Pitsch, M.; Komorek, N.; Varnhagen, V.; Bechtold, J.; Stich, C. (Digitale Wertschöpfungsnetzwerke):
Fokus Automobilindustrie – Digitale Wertschöpfungsnetzwerke im Werkzeugbau. Aachen: Apprimus, 2013.

Schuh, G.; Kuhlmann, K.; Pitsch, M.; Schippers, M. (Der ideale Werkzeugbau):
Der ideale Werkzeugbau. In: Form + Werkzeug, Jg. 21, Nr. 1, 2013, S. 14-15.

Schuh, G.; Kuhlmann, K.; Schittny, B.; Komorek, N. (Adaptive Management):
Methodology for Adaptive Management of Internal Value Creation Depth in the Tool and Die Making Industry. In: D. Dimitrov und C. Schutte (Hg.): Proceedings of the 2013 International Conference on Competitive Manufacturing. Stellenbosch: Stellenbosch University, 2013, S. 183-190.

Schuh, G.; Pitsch, M.; Kühn, T. (Customer Integration):
Customer Integration To Gain Cost Efficiency Alongside Tool's Life Cycle. In: Sami Kara (Hg.): Proceedings of 22nd CIRP Conference on Life-Cycle Engineering: Elsevier B.V., 2015, S. 275-280.

Schuh, G.; Schmitt, R.; Kühn, T.; Hienzsch, M. (High Quality Tools):
Forecasting Life-Cycle Costs of High Quality Tools. In: Proceedings of IEEE International Technology Management Conference 2014, 2014, S. 1-4.

Schuh, G.; Schmitt, R.; Kühn, T.; Hienzsch, M. ("Low-cost" tools):
"Low-cost" tools through life-cycle observation. In: Terje K. Lien (Hg.): Proceedings of 21st CIRP Conference on Life-Cycle Engineering: Elsevier B.V., 2014, S. 526-530.

Schuler GmbH (Handbuch der Umformtechnik):
Handbuch der Umformtechnik. Berlin, New York: Springer, 1996.

Schwartau, C. (Klassifizierung von Phasenkonzepten):
Phasenkonzepte - Unternehmernsverhalten - Wettbewerb. Berlin: Nicolai, 1977.

Schweitzer, E. (Lebenszyklusmanagement):
Lebenszyklusmanagement investiver Produkt-Service Systeme. In: Jan C. Aurich und Michael H. Clement (Hg.): Produkt-Service Systeme. Heidelberg, New York: Springer, 2010, S. 7-13.

Schwengels, C. (Kostenorientierte Entwicklung):
Ein Verfahren zur kostenorientierten Entwicklung von Dienstleistungen im Rahmen hybrider Produkte. Heimsheim: Jost-Jetter, 2004.

Seewöster, T. (Life-cycle-cost-Verträge):
Controlling von Life-cycle cost-Verträgen produzierender Dienstleister. Berlin: Logos-Verlag, 2006.

Seiter, M.; Schwab, C.; Ahlert, D.; Heußler, T. (Kundennutzorientierte Entwicklung):
KorServ-Abschlussbericht - Kundennutzenorientierte Entwicklung, Bewertung und Vermarktung von Leistungsbündeln. Stuttgart, 2009.

Selznick, P. (Leadership in administration):
Leadership in administration. Berkeley, Calif.: University of California Press, 1984.

Siegwart, H.; Senti, R. (Product Life Cycle Management):
Product life cycle management. Stuttgart: Schäffer-Poeschel, 1995.

Spath, D.; Demuß, L. (Entwicklung hybrider Produkte):
Entwicklung hybrider Produkte. In: Hans-Jörg Bullinger (Hg.): Service engineering. Berlin: Springer, 2006, S. 463-502.

Spennemann, F. (Gestaltung von Organisationsstrukturen):
Gestaltung von Organisationsstrukturen im Werkzeugbau. Dissertation der RWTH Aachen. Aachen: Shaker, 2001.

Speth, C. (Industrielle Dienstleistungen):
Gestaltung industrieller Dienstleistungen im Spannungsfeld zwischen Kundennähe und Effizienz. St. Gallen: Univ., Dissertation, 2001.

Spur, G. (Handbuch der Fertigungstechnik):
Handbuch der Fertigungstechnik. 2. Aufl. München [u.a.]: Carl Hanser Verlag, 2012.

Stachowiak, H. (Allgemeine Modelltheorie):
Allgemeine Modelltheorie. Wien, New York: Springer, 1973.

Staehle, W. H. (Kennzahlen und Kennzahlensysteme):
Kennzahlen und Kennzahlensysteme. München: Vahlen, 1967.

Stark, R.; Müller, P. (HLB-Entwicklungsmethodik):
HLB-Entwicklungsmethodik - generischer Entwicklungsprozess, Generierung von Anforderungen und Absicherung hybrider Leistungsbündel. In: Horst Meier und Eckart Uhlmann (Hg.): Integrierte Industrielle Sach- und Dienstleistungen. Berlin, Heidelberg: Springer, 2012, S. 37-60.

Steinbach, M. (Systematische Gestaltung):
Gestaltung von Product-Service-Systems. Saarbrücken: LKT, 2005.

Steward, D. (Design Structure System):
The design structure system: A method for managing the design of complex systems. In: IEEE Transactions on Egineering Management, Nr. 28, 1981, S. 71-74.

Tomczak, T. (Forschungsmethoden in der Marketingwissenschaft):
Forschungsmethoden in der Marketingwissenschaft, 1992.

Tracht, K. (Planung und Steuerung):
Planung und Steuerung des Werkzeug- und Formenbaus auf Basis eines integrierten Produktmodells. Dissertation der Universität Hannover. Hannover: TEWISS, 2001.

Treacy, M.; Wiersema, F. (Marktführerschaft):
Marktführerschaft. Frankfurt/Main, New York: Campus-Verl., 1995.

Tukker, A.; Tischner, U. (Product-Service Development):
New business for old Europe. Sheffield, South Yorkshire: Greenleaf Pub., 2006.

Uhlmann, E.; Bochnig, H. (Entwicklung hybrider Leistungsbündel):
Entwicklung hybrider Leistungsbündel. In: Christian Brecher und Jörg Krüger (Hg.): Hybride Technologien für die Produktion. Düsseldorf: VDI, 2010, S. 22-33.

Uhlmann, E.; Bochnig, H. (Anforderungsgenerierung hybrider Leistungsbündel):
IT-gestützte Anforderungsgenerierung für hybride Leistungsbündel. In: Werkstatttechnik online, Jg. 100, Nr. 7/8, 2010, S. 578-583.

Uhlmann, E.; Bochnig, H. (Ausgestaltung hybrider Leistungsbündel):
Assistenzsystem zur Ausgestaltung hybrider Leistungsbündel. In: Horst Meier und Eckart Uhlmann (Hg.): Integrierte Industrielle Sach- und Dienstleistungen. Berlin, Heidelberg: Springer, 2012, S. 89-111.

Ulrich, H. (Produktives soziales System):
Die Unternehmung als produktives soziales System. Bern, 1968.

Ulrich, H. (Systemorientierter Ansatz):
Der systemorientierte Ansatz in der Betriebswirtschaftslehre. In: G. v. Kortzfleisch (Hg.): Wissenschaftsprogramm und Ausbildungsziele der Betriebswirtschaftslehre. Berlin, 1971.

Ulrich, H. (Management):
Management. Bern: Haupt, 1984.

Ulrich, P.; Hill, W. (Wissenschaftstheoretische Grundlagen):
Wissenschaftstheoretische Grundlagen der Betriebswirtschaftslehre. In: Wirtschaftswissenschaftliches Studium : Wist ; Zeitschrift für Ausbildung und Hochschulkontakt, Jg. 5, Nr. 8, 1976, S. 345-350.

Urban, G. L.; Hippel, E. von (Lead User Analysis):
Lead User Analysis for the Development of New Industrial Products. In: Management Science, Jg. 34, Nr. 5, 1988, S. 569-582.

van Halen, C.; Vezzoli, C.; Wimmer, R. (Product Service System Innovation):
Methodology for product service system innovation. Assen: Koninklijke Van Gorcum, 2005.

VDI (Datenverarbeitung):
VDI-Richtlinie 2210: Datenverarbeitung in der Konstruktion in Berlin: VDI.

VDI (Produktionsplanung und -steuerung):
VDI-Richtlinie 2815: Begriffe für die Produktionsplanung und -steuerung, ausgemusterte und nicht ersetzte Richtlinie, dennoch weiterhin benutzt und anerkannt. in Düsseldorf: VDI.

VDI (Entwickeln und Konstruieren):
VDI-Richtlinie 2221: Methodik zum Entwickeln und Konstruieren technischer Systeme und Produkte in Düsseldorf: VDI.

VDI (Methodisches Entwickeln):
VDI-Richtlinie 2222: Methodisches Entwickeln von Lösungsprinzipien in Berlin: VDI.

VDI (Methodisches Entwerfen):
VDI-Richtlinie 2223: Methodisches Entwerfen technischer Produkte in Berlin: VDI.

VDI (Entwicklungsmethodik):
VDI-Richtlinie 2016: Entwicklungsmethodik für mechatronische Systeme in Düsseldorf: VDI.

VDMA (Überblick Präzisionswerkzeugbranche):
Die Präzisionswerkzeugbaubranche in Zahl und Bild, 2014.

VDMA (Präzisionswerkzeuge):
VDMA Präzisionswerkzeuge: Positive Aussichten für 2015. Online verfügbar unter http://pwz.vdma.org/article/-/articleview/4971383, 2015.

VDMA (Prognose Präzisionswerkzeuge):
VDMA-Prognose 2016: 5% Wachstum - Rekordergebnis für 2015 und gefüllte Auftragsbücher. Online verfügbar unter https://www.form-werkzeug.de/news/uebersicht/artikel/vdma-prognose-2016-4-wachstum-1293686 html, 2016.

Weber, J.; Wertz, B. (Benchmarking Excellence):
Benchmarking Excellence. Weinheim: Wiley-VCH, 1999.

Welge, M. K.; Al-Laham, A. (Strategisches Management):
Strategisches Management. 4., aktualisierte Aufl. Wiesbaden: Gabler, 2003.

Westekemper, M. (Methodik zur Angebotspreisbildung):
Methodik zur Angebotspreisbildung. Dissertation der RWTH Aachen. Aachen: Fakultät für Maschinenwesen, 2002.

Willée, C. (Integrierte Leistungssysteme):
Integrierte Leistungssysteme für Zulieferunternehmen. St. Gallen: Thexis, 1990.

Wöhe, G. (Betriebswirtschaftslehre):
Einführung in die allgemeine Betriebswirtschaftslehre. 21. neubearb. Aufl. München: Vahlen, 2002.

Wöhe, G.; Döring, U. (Betriebswirtschaftslehre):
Einführung in die allgemeine Betriebswirtschaftslehre. 23. vollst. neubearb. Aufl. München: Vahlen, 2008.

Womack, J. P.; Jones, D. T.; Ross, D. (Machine that Changed the World):
The Machine that Changed the World. New York: Rason Associates, 1991.

Wübbenhorst, K. L. (Konzept der Lebenszykluskosten):
Konzept der Lebenszykluskosten. Als Ms. gedr. Darmstadt: Verlag für Fachliteratur, 1984.

WZL/IPT (Datenbank zum Werkzeugbau):
Datenbank zum Werkzeugbau des Werkzeugmaschinenlabor WZL der RWTH Aachen und Fraunhofer-Instituts für Produktionstechnologie, 2015.

Zahn, E. (Strategisches Technologiemanagement):
Strategisches Technologiemanagement. In: D. Spath (Hg.): Forschungs- und Technologiemanagement: Carl Hanser Verlag, 2004, S. S. 125-131.

Zahn, E.; Foschinat, S. (Interorganisationale Kooperation):
Wettbewerbsfähigkeit durch interorganisationale Kooperation. In: B. Kaluza und T. Blecker (Hg.): Produktions- und Logistikmanagement in virtuellen Unternehmen und Unternehmensnetzwerken. Berlin, 2000, S. 493-532.

Zahn, E.; Foschinat, S.; Lienhard, P.; Meyer, S. (Kundenorientierte Servicestrategien):
Kundenorientierte Servicestrategien für hybride Produkte. In: Hans-Jörg Bullinger und A.-W Scheer (Hg.): Service Engineering. Berlin: Springer, 2003, S. 205-227.

Ziskoven, H. (Fertigung im Werkzeugbau):
Methodik zur Gestaltung und Auftragseinplanung einer getakteten Fertigung im Werkzeugbau. Dissertation der RWTH Aachen. Aachen: Apprimus, 2013.

Zohm, F. (Management von Diskontinuitäten):
Management von Diskontinuitäten. 1. Aufl. Wiesbaden: Deutscher Universitäts-Verlag, 2004.

Zwanzig, F. (Taktung der Unikatfertigung):
Taktung der Unikatfertigung am Beispiel des Werkzeugbaus. Dissertation der RWTH Aachen. Aachen: Apprimus, 2010.

Zwicker, R. (Kostenfaktor oder Erfolgsgeheimnis):
Kostenfaktor oder Erfolgsgeheimnis? Wie wird der interne Werkzeugbau zur Keimzelle des Unternehmenserfolges wird. In: Plastverarbeiter, 2009.

Zwicky, F. (Morphologische Forschung):
Morphologische Forschung. 2. Aufl. Glarus: Baeschlin, 1989.

Anhang

Nutzenpotenzial	Unternehmen	A	B	C	D	E	F	G	H	I	J	K	L
	Argument für die Gewinnung eines Auftrags												
Innovationsbeitrag	Wir sind innovativer als andere (neue Verfahren, etc.)!				●		●			●		●	
	Unsere Werkzeuge sind präziser!		●			●	●			●		●	
	Wir machen auch komplexeste Geometrien!					●	●			●			
	Summenanteil	0,00	0,33	0,00	0,33	0,67	1,00	0,00	0,00	1,00	0,00	0,67	0,00
Komplexitätsreduktion	Bei uns haben Sie lange Zahlungsfristen!												
	Unsere Werkzeuge benötigen weniger Wartung!	●						●					
	Wir liefern Ihnen komplette Werkzeugsysteme	●		●		●		●					
	Summenanteil	1,00	0,00	0,33	0,00	0,33	0,00	1,00	0,00	0,00	0,00	0,00	0,00
Kostenreduktion	Wir sind günstiger!												
	Unsere Werkzeuge halten länger!		●						●		●		
	Unsere Werkzeuge machen Ihre Produktion effizienter!		●						●		●		
	Summenanteil	0,00	0,67	0,00	0,00	0,00	0,00	0,00	1,00	0,00	0,67	0,00	0,00
Zeitersparnis	Wir sind die Schnellsten!			●									
	Wir liefern pünktlich!				●						●	●	●
	Wir brauchen weniger Zeit auf Ihren Produktionsmaschinen!			●	●								●
	Summenanteil	0,00	0,00	0,67	0,67	0,00	0,00	0,00	0,00	0,00	0,33	0,33	1,00

Abbildung 110: Zu Nutzenpotenzialen zugeordnete Argumente zur Gewinnung eines Auftrags der EiP Top12 (Strategie und Vision)

Kompetenzen	Kennzahl	Unternehmen Gewicht	Faktor	A Punkte	B Punkte	C Punkte	D Punkte	E Punkte	F Punkte	G Punkte	H Punkte	I Punkte	J Punkte	K Punkte	L Punkte
Durchlaufzeit	Beschwerdeanteil Reaktionszeit	9	0,43	4,86	4,06	10,00	8,73	3,27	4,60	4,69	5,15	6,22	6,63	4,92	8,73
	Wert pro Tag	9	0,43	5,65	6,89	8,11	7,75	3,98	10,00	6,57	2,26	4,09	6,37	4,55	7,61
	Anzahl Musterungsschleifen	3	0,14	5,69	5,69	10,00	10,00	7,84	0,33	3,62	4,44	5,26	3,95	3,62	12,16
	Summe		**1,00**	**5,32**	**5,51**	**9,19**	**8,49**	**4,23**	**6,30**	**5,34**	**3,81**	**5,17**	**6,13**	**4,58**	**8,74**
Termintreue	Beschwerdeanteil Lieferzeit	9	0,47	5,07	4,33	10,00	8,77	3,17	4,02	5,07	3,96	3,84	3,84	4,33	10,00
	Anteil Aufträge nach Liefertermin	9	0,47	8,37	7,35	8,37	10,20	8,37	8,57	4,05	8,37	0,00	7,96	7,96	8,37
	Anteil Aufträge vor Liefertermin	1	0,05	1,34	10,00	4,63	8,39	5,16	8,39	4,03	3,36	6,77	8,39	9,03	10,00
	Summe		**1,00**	**6,44**	**6,06**	**8,94**	**9,43**	**5,73**	**6,41**	**4,54**	**6,02**	**2,18**	**6,03**	**6,30**	**9,23**
Qualität	Beschwerdeanteil Qualität	9	0,69	10,00	7,22	6,65	3,97	6,86	4,81	9,88	5,82	3,25	5,06	6,21	7,30
	Beschwerdeanteil Maßhaltigkeit	3	0,23	9,85	3,15	7,33	4,26	7,27	5,01	10,00	2,20	7,16	5,51	3,13	0,27
	Mitarbeiteranteil Qualitätssicherung	1	0,08	6,52	2,78	7,04	4,39	4,49	4,67	4,39	0,00	10,00	5,49	9,63	5,49
	Summe		**1,00**	**9,75**	**5,06**	**6,99**	**4,13**	**6,93**	**4,90**	**9,65**	**3,80**	**5,46**	**5,29**	**4,93**	**3,87**
Anforderungsgerechte WZ-Auslegung	Beschwerdequote 2. Bemusterung	9	0,60	9,28	3,63	9,28	8,19	8,55	8,55	9,64	9,28	9,28	8,19	7,83	8,91
	Fehlerkosten nach Auslieferung	3	0,20	9,88	7,04	0,31	3,25	5,98	4,03	9,48	3,41	3,01	4,47	2,99	6,19
	Übererfüllungsgrad	3	0,20	k.A.	k.A.	k.A.	k.A.	k.A.	k.A.	k.A.	k.A.	k.A.	k.A.	k.A.	k.A.
	Summe		**1,00**	**9,43**	**4,48**	**7,03**	**6,95**	**7,91**	**7,42**	**9,60**	**7,81**	**7,71**	**7,26**	**6,62**	**8,23**
Lebenszykluskosten	Lebenszykluskostenquote	9	0,69	k.A.	k.A.	k.A.	k.A.	k.A.	k.A.	k.A.	k.A.	k.A.	k.A.	k.A.	k.A.
	Standzeitgrad (Standzeit/Lebenszeit)	3	0,23	k.A.	k.A.	k.A.	k.A.	k.A.	k.A.	k.A.	k.A.	k.A.	k.A.	k.A.	k.A.
	Reaktionszeit Störung [h]	1	0,08	3,18	7,50	8,25	3,41	6,75	7,25	0,91	8,75	2,05	7,50	5,00	5,00
	Summe		**1,00**	**3,18**	**7,50**	**8,25**	**3,41**	**6,75**	**7,25**	**0,91**	**8,75**	**2,05**	**7,50**	**5,00**	**5,00**
Innovationsfähigkeit Verfahrenstechnologie	Anzahl Patente Verfahren	9	0,43	k.A.	k.A.	k.A.	k.A.	k.A.	k.A.	k.A.	k.A.	k.A.	k.A.	k.A.	k.A.
	Anteil Prozesssimulation	3	0,14	10,00	7,96	6,94	7,96	8,98	10,00	10,00	0,00	7,96	4,90	7,96	10,00
	Anzahl verfügbarer Verfahrenstechnologien	9	0,43	5,49	3,89	5,49	1,95	8,87	7,74	1,95	6,61	7,74	6,61	7,74	1,95
	Summe		**1,00**	**6,61**	**4,91**	**5,85**	**3,45**	**8,90**	**8,31**	**3,96**	**4,96**	**7,80**	**6,19**	**7,80**	**3,96**
Innovationsfähigkeit Werkzeugtechnologie	Anzahl Patente Verfahren	9	0,43	k.A.	k.A.	k.A.	k.A.	k.A.	k.A.	k.A.	k.A.	k.A.	k.A.	k.A.	k.A.
	Anteil Prozesssimulation	3	0,14	10,00	9,11	1,14	3,41	8,21	10,00	1,14	5,54	8,21	10,00	1,14	10,00
	Anzahl verfügbarer Verfahrenstechnologien	9	0,43	5,68	5,68	5,68	4,22	8,92	7,84	2,11	4,22	7,84	5,68	10,00	2,11
	Summe		**1,00**	**6,76**	**6,54**	**4,54**	**4,02**	**8,74**	**8,38**	**1,87**	**4,55**	**7,93**	**6,76**	**7,78**	**4,08**
Produkt-/ Prozessstandardisierung	Gleichteilquote	3	0,33	9,53	7,66	5,33	5,79	5,33	5,79	8,60	0,77	7,66	2,05	5,98	10,00
	Datendurchgängigkeit	3	0,33	9,03	4,13	8,55	4,64	8,55	5,64	7,09	6,12	3,10	6,12	3,61	3,61
	Standardprozessquote	3	0,33	9,70	5,16	8,69	4,40	8,19	4,40	5,16	5,16	4,40	5,16	5,16	3,52
	Summe		**1,00**	**9,42**	**5,65**	**7,52**	**4,95**	**7,35**	**5,28**	**6,95**	**4,02**	**5,05**	**4,44**	**4,92**	**5,71**
Langfristige Kapazitätsplanung	Maschinenauslastungsgrad	9	0,60	10,00	8,51	6,40	5,70	4,46	5,44	5,00	8,95	0,65	7,19	5,09	2,61
	Automatisierungsgrad	3	0,20	10,00	4,60	10,00	3,45	4,60	4,60	8,11	8,11	3,45	10,00	10,00	-1,15
	Verrechnungsstundensatz	3	0,20	4,83	3,87	8,28	0,00	1,24	1,28	10,00	4,56	2,76	5,11	5,55	6,98
	Summe		**1,00**	**8,97**	**6,80**	**7,50**	**4,11**	**3,84**	**4,44**	**6,62**	**7,90**	**1,63**	**7,34**	**6,16**	**2,73**
Kurzfristige Kapazitätsplanung	Lieferanten mit Rahmenverträgen	3	0,14	4,55	5,47	10,00	9,12	6,48	7,49	5,06	5,47	3,25	5,47	5,47	9,52
	Anteil Bedarfsmaschinen	9	0,43	6,75	6,07	6,95	8,14	5,11	3,10	4,13	4,59	2,17	5,11	3,64	9,06
	Flexibilität Arbeitszeit	9	0,43	4,88	0,00	9,77	9,54	5,87	5,87	5,87	4,88	4,27	4,27	4,88	8,17
	Summe		**1,00**	**5,64**	**3,38**	**8,60**	**8,88**	**5,63**	**4,92**	**5,01**	**4,84**	**3,22**	**4,80**	**4,43**	**8,74**
Kostencontrolling	Verrechnungsquote	9	0,69	6,80	8,16	3,85	4,64	5,81	9,04	4,44	9,26	4,64	9,26	4,01	6,32
	Gemeinkostenanteil	3	0,23	10,00	6,45	9,60	4,26	9,00	4,62	9,40	4,42	4,81	3,40	1,83	3,85
	Budgeteinhaltung	1	0,08	7,95	4,96	9,59	8,98	5,90	9,59	1,22	5,90	5,49	8,36	8,36	0,00
	Summe		**1,00**	**7,63**	**7,52**	**5,62**	**4,89**	**6,55**	**8,06**	**5,34**	**7,89**	**4,75**	**7,84**	**3,84**	**5,27**
Wissensmanagement	Weiterbildungsgrad	3	0,33	6,05	5,81	5,81	3,89	10,00	9,47	6,05	2,90	8,12	5,29	10,00	5,70
	Bewertungsdauer eines Vorschlags	3	0,33	6,56	5,41	6,56	1,98	8,62	8,17	5,41	7,71	9,54	4,84	5,87	0,00
	Arbeitsstellen mit Job Enrichment/Rotation	3	0,33	7,09	2,78	5,35	7,09	7,67	9,42	7,67	0,46	5,93	5,17	4,44	4,63
	Summe		**1,00**	**6,57**	**4,67**	**5,91**	**4,32**	**8,77**	**9,02**	**6,38**	**3,69**	**7,86**	**5,10**	**6,77**	**3,44**

Abbildung 111: Bewertung der Strategischen Erfolgspositionen der EiP Top12 (Strategie und Vision)

Lebenslauf

Persönliche Daten

Name, Vorname:	Kühn, Thomas Alexander
Geburtsdatum:	08. Juni 1984
Geburtsort:	Münster
Nationalität:	Deutsch

Schulausbildung

2000	Eastbourne College of Arts and Technologie, Eastbourne, UK
1994 – 2003	Kardinal-von-Galen-Gymnasium, Münster Abschluss: Abitur
1990 – 1994	Grundschule St. Clemens, Münster

Zivildienst

2003 – 2004	Landwirtschaftskammer Nordrhein-Westfalen, Münster

Studium

2004 – 2011	Rheinisch-Westfälische Technische Hochschule Aachen, Wirtschaftsingenieurwesen, Abschluss: Diplom-Wirtschaftsingenieur

Beruflicher Werdegang

Seit 2015	Referent der Geschäftsführung, Geschäftsbereich Werkzeugmaschinen, Trumpf GmbH + Co. KG
2013 – 2015	Gruppenleiter, Abteilung Unternehmensentwicklung, WZL der RWTH Aachen
2011 – 2013	Wissenschaftlicher Mitarbeiter, Abteilung Unternehmensentwicklung, WZL der RWTH Aachen
2009 – 2010	Praktikant, Diehl Synchro Tec Manufacturing (Wuxi) Co. Ltd., Wuxi, VR China
2006 – 2011	Studentischer Mitarbeiter, WZL der RWTH Aachen

In der Reihe **Ergebnisse aus der Produktionstechnik** zuletzt erschienen:

Salmen, Michael:
Gestaltungsmodell für den digital vernetzten Shopfloor im Werkzeugbau
ISBN: 978-3-86359-479-4
Erscheinungsdatum: 27.01.2017

Schumacher, Sven:
Risikomanagement für die qualitätsorientierte Entwicklung industrieller Dienstleistungen
ISBN: 978-3-86359-488-6
Erscheinungsdatum: 13.01.2017

Sommer, Martin:
Produktbaukastengerechte Organisationsstrukturen
ISBN: 978-3-86359-484-8
Erscheinungsdatum: 16.12.2016

Hollstegge, Daniel:
Process-Induced Changes in Optical Properties of Precision Molded Glass Lenses
ISBN: 978-3-86359-474-9
Erscheinungsdatum: 16.12.2016

Gerlach, Max:
Leistungsstaffelung in Produktprogrammen
ISBN: 978-3-86359-478-7
Erscheinungsdatum: 16.12.2016

von Hebel, Sabrina:
Komplexitätskostenrelevante Ursache-Wirkungs-Beziehungen im Werkzeugbau bei Stanz- und Umformwerkzeugen
ISBN: 978-3-86359-473-2
Erscheinungsdatum: 12.12.2016

Schröder, Malte:
Klassifikation von Fehlerereignissen in produzierenden Unternehmen zur Erfüllung von Analysefunktionen im Anlauf
ISBN: 978-3-86359-469-5
Erscheinungsdatum: 30.11.2016

Thiermann, Janis:
Abrichten von Schleifscheiben für das Hochgeschwindigkeitsschleifen
ISBN: 978-3-86359-471-8
Erscheinungsdatum: 28.11.2016

Flore, Jakob:
Optimierung der Genauigkeit fünfachsiger Werkzeugmaschinen
ISBN: 978-3-86359-472-5
Erscheinungsdatum: 28.11.2016

Schenk, Friedrich Walter:
Hochdurchsatz-Mikroskopie von Mikrotiterplatten auf Basis einer kontinuierlichen Objektbewegung
ISBN: 978-3-86359-464-0
Erscheinungsdatum: 11.11.2016

Spöcker, Gunter:

Modular Programming of Adaptive CAx Manufacturing Process Chains

ISBN: 978-3-86359-462-6

Erscheinungsdatum: 07.11.2016

Müller, Frank:

Methoden zur Charakterisierung von Werkzeugschnittstellen unter statischer Last

ISBN: 978-3-86359-426-8

Erscheinungsdatum: 17.10.2016

Keitzel, Gunnar:

Präventive Parameteranpassung zur Sicherstellung des Spanabtransports beim Einlippentiefbohren

ISBN: 978-3-86359-449-7

Erscheinungsdatum: 27.09.2016

Sari, Deniz:

Leistungssteigerung des Fertigwälzfräsens unter Berücksichtigung der fertigungsbedingten Bauteileigenschaften

ISBN: 978-3-86359-447-3

Erscheinungsdatum: 18.08.2016

Lüdtke, Bastian:

Lösungsraum-Steuerung in der Produktentwicklung

ISBN: 978-3-86359-443-5

Erscheinungsdatum: 11.08.2016

Stoffel, Markus:

V-Modell zur Auslegung großer Produktionsnetzwerke

ISBN: 978-3-86359-459-6

Erscheinungsdatum: 26.10.2016

Adams, Oliver:

Modellbasierte prädiktive Kraftregelung beim Fräsen

ISBN: 978-3-86359-455-8

Erscheinungsdatum: 17.10.2016

Weiß, Markus:

Einfluss der Spezifikation mehrschichtiger CBN-Schleifwerkzeuge auf das Schleifprozessverhalten

ISBN: 978-3-86359-448-0

Erscheinungsdatum: 13.09.2016

Staudt, Julian:

Funktionsgerechte Bearbeitung von Verzahnungen durch Freiformfräsen

ISBN; 978-3-86359-450-3

Erscheinungsdatum: 18.08.2016

Fürtjes, Tobias:

Echtzeitfähige Machine-Vision-Systeme zur Qualitätssicherung im Faserverbundleichtbau

ISBN: 978-3-86359-439-8

Erscheinungsdatum: 03.08.2016

Edition Wissenschaft
Apprimus

FSC
www.fsc.org
MIX
Papier | Fördert gute Waldnutzung
FSC® C083411

Kolibri 360 GmbH
Ferdinand-Jühlke-Straße 7
99095 Erfurt, Deutschland
produktsicherheit@kolibri360.de